21 世纪全国高校应用人才培养机电类规划教材

先进制造技术

何涛　杨竞　范云　等编著

内 容 简 介

先进制造远不只是金属切削、晶片刻蚀和装配过程,而是具有"大制造、全过程、多学科"的一门科学、技术、艺术、商务。首先它的研究对象是"大制造",即它应包括光机电产品的制造、工业流程制造、材料制备等,是一种广义制造;其次它是机械、信息、材料、生物、物理、化学及现代管理技术等"多学科"交叉;最后它涉及从产品开发与设计、制造、检测、管理及售后服务到报废处理的制造"全过程"。

本书是一本介绍先进制造科学与技术的总论型教材。它以先进制造科学和技术理论为基础,以先进制造技术的体系结构为总框架,对制造及制造系统本质、先进设计群、制造理念和模式、先进制造中的管理模式、新一代加工技术进行了介绍,使机械相关学科的学生能全面、系统地认识先进制造技术。

图书在版编目(CIP)数据

先进制造技术/何涛,杨竞,范云等编著.—北京:北京大学出版社,2006.1
(21世纪全国高校应用人才培养机电类规划教材)
ISBN 978-7-301-09306-1

Ⅰ.先… Ⅱ.①何…②杨…③范… Ⅲ.机械制造工艺—高等学校—教材 Ⅳ.TH16

中国版本图书馆 CIP 数据核字(2005)第 069403 号

书 名:	先进制造技术
著作责任者:	何涛 杨竞 范云 等编著
责 任 编 辑:	黄庆生 刘标
标 准 书 号:	ISBN 978-7-301-09306-1/TH·0032
出 版 者:	北京大学出版社
地 址:	北京市海淀区成府路205号 100871
电 话:	邮购部 62752015 发行部 62750672 编辑部 62765013 出版部 62754962
网 址:	http://www.pup.cn
电子信箱:	xxjs@pup.pku.edu.cn
印 刷 者:	三河市博文印刷有限公司
发 行 者:	北京大学出版社
经 销 者:	新华书店
	787 毫米×980 毫米 16 开本 17.5 印张 375 千字
	2006 年 1 月第 1 版 2016 年 1 月第 5 次印刷
定 价:	27.00 元

未经许可,不得以任何方式复制或抄袭本书之部分或全部内容。
版权所有,侵权必究
举报电话:010-62752024;电子信箱:fd@pup.pku.edu.cn

前　言

制造是推动人类历史发展和文明进程的主要动力。它不仅是经济和社会发展的物质基础，也是创造人类精神文明的重要手段，在国民经济中起着重要的作用。

自 20 世纪 60 年代以来，一方面，世界市场的特征由传统的相对稳定逐步演变成动态多变，由过去的局部竞争演变成全球范围内的竞争，同行业之间、跨行业之间的相互渗透、相互竞争日益激烈。为了适应变化迅速的市场需求，提高企业核心竞争力，现代的制造企业必须很好地解决 TQCSE 难题。另一方面，科学技术的进步，特别是信息技术、管理技术、微电子技术、纳米技术、生物技术等的进步，对制造科学与技术产生了非常广泛而深刻的影响。新的设计理论、新的制造理念和模式、新的加工工艺、新的管理模式等不断涌现，这些都彻底地改变了传统的制造业，从而形成了新兴的先进制造技术体系。

先进制造远不只是金属切削、晶片刻蚀和装配过程，而是具有"大制造、全过程、多学科"的一门科学、技术、艺术、商务。首先它的研究对象是"大制造"，即它应包括光机电产品的制造、工业流程制造、材料制备等，是一种广义制造；其次它是机械、信息、材料、生物、物理、化学及现代管理技术等"多学科"交叉；最后它涉及从产品开发与设计、制造、检测、管理及售后服务到报废处理的制造"全过程"。

本书是一本介绍先进制造科学与技术的总论型教材。它以先进制造科学和技术理论为基础，以先进制造技术的体系结构为总框架，对制造及制造系统本质、先进设计群、制造理念和模式、先进制造中的管理模式、新一代加工技术进行了介绍，使机械相关学科的学生能全面、系统地认识先进制造技术。

本书由北京科技大学和山东轻工业学院的 7 位老师、博士编写：何涛（策划、统稿及第 1 章、第 4 章的编写）、杨竞（策划及第 2 章、第 3 章的 3.4 的编写）、范云（策划及第 3 章 3.1～3.3、3.5 的编写）、王啸峰（第 6 章的编写）、李传民（第 3 章 3.6～3.8 的编写）、曹芳（第 5 章 5.1 的编写）、娄易志（第 5 章 5.2 的编写）。李代丽硕士协助进行了附录的整理工作。

黄庆生先生细心审阅了全书，并提出了许多宝贵的意见，在此表示衷心的感谢。

在本书的编写过程中，国家高效零件轧制研究与推广中心王宝雨研究员、刘晋平副研究员给予了很大的鼓励，并提出了许多宝贵的意见，在此表示诚挚的谢意。感谢所有参考资料的作者，他们的精辟理论、创新思想、优秀技术、成功应用使本书增色不少。同时还要感谢北京大学出版社在本书出版过程中给予的帮助和支持。

由于先进制造涉及的学科知识面非常广泛，远非我们的知识、能力所能覆盖，加之时间仓促，书中纰漏在所难免，恳请广大师生、读者不吝赐教！

编　者
2005 年 5 月

目 录

第1章 绪论 1
    1.1 制造 1
        1.1.1 制造的含义 1
        1.1.2 制造在国民经济中的作用 2
        1.1.3 我国制造业的现状 3
        1.1.4 应对未来制造挑战的战略和关键技术 4
    1.2 制造系统 6
        1.2.1 制造系统的含义 6
        1.2.2 制造系统的概念模型 7
        1.2.3 制造系统的特征 9
    1.3 先进制造技术 11
        1.3.1 先进制造技术的内涵 12
        1.3.2 先进制造技术的特征 13
        1.3.3 先进制造技术的体系结构 14
        1.3.4 先进制造技术的发展趋势 18
    1.4 思考题 21

第2章 现代设计方法 22
    2.1 现代设计方法概论 22
        2.1.1 设计发展的基本阶段 22
        2.1.2 现代设计的特征 23
        2.1.3 现代设计的体系结构 26
        2.1.4 现代设计方法简介 28
        2.1.5 现代设计方法发展趋势 30
    2.2 计算机辅助设计（CAD） 31
        2.2.1 CAD 概念 31
        2.2.2 CAD 的发展历程 32
        2.2.3 现代 CAD 技术的研究内容 33
        2.2.4 参数化设计和变量化设计 34

2.2.5　特征建模技术 35
　　　2.2.6　CAD市场状况及主流软件产品 38
　　　2.2.7　CAD技术的发展趋势 39
　2.3　优化设计 42
　　　2.3.1　优化设计的基本术语 42
　　　2.3.2　优化设计的一般流程 43
　　　2.3.3　优化设计建模 44
　　　2.3.4　优化计算方法 47
　　　2.3.5　多目标优化设计 50
　　　2.3.6　优化计算方法的选用 52
　　　2.3.7　典型实例 54
　2.4　可靠性设计 58
　　　2.4.1　可靠性设计含义 58
　　　2.4.2　可靠性设计特征 59
　　　2.4.3　可靠性设计内容 60
　　　2.4.4　可靠性设计发展趋势 60
　2.5　绿色设计 61
　　　2.5.1　绿色设计的概念 61
　　　2.5.2　绿色设计的特征 63
　　　2.5.3　绿色设计过程模型 64
　　　2.5.4　产品的可拆卸性设计 69
　　　2.5.5　产品的可回收性设计 71
　　　2.5.6　绿色设计的实施策略 74
　　　2.5.7　绿色设计的发展趋势 75
　2.6　思考题 75

第3章　先进制造的理念和模式 77
　3.1　柔性制造系统 77
　　　3.1.1　柔性制造的概念 77
　　　3.1.2　柔性制造的分类 78
　　　3.1.3　柔性制造系统的工作原理 79
　　　3.1.4　柔性制造系统的组成 81
　　　3.1.5　FMS的生产作业计划 91
　　　3.1.6　FMS的调度 92
　　　3.1.7　柔性制造的发展趋势 95

3.1.8 典型案例 96
3.2 并行工程 98
　　3.2.1 并行工程的概念 98
　　3.2.2 并行工程的特点 100
　　3.2.3 并行工程的4个关键要素 101
　　3.2.4 并行工程的研究现状 103
　　3.2.5 典型案例 104
3.3 计算机集成制造（CIMS） 105
　　3.3.1 CIM/CIMS 的基本概念 105
　　3.3.2 CIMS 的发展阶段 108
　　3.3.3 CIMS 的功能构成 109
　　3.3.4 CIMS 的体系结构 112
　　3.3.5 CIMS 的发展趋势 116
　　3.3.6 典型案例 118
3.4 虚拟制造 121
　　3.4.1 虚拟制造的定义 122
　　3.4.2 实际制造和虚拟制造的关系 122
　　3.4.3 虚拟制造的特征 123
　　3.4.4 虚拟制造的分类 124
　　3.4.5 虚拟制造系统的体系结构 125
　　3.4.6 虚拟制造的研究任务 131
　　3.4.7 虚拟产品的支撑技术 131
　　3.4.8 虚拟制造技术现状分析 134
　　3.4.9 虚拟制造的应用范例 136
3.5 敏捷制造 137
　　3.5.1 敏捷制造的概念和特征 138
　　3.5.2 敏捷制造研究内容和现状 139
　　3.5.3 敏捷制造的组织形式——敏捷虚拟企业 140
3.6 智能制造 142
　　3.6.1 智能制造的含义和特征 142
　　3.6.2 智能制造的关键技术 143
　　3.6.3 智能制造的发展趋势 144
　　3.6.4 典型案例 144
3.7 绿色制造 147
　　3.7.1 绿色制造的含义和特点 148

3.7.2 绿色制造的研究内容体系 149
3.7.3 绿色制造的发展趋势 152
3.8 网络制造 154
3.8.1 网络制造的内涵和特征 154
3.8.2 网络化制造功能模块的组成 155
3.8.3 典型案例 157
3.9 思考题 159

第4章 新一代制造技术 160
4.1 MEMS 与微制造 160
4.1.1 MEMS 的含义 161
4.1.2 MEMS 的特征 162
4.1.3 MEMS 的研究领域 163
4.1.4 MEMS 的设计技术 164
4.1.5 MEMS 的测量技术 165
4.1.6 MEMS 的加工 165
4.1.7 MEMS 的封装 172
4.1.8 MEMS 的应用 175
4.1.9 MEMS 发展的趋势 178
4.2 快速原型制造技术 179
4.2.1 快速原型制造的概念 179
4.2.2 RP 成形原理 180
4.2.3 RPM 的主要成形工艺 181
4.2.4 快速原型技术的特点及应用领域 186
4.2.5 RPM 技术的发展趋势 187
4.3 精密与超精密加工技术 188
4.3.1 精密与超精密加工的概念 189
4.3.2 精密、超精密加工设备 190
4.3.3 加工工具和被加工材料 190
4.3.4 精密与超精密加工的主要加工方法 192
4.3.5 精密、超精密加工环境 194
4.3.6 检测与误差补偿 195
4.3.7 超精密加工技术的发展趋势 196
4.4 思考题 196

第 5 章 现代生产管理模式 ... 198

5.1 物料资源规划（MRP） ... 198
5.1.1 MRP 的发展历程 ... 200
5.1.2 MRPII 的主要技术环节 ... 204
5.1.3 ERP 中的典型功能扩充 ... 212
5.1.4 ERP 发展趋势 ... 215

5.2 准时生产（JIT） ... 217
5.2.1 JIT 概念 ... 217
5.2.2 JIT 的体系结构 ... 218
5.2.3 JIT 的实施 ... 227
5.2.4 MRP 与 JIT 的比较 ... 227

5.3 思考题 ... 229

第 6 章 产品数据管理 ... 230

6.1 概述 ... 231
6.1.1 PDM 的含义 ... 231
6.1.2 PDM 的发展历程 ... 231
6.1.3 产品协同商务（CPC） ... 233
6.1.4 产品生命周期管理 PLM ... 233
6.1.5 PLM 典型体系结构 ... 236
6.1.6 PDM 发展趋势 ... 237

6.2 PDM 的体系结构与功能 ... 238
6.2.1 PDM 体系结构 ... 238
6.2.2 PDM 的功能 ... 241

6.3 PDM 的应用实施 ... 244
6.3.1 PDM 在企业中实施的方法与步骤 ... 244
6.3.2 典型案例 ... 246

6.4 思考题 ... 249

附录 I 缩略词表 ... 250

附录 II 二次扩展内罚函数 FORTRAN 程序 ... 253

参考文献 ... 268

第1章 绪　　论

1.1 制　　造

1.1.1 制造的含义

制造（manufacturing）一词来源于拉丁语 manu（意为"用手工"）和 facere（意为"制作"）。几百年来，制造一直是由人们靠手工艺和体力劳动完成的。自 200 年前的工业革命以来，机器发挥着越来越重要的作用，制造业有了飞速的发展。制造不仅成为人类物质财富创造的重要手段，也成为许多国家的支柱产业。

1983 年，国际生产工程学会（CIRP）把制造定义为：包括制造企业的产品设计、材料选择、规划、制造的生产、质量保证、管理和营销的一系列有内在联系的活动和运作/作业。

1998 年，美国国家研究委员会（NRC）认为：制造是创造、开发、支持和提供产品与服务所要求的过程和组织实体。

2002 年，美国生产与库存控制学会（APICS）提出：制造是包括设计、物料选择、规划、生产、质量保证、管理和对离散顾客与耐用货物营销的一系列相互关联的活动和运作/作业。

依照上述的定义与内涵，可以看出：制造是人类按照市场需求，运用知识和技能、借助工具、采用有效的方法，将原材料转化为最终产品并投放市场的全过程。它远不只是金属切削、晶片刻蚀和装配过程，而是包括市场调研和预测、产品设计、选材和工艺设计、生产加工、质量保证、生产过程管理、市场营销、售前售后服务以及报废后产品回收处理等产品循环周期内一系列相关的活动。

（1）制造是一门艺术。从根本上讲，制造是人类生存和发展的基础，所以人们在面向对象的制造设计中首先考虑的可能是其经济性和实用性，但事情远非这么简单。在任何一家陈列艺术品的博物馆中，都会有许多物品如珠宝、项链，它们仅仅作为装饰，但人们却愿意花大笔的钱请工匠去制造它们。因此对于面向制造的设计进行经济、实用性分析时必须记住最终用户是谁，一件极其漂亮甚至几乎不能被制造的产品也许才是用户为此付款的原因。

（2）制造是一门技术。必须承认，如果没有蒸汽机的发明，工业革命是无法开始的。

蒸汽机，机床，交换性、高速钢切削刀具等的出现使得各行业的生产率得到了大大的提高，欧美正是利用优良的技术开始一段蓬勃发展的工业进程的。

（3）制造是一门科学。20世纪80年代，许多新的制造方法不断涌现，要想在制造业中取胜，仅仅靠优良的技术是远远不够的，要与以准时生产（JIT）、并行工程（CE）准精益生产（LP）为代表的组织学科和以计算集成制造（CIM）为代表的工程学科等相结合。

（4）制造是一门商务。制造业的蓬勃发展也使消费者的要求越来越苛刻，他们不仅希望产品的质量、品种满足需求，还要求交货期满足他们的期望，他们可能会说"在1小时内完成，否则把钱还给我"。20世纪90年代中期，基于Internet的制造成为以上潮流的自然扩展，它强调通过Internet来分享设计与制造。

1.1.2 制造在国民经济中的作用

制造业在工业化过程中起着主导作用，不能被其他任何产业所替代，农业和国防现代化离不开制造业的发展，科技现代化同样离不开制造业的发展。制造业不仅是经济和社会发展的物质基础，也是创造人类精神文明的重要手段，在国民经济中起着重要的作用，主要体现在以下几方面。

1. 国民经济的支柱产业和主要组成部分

在工业国家中，约有1/4的人口从事各种形式的制造活动，2000年我国制造业全部从业人员约占全国工业从业人员的90.13%，约占全国全部从业人员的11.3%。制造业生产总值一般占一个国家国内生产总值的20%～50%，其中美国60%的财富来源于制造业，日本的国内生产总值的49%由制造业创造，中国制造业在国民生产总值中也超过1/3。此外，在一个国家的企业生产力构成中，制造技术的作用一般占60%左右。因此，制造业在一个国家的经济和政治中占有至关重要的地位和作用，是国民经济和社会发展的物质基础，是国民生产总值的主要组成部分。

2. 经济高速增长的发动机，产业结构优化的推动力

历史经验表明，在现代化过程中，制造业是实现经济振兴的最佳切入点和突破口，抓住制造业就抓住了发展的关键。发达国家都是制造业高度发达的国家，而欠发达、发展缓慢的国家都是制造业不发达、结构升级困难的国家。

3. 国际竞争力的重要表现，国际贸易的主力军

近年来，国际贸易增长速度高于世界经济增长近两倍，反映了经济全球化的发展趋势，同时，国际贸易结构和比价也在发生着深刻变化。初级产品由于技术含量低，在世界市场上的销售价格不断走低，竞争力越来越弱。正是由于这一原因，各个国家都千方百计扩大

制成品的出口,以提高国际市场竞争力和附加价值。美、英、法、德、日等发达国家以及韩、新加坡等国家的制成品出口占全部出口比重的90%以上。

4. 实现技术创新的主要舞台,科学技术的基本载体

制造业是科技水平的集中体现。近10多年来,高技术的迅猛发展和高技术产业的兴起,是世界经济发展的重要特征。高技术和高附加值的产品和服务,都依赖于健康的、具有活力的制造业。产业结构的升级过程,就是当时高技术影响的结果,高技术形成了新的产业或改造了传统的产业,推动了产业的结构升级。纵观工业化的历史,众多的科技成果都孕育在制造业的发展之中。同时,制造业也是科研手段的提供者,科学技术与制造业相伴成长。

5. 有助于塑造工业文明的道德基础和市场秩序

以大机器制造业为标志的工业化进程,在人类历史上使社会生产力空前飞跃的同时创造了工业文明,彻底改变了世界的精神面貌。大机器制造的发展,改变了农业社会自给自足的小生产方式,抛弃了传统的僵化保守、等级观念,而科学、理性、规范、守信、协作、创造性和个人成就感等工业文明理念成为人们的新的追求。大机器制造业的发展给农业人口转向城市带来了巨大的机会,创造了大量的就业岗位,为社会的稳定做出了巨大贡献。

1.1.3 我国制造业的现状

制造业不仅为人类提供衣食住行的基本条件,而且是我国国民经济、社会发展及国防建设的物质基础,是国民生产总值的主要组成部分,是国家综合实力的重要标志。随着世界经济全球化和我国加入WTO,我国的制造业取得了很大的发展,成为我国新阶段经济发展的主要增长点之一,在工业现代化中起到了主导作用,但也存在着很多的不足,主要表现在以下几方面。

1. 总体上停留在劳动密集型阶段,技术含量低,劳动生产率及工业增加值率低

我国制造业与美、日等工业发达国家存在很大的差距,如我国制造业的劳动生产率1999年为4258美元/人年,低于韩国1993年55720美元/人年和日本1993年104730美元/人年;工业增加值率1999年为26.32%,低于韩国1994年42.98%和美国1994年的49.31%。

低水平生产能力严重过剩,大量的生产能力放空,职工待岗,企业经济效益低,资产负债率高,甚至有些资不抵债;而高水平生产能力不足,高技术含量和高附加值的工业制品每年还在大量进口,有些已形成了依赖性进口。

2. 技术创新能力十分薄弱

由于缺乏技术创新的资金、优秀人才和环境,我国具有自主知识产权的原创性技术和

产品极少；产品技术及关键设备主要依赖国外进口，且引进与消化、吸收、创新的关系处理得不好，导致基本停留在仿制的低层阶段；缺乏有效的知识产权保护，赝品替代真品的现象屡见不鲜；企业不能成为创新的主体，且企业创新积极性因创新不能得到预期的回报而受挫。

3. 系统管理水平低

工业发达国家目前十分重视新生产模式、组织和管理的研究及应用工作。计算机技术也大量应用于企业管理，企业资源管理（ERP）、准时生产（JIT）、供应链管理（SCM）、客户关系管理（CRM）等先进管理理念和技术逐步推广，企业间的电子商务（B-B）带来效率的提高和巨大的经济效益。我国大部分企业管理基础薄弱，管理手段落后，如 ERP 在我国的上千家企业得到应用，但大部分都不成功，效果差。

4. 体制陈旧和机制僵化

我国现有的制造业重点企业主要是国有企业，体制改革滞后，政企不分、政资不分，形成了政府各部门多头管理企业，各种审批仍然牢牢卡住企业的脖子，与社会主义市场经济要求不相适应，已经成为制约制造业发展的主要瓶颈之一。

5. 条块分割以及地方、部门保护依然严重

历史上虽已经形成了一批跨地区的制造业集中地，如长江三角洲汽车和汽车零部件制造集中地，珠江三角洲通信设备和计算机制造集中地，东北重大成套装备制造集中地，但条块分割、地区封锁、行业垄断的市场格局，加上法制不健全，使得生产要素的合理流动和重新组合困难重重，造成资源配置不当、组织结构分散；又由于非正当的市场竞争，产业结构难以优化。

1.1.4 应对未来制造挑战的战略和关键技术

1. 应对未来制造挑战的制造战略

制造战略（Manufacturing Strategy）是指在一个企业/组织获取继续竞争优势（Competitive Advantage or Edge）的定位，它包括对所提供产品与服务的选择与决策。2002 年，美国生产与控制学会（APICS）把它定义为：起表达和配置制造资源作用的决策模式和集合。制造战略所做出的选择将长期影响企业的业绩与市场竞争力。为了获取最多的效益，制造战略应该在支持总体商务决策与提升竞争优势方面发挥作用。成功的制造战略使得企业可以根据市场需求、市场环境与企业竞争优势提升的要求剪裁和重构企业的组织与管理，运作流程，产品，制造系统和商务活动以及顾客服务，以达到提升企业竞争优势的目标；所以，

可以把制造战略理解为解决企业全局、全过程与全寿命的重大和长远问题。企业的基本竞争战略有：低成本战略、差异战略和专业化战略3种。

中国制造企业的战略不仅要求学习和借鉴国内外的先进制造战略，而且还必须根据企业所处的市场环境与企业实际，自主、自立地确定企业的市场定位、制造战略、可获取资源的优化配置、企业文化的建设和对市场变化的应对措施等。

2. 应对未来制造挑战的十大关键制造技术

为了应对未来制造的挑战，美国国家研究委员会（NRC）在1998年公布了应对未来制造挑战的十个应该优先攻关的制造技术，值得研究和借鉴。

（1）可重构制造系统（RMS，Reconfigurable Manufacturing Systems）。长期的制造实践证明，现在与未来制造企业的3个核心要素是产品、制造系统和商务运作，而其中的制造系统经常成为新产品快速开发上市和满足顾客需求、快速响应市场的商务运作的瓶颈（约束）。可重构制造系统（RMS）要能快速实现产品的产出能力，实现制造过程与功能的可重构、可缩放与可重复利用，就必须创新现有制造系统的规划、设计，革新系统的组态（Configuration）方式，使系统组态的模块（组元、零部件或子系统）变成可变、可更新的可多次集成重构的。这一技术是对传统制造系统、产品或工程系统硬软件的规划、设计、建造与运行的重大革新，它已经开始并将深远地影响今天与明天的制造系统、产品、工程与科学实验装置或系统的发展。可重构制造系统技术的另一个重要特征是可自适应、可重构制造过程、可编程。

（2）无损耗的处理（Waste-free Processing）。未来的制造过程应该由各种没有或最小损耗的技术与过程的支持，使它们成为没有各种各样浪费的新一代处理过程。

（3）新的物料过程（New Material Process）。未来设计与制造用的是革新了的多种多样性能和性能价格比更加优秀的新材料和零部件、配套件。

（4）制造用的生物技术（Biotechnology for Manufacturing）。它主要是指利用生物学原理与方法实现自动化装配、加工和检测的新一代制造技术，不完全等同于生物制造技术。

（5）企业建模与仿真（Enterprise Modeling and Simulation）。企业的建模与仿真包括了企业各个层次级的建模与仿真。因此，制造系统的建模和仿真也是企业建模与仿真的重要方面。

（6）信息技术（Information Technology）。它是为了进行有效决策而挖掘、搜集全方位、全过程关键信息和快速将它们转换成知识或情报的一项关键技术。

（7）产品过程的设计方法（Product and Process Design Methods）。它是能适应顾客需求、可快速创新或改进产品与过程设计的新一代产品与过程的设计方法与工具。

（8）增强了的机器—人的接口（Enhanced Machine-Human Interfaces）。它是解决未来制造中人、装备和信息技术间的人与机器接口界面交互作用设计与控制的新一代人机工程技术，侧重解决物理接口界面和增强员工能力的学习问题。

（9）教育与培训（Workforce Education and Training）。它是适应未来制造快速响应和解决复杂性不断增加所必备的一项关键技术。这一技术要求研究开发不同语言间沟通交流的信息交换机器，以实现不同文化背景与语言的员工之间直接合作与协同。

（10）智能合作软件系统（Software for Intelligent Collaboration Systems）。智能合作的目的就是把不同语言和文化背景的专业人员通过自动化过程与智能装置结合在一起。其研究目标包括：成组通信协议的展开、制造专用网络协议、分布式企业过程控制方法与标准、共享企业和过程知识的方法。它要求把全部软件建立在与人交互的动力学模型接口基础上，形成虚拟的合作空间。

1.2 制造系统

产品、制造系统和商务运作是运行制造企业的三大基本要素。在买方市场的条件下，制造系统的传统规划、设计、建造、运行方法和实践已经落后于现代企业的要求与现实，使制造系统经常成为制约企业新产品快速成功上市、按照客户订单进行产品交换生产和商务运作的瓶颈。同时，因为制造系统要求投资额度大、建造和试运行时间周期长、可变性（柔性）低、使得它经常成为新产品与产品生产、商务活动、企业发展与业绩提升的约束。所以，先进制造系统的规划、设计、建造和运行成为制造学科研究与开发的热点。

1.2.1 制造系统的含义

制造系统（Manufacturing System）最早出现于1815年，其原意是"工厂系统"。关于制造系统至今还没有一个明确的、统一的定义。英国著名学者 Parnaby 于 1989 年提出：制造系统是工艺、机器系统、人、组织结构、信息流、控制系统和计算机的集成组合，其目的在于取得产品制造经济性和产品性能的国际竞争力。

美国麻省理工学院（MIT）教授 G. Chryssolouris 于 1992 年给出这样的定义：制造系统是人、机器和装备以及物料流、信息流的一个组合体。

日本京都大学人见胜人教授于 1994 这样定义制造系统：制造系统可以从 3 个方面来定义：

（1）从制造系统的结构方面定义，制造系统是一个包括人员、生产设施、物料加工设备和其他附属装置等各种硬件的统一整体；

（2）在制造系统的转变特性方面，制造系统可以定义为生产要素的转变过程，特别是将原材料以最大生产率转变为产品；

（3）在制造系统的过程方面，制造系统可以定义为生产的运行过程，包括计划、实施和控制。

综上所述，可以认为，制造系统是制造过程及其涉及的硬件（包括人员、生产设备、材料、能源和各种辅助装置等）以及有关软件（包括制造理论、制造工艺和制造方法等）和制造信息组成的一个具有将制造资源（原材料、能源等）转变为产品或半成品特定功能的有机整体。

1.2.2　制造系统的概念模型

制造系统的发展主要由五大要素决定，即资源输入、资源输出、资源转换、机制和控制，如图1-1所示，其核心功能是资源的转换功能，为社会创造财富。

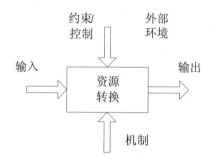

图1-1　制造系统的基本模型

1. 输入

资源输入是实现转换功能的必备和前提条件。传统的输入资源主要是指物质和能量资源，也有信息资源和技术资源，但不占主导地位。今天，要树立新的资源观，即面对信息时代和知识经济，信息、技术、知识等无形资源将逐渐占主导地位，成为企业系统可持续发展的主要资源。有专家预测，基因资源也将成为新的战略资源。总的来说，资源输入有如下两大类。

（1）有形资源。如土地、厂房、机器、设备、能源、动力、各种自然资源、人力资源等。

（2）无形资源。主要有管理、市场、技术、信息、知识、智力资源以及企业形象、产品品牌、客户关系、公众认可等。

2. 输出

输出是企业系统的基本要素，也是企业系统存在的前提条件。现代企业系统对社会环境的输出至少应包含以下4种类型。

（1）产品。包括硬件产品和软件产品，这是常规的认识；实际上，现代产品已经扩大到无形产品，如决策咨询、战略规划等。

（2）服务。是指从一般的售前及售后服务到高级的技术输出、人员培训、咨询服务等。

（3）创造客户。企业的生存在于是否拥有客户，如何留住老客户、创造新客户，是企业系统的一项基本任务，也是企业系统的重要业绩。

（4）社会责任。企业系统的发展受所在社区环境的支撑，必须对社区和整个社会承担责任，如环境保护、公共建设、人文环境等。

3. 资源转换

资源转换是企业最本质的功能。目前，资源转换主要是依据物理的或化学的原理。有关专家指出，基于遗传工程的生物学原理将成为新的资源转换方法。衡量转换的优劣主要有五大指标，即最短的上市时间（T，Time to Market）、最好的质量（Q，Good Quality）、最低的成本（C，Low Cost）、最优的服务（S，High Service）、环境清洁（E，Clean Environment）。为了使得这5项指标达到最优，企业系统必须在管理体制、运行体制、产品结构、技术结构、组织结构等方面进行不断地革新和创造。

4. 机制

主要是支撑企业实现资源转换的各种平台，包括硬件平台、软件平台、战略平台、知识平台、文化平台等。

（1）硬件平台。主要是指生产设施、设备和系统等，如生产线、设计系统、实验系统、信息网络等基础设施，它是企业系统最基本的物质平台。

（2）软件平台。除了计算机软件外，还应包括管理思想、管理模式、管理规范、政策法规、规章制度等。

（3）战略平台。指采用的竞争战略、制造战略，如敏捷竞争战略及其相应的敏捷制造模式。

（4）知识平台。在知识经济时代，企业既要重视人的作用；又要重视知识的生产、分配和使用；更要建立一套全新的知识供应链和知识管理系统。

（5）文化平台。知识时代，企业间的较量更多地表现为企业的整体科技素质和更深刻的文化内涵上，企业文化建设的重要作用越来越彰显出来。

5. 控制或约束

控制或约束主要是指企业系统的外部约束，如国家的方针政策、法律法规、规范标准以及其他的有关要求和约束，如环境保护、社区要求等。

实际的企业/制造系统因其功能、运作模式各不相同，有着不同的模型。图1-2所示为ISO制造系统通用行为模型。

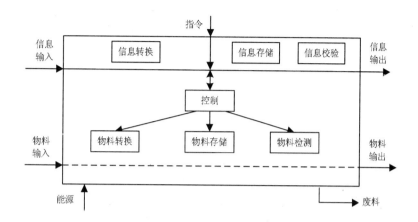

图 1-2 ISO 制造系统通用行为模型

1.2.3 制造系统的特征

制造系统的特征主要包括以下 5 个方面，即：转换特征、过程特征、系统特征、开放特征、进化特征。

1. 转换特性

转换特性是系统的最主要特性，是贯穿制造系统的一条主线。其主要任务是：科学、合理、高效、充分地开发和利用各种资源，高效、优质、低耗、清洁地进行资源转换即生产制造，提供客户需要的产品、服务等。

制造系统的转换特性的优劣与制造理念和模式、管理思想和水平、先进制造技术等综合因素有着密切的关系。为了提高和改进制造系统的转换特性，应该研究物理科学、化学科学、社会科学、生命科学，创造新的制造模式和理念。

2. 过程特性

系统的资源转换本质上是一个过程，是一个面向客户需求、不断适应环境变化、不断改善和进化的动态过程，包括市场调研和分析、产品设计、工艺规划、制造实施、产品销售、售前售后服务、产品的回收处理和再利用等。

在系统的资源转换过程中主要有 4 种流在流动，极大地影响着系统的运行质量和发展活力，它们是：物质流、资金流、能量流、信息流。

（1）物质流。制造系统就是根据市场的需求，开发产品，购进原料，加工成产品，销售给客户，售前售后服务，产品的回收处理及再利用，这些物料从供方开始，沿着各个环节向制造方、需求方的移动都是显而易见的物质流动。

(2) 资金流。制造方从市场调研到产品的销售都涉及资源的消耗，这些都会导致资金流出，只有当消耗的资源生产出产品并销售给需求方时，资金才会重新流回到企业系统，并产生利润或亏损。可见，资金的流动是物质的流动引起的，可以通过资金的流动反过来控制物质的流动。资金流的快慢体现着企业系统的经营效益，可以通过控制财务成本系统来控制各个环节上的各项经营生产活动。

(3) 信息流。制造系统中的信息流无处不在、无时不有，离开制造系统中的信息流而研究制造系统是不全面的。根据类型可以将信息分成需求信息和供给信息。需求信息如客户订单、生产计划、采购合同等从需求方向供给方流动；而供给信息如入库单、完成报表单、库存记录、提货单等，同物料一起从供方向需方流动。

(4) 能量流。能量是一切物质运动的基础，没有能量流动的制造系统是不能进行的。制造过程中各种运动过程，特别是物流过程均需要消耗能量来维持，都伴随着能量的流动。来自制造系统外部的能量（如电能），流向制造系统各环节中，一部分是用来维持系统的运动，一部分通过传递、损耗、存储、释放、转化等有关过程，完成制造过程的有关功能。

3. 系统特性

制造系统是一个复杂的大系统，它的各个环节都是不可分割的，需要统一考虑。通过物质流、资金流、信息流、能量流把各个环节有机地结合起来，协同工作，发挥系统效应。对内而言，要实现系统的集成，要使局部的利益服从全局的利益；对外要通过与全球制造系统的联结和协调，打破单个企业、区域、国家的限制，充分利用全球的知识、技术、人力、资源、资金等，从而发挥制造系统的系统特性，获取更大的经济效益。

4. 开放特性

先进制造系统是一个典型的开放系统。市场经济环境下，面对动态变化的市场，企业要生存和发展就必须开放，既要讲竞争，又要讲合作。为此，要实施企业间的动态联盟，组织虚拟企业敏捷地应对市场的挑战。

5. 进化特性

制造系统既有自身发展的全生命周期的规律，又有随外界环境变化而进化的能力。市场调研能力的提高，设计方法的进步，制造模式和理念的变迁，管理理念的发展等都表现出制造系统具有进化特性。制造系统的进化特性使制造能适应时代的进步，反过来又促进时代的进步。

制造系统的进化特性是通过系统的学习能力来实现的。当前，面对信息时代的到来和知识经济的兴起，制造业正面临一场新的革命，通过建立系统的数字化神经系统和自学习、自适应机制，将使制造系统从被动的进化转化为主动式进化，从而灵活多变地应对动态多变的市场机遇。

1.3 先进制造技术

自 20 世纪 60 年代以来，世界市场的特征由传统的相对稳定逐步演变成动态多变，由过去的局部竞争演变成全球范围内的竞争；同行业之间、跨行业之间的相互渗透、相互竞争日益激烈。20 世纪 60 年代，市场主要是卖方市场，产品供不应求，因此当时制造战略主要是"规模"战略，企业追求的是扩大生产规模；20 世纪 70 年代起，市场仍然是卖方市场，但供求基本平衡，此时制造战略向"成本"（C，Low Cost）战略转化，企业主要是降低生产成本；20 世纪 80 年代，产品供过于求，市场转变为买方市场，制造业向以提高产品质量为目的的"质量"（Q，Good Quality）战略转变；20 世纪 90 年代以来，在全球市场的情况下，产品提倡个性化，制造业进一步转变为以相应市场响应速度的"时间"（T，Time to Market）战略，同时完善售后服务（S，High Service）。进入 21 世纪，随着知识经济的到来，技术创新成为企业发展的灵魂，企业提出了"创新"（K，Knowledge Creation）战略，同时由于人们对环境意识的加强，环境清洁（E，Clean Environment）也渐渐纳入企业发展的战略中。

与此同时，信息技术取得了迅速发展，特别是计算机技术、计算机网络技术、信息处理技术等取得了人们意想不到的进步。二十多年来的实践证明，将信息技术应用于制造业，进行传统制造业的改造，是现代制造业发展的必由之路。

20 世纪 70 年代，计算机技术的发展推动了计算机辅助设计（CAD，Computer Aided Design）、计算机辅助工艺过程设计（CAPP，Computer Aided Process Planning）、计算机辅助制造（CAM，Computer Aided Manufacturing）、物料管理规划（MRP，Material Requirements Planning）等工具和系统的开发和实现。

20 世纪 80 年代初，先进制造技术以信息集成为核心的计算机集成制造系统（CIMS，Computer Integrated Manufacturing System）开始得到实施。

20 世纪 80 年代末，以过程集成为核心的并行工程（CE，Cocurrent Engineering）方法提出了在设计时考虑可制造性、可装配性的工作模式，并出现了产品数据管理（PDM，Product Data Management）、工作流管理等业务流程的支持技术，进一步提高了制造水平。

进入 20 世纪 90 年代，先进制造技术进一步向更高水平发展，出现了虚拟制造（VM，Virtual Manufacturing）、精益生产（LP，Lean Production）、敏捷制造（AM，Agile Manufacturing）、虚拟企业（VE，Virtual Enterprise）等新概念。

图 1-3 所示为制造战略发展趋势示意图。

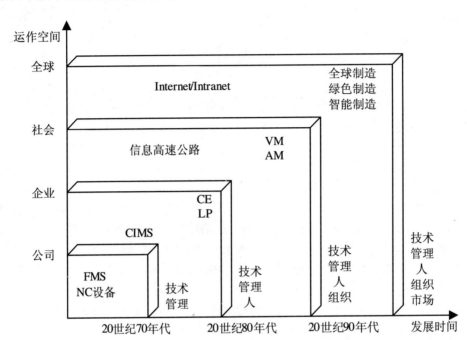

图 1-3 制造战略发展趋势

1.3.1 先进制造技术的内涵

先进制造技术（AMT，Advanced Manufacturing Technology）是美国于 20 世纪 80 年代末期提出的，其根本原因在于其国家竞争力的不断减弱、贸易逆差过大，许多原来占优势的产品都在竞争中败于日本。为此，美国政府和企业界投入了大量的资金进行研究，得出这样的结论："经济的竞争力归根到底是制造技术和制造能力的竞争"和"振兴美国经济的出路在于振兴美国的制造业"。为此，美国成立各层次、级别的 AMT 协调、推广、应用研究中心，总结并提出了一系列先进制造技术的新理论。这些战略在短短几年内就收到了良好的效果，部分被日本占领的市场重新夺回。

目前对先进制造技术尚没有一个明确的、一致公认的定义，经过近年来对发展先进制造技术方面开展的工作，通过对其特征的分析研究，可以认为：先进制造技术是制造业不断吸收机械、材料、纳米、电子、信息、现代管理的成果，并将其综合应用于产品设计、加工、检测、管理、销售、使用、服务乃至回收的制造全过程，以实现优质、高效、低耗、清洁、灵活生产，提高对动态多变的市场的适应能力和竞争能力的制造技术的总称。

1.3.2 先进制造技术的特征

1. 先进制造技术涉及市场—设计—加工—装配—市场的全过程

先进制造技术相对传统制造技术在应用范围上的一个很大不同点在于，传统制造技术通常只是指各种将原材料变成成品的加工工艺，而先进制造技术虽然仍大量应用于加工和装配过程，但由于其组成中包括了设计技术、自动化技术、系统管理技术等，因而则将其综合应用于制造的全过程，覆盖了市场信息分析、产品决策、产品设计、生产准备、加工与装配、质量监测、销售使用、售前售后服务、产品报废的处理和回收等全生命周期的制造全过程。

2. 先进制造技术是一个动态的、相对的、不断发展的技术体系

由于先进制造技术本身是在针对一定的应用目标，不断地吸收各种高新技术而逐渐形成的、不断发展的新技术，因而其内涵不是绝对的和一成不变的。反映在不同的时期，先进制造技术有其自身的特点；也反映在不同的国家和地区，先进制造技术有其本身重点发展的目标和内容，通过重点内容的发展以实现这个国家和地区制造技术的跨越式发展。因此绝不能把它简单地等同于 CAD、CAM、FMS、CIMS、AM、LP、CE 等各项具体的技术。

3. 先进制造技术是多学科的集成

传统制造技术的学科、专业单一独立，相互间的界限分明；先进制造技术由于专业和学科间的不断渗透、交叉、融合，界线逐渐淡化甚至消失，技术趋于系统化、集成化、已发展成为集机械、电子、信息、材料和管理技术等为一体的新型交叉学科，因此可以称其为"制造工程"。

4. 先进制造技术是包括物质流、能量、资金流和信息流的系统工程

传统制造技术一般只能驾驭生产过程中的物质流、能量流和资金流。随着微电子、信息技术的引入，先进制造技术还能驾驭信息生成、采集、传递、反馈、调整的信息流动过程。先进制造技术是可以驾驭生产过程的物质流、能量流、资金流和信息流的系统工程。

5. 先进制造技术强调的是实现优质、高效、低耗、清洁、灵活的生产

先进制造技术的核心是优质、高效、低耗、清洁等基础制造技术，它是从传统的制造工艺发展起来的，并与新技术实现了局部或系统集成，其重要的特征是实现优质、高效、低耗、清洁、灵活的生产。这意味着先进制造技术除了通常追求的优质、高效外，还要针对 21 世纪人类面临的有限资源与日益增长的环保压力的挑战，实现可持续发展，要求实现低耗、清洁。此外，先进制造技术也必须面临人类在 21 世纪消费观念变革的挑战，满足对日益"挑剔"的市场的需求，实现灵活生产。

6. 先进制造技术最终的目标是提高对动态多变的产品市场的适应能力和竞争能力

为确保生产和经济效益持续稳步地提高，能对市场变化做出更敏捷的反应，以及对最佳技术效益的追求，提高企业的竞争能力，先进制造技术比传统的制造技术更加重视技术与管理的结合，更加重视制造过程组织和管理体制的简化以及合理化，从而产生了一系列先进的制造模式。随着世界自由贸易体制的进一步完善，以及全球交通运输体系和通信网络的建立，制造业将形成全球化与一体化的格局，先进制造技术也必将是全球化的模式。

1.3.3 先进制造技术的体系结构

先进制造技术是制造业为了提高竞争力以适应时代要求，对制造技术不断优化及推陈出新而形成的高新技术群。由于先进制造技术所涉及到的内容十分广泛，学科十分繁多，在不同的国家、不同的发展阶段，先进制造技术有不同的内容及组成，其中典型的有如下几种。

1. 我国三层次先进制造技术体系

图 1-4 所示为我国三层次先进制造技术体系。

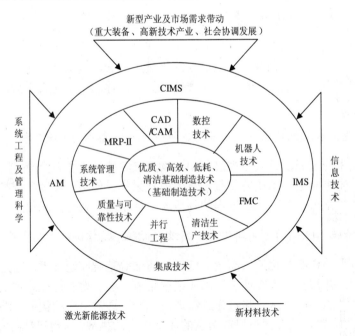

图 1-4 先进制造技术的层次及技术来源

第一个层次是优质、高效、低耗、清洁基础制造技术。铸造、锻压、焊接、热处理、表面保护、机械加工等基础工艺至今仍是生产中大量采用、经济实用的技术,这些基础工艺经过优化而形成的优质、高效、低耗、清洁基础制造技术是先进制造技术的核心及重要组成部分。这些基础技术主要有精密下料、精密塑性成形、精密铸造、精密加工、精密测量、毛坯强韧化、精密热处理、优质高效连接技术、功能性防护涂层及各种与设计有关的基础技术和各种现代化管理技术。

第二个层次是新型的制造单元技术。这是在市场需求及新兴产业的带动下,制造技术与电子、信息、新材料、新能源、环境科学、系统工程、现代管理等高新技术结合而形成的崭新制造技术,如制造业自动化单元技术、极限加工技术、质量与可靠性技术、系统管理技术、CAD/CAM、清洁生产技术、新材料成形加工技术、激光与高密度能源加工技术、工艺模拟及工艺设计优化技术等。

第三个层次是先进制造集成技术。这是应用信息技术和系统管理技术,通过网络与数据库对上述两个层次的技术集成而形成的,如 FMS、CIMS、IMS 以及虚拟制造技术等。

以上三层次都是先进制造技术的组成部分,但其中每一个层次都不等于先进制造技术的全部。

2. FCCSET 先进制造技术体系结构

1994 年初,美国联邦科学、工程和技术协调委员会(FCCSET)下属的工业和技术委员会先进制造技术工作组提出了先进制造技术由主体技术群、支撑技术群、制造基础设施组成的三位一体的体系结构。这种体系不是从技术学科内涵的角度来描绘先进制造技术,而是着重从比较宏观组成的角度来描绘了先进制造技术的组成以及各个部分在制造技术发展过程中的作用。FCCSET 先进制造技术的系统结构及主要内容如图 1-5 所示。

根据这一定义,先进制造技术主要包括以下 3 个技术群。

(1) 主体技术群。它包括如下方面。

① 面向制造的设计技术群。其中主要有产品的计算机辅助设计 CAD,产品的工艺规程设计 CAPP,快速成型技术,并行工程等。

② 制造工艺技术群。包括精密下料、精密塑性成型、精密测量、精密加工等。

(2) 支撑技术群。

支撑技术群的作用是将主体技术群中的辅助设计及制造辅助工艺,应用信息技术通过数据、数据标准进行技术集成。

(3) 制造基础设施(制造技术环境)。

制造基础设施(制造技术环境)依托于质量管理、用户信息反馈的收集等。

上述三部分相互联系,相互促进,组成一个完整的体系,每一部分均不可缺少,否则就很难发挥预期的整体功能效益。

```
┌─────────────────────────────────────────────────┐
│ 主体技术群                                       │
│  ┌─────────────────────┐ ┌─────────────────────┐│
│  │ 面向制造的设计技术群：│ │ 制造工艺技术群：     ││
│  │ 产品、工艺设计       │ │ 材料生产工艺         ││
│  │ 计算机辅助设计       │ │ 加工工艺             ││
│  │ 工艺过程建模和仿真   │ │ 连接和装配           ││
│  │ 工艺规程设计         │ │ 测试和检验           ││
│  │ 工作环境设计         │ │ 环保技术             ││
│  │ 快速成形技术         │ │ 维修技术             ││
│  └─────────────────────┘ └─────────────────────┘│
├─────────────────────────────────────────────────┤
│ 支撑技术群                                       │
│ 信息技术： 接口和通信 数据库 集成框架 软件工程   │
│           人工智能 决策支持                      │
│ 标准和框架： 数据标准 产品定义标准 工艺标准      │
│             检验标准 接口框架                    │
│ 机床和工具技术                                   │
│ 传感器和控制技术                                 │
├─────────────────────────────────────────────────┤
│ 制造基础设施                                     │
│ 质量管理              用户、供应商交互作用       │
│ 工作人员培训和教育    全局监督和基准评测         │
│ 技术获取和利用                                   │
└─────────────────────────────────────────────────┘
```

图 1-5 FCCSET 的先进制造技术体系结构

3. 综合的先进制造技术体系结构

综合的先进制造技术体系结构及主要内容如图 1-6 所示。它主要包括以下 3 层。

第一层是包括工程设计技术群、制造工艺技术群、现代管理技术群的三大主体技术层。

（1）工程设计技术群包括所有与产品设计、工艺过程设计有关的各种先进设计技术。它由计算机辅助产品开发与设计（如计算机辅助设计（CAD）、计算机辅助工程（CAE）、计算机辅助工艺设计（CAPP）、并行工程（CE）等）、模糊设计、系统设计、工业造型设计、虚拟设计、可靠性设计、反求工程、健壮设计、人机工程等组成。

（2）计算机辅助制造与各种计算机集成制造系统（如计算机辅助制造（CAM）、计算机辅助检测（CAI）、计算机集成制造系统（CIMS）、数控技术（NC/CNC）、直接数控技术（DNC）、柔性制造系统（FMS）、成组技术（GT）、准时化生产（JIT）、精益生产（LP）、敏捷制造（AM）、虚拟制造（VM）、绿色制造（GM）等）。

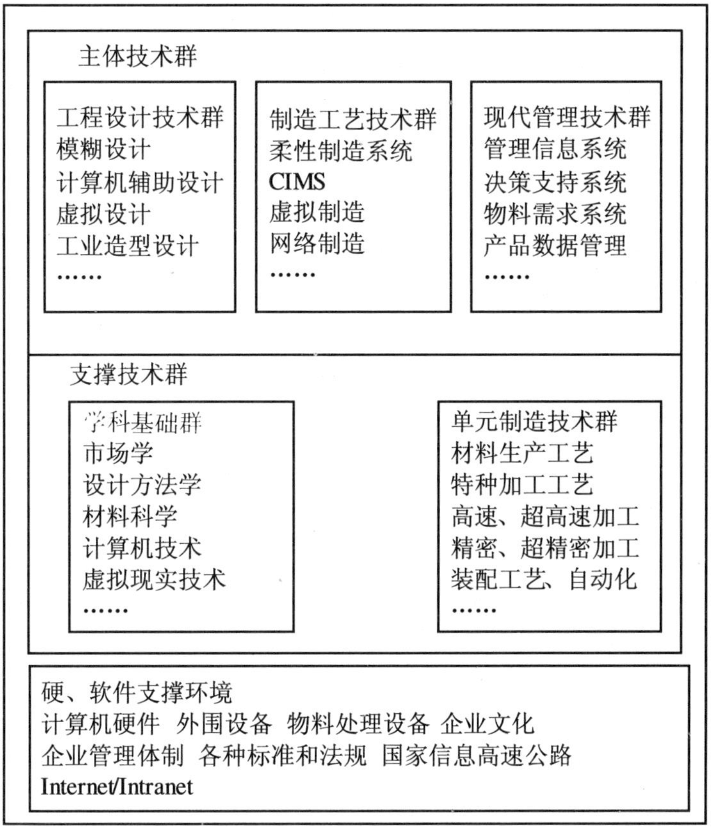

```
┌─────────────────────────────────────────────────┐
│  主体技术群                                      │
│  ┌──────────────┐┌──────────────┐┌──────────────┐│
│  │工程设计技术群││制造工艺技术群││现代管理技术群││
│  │模糊设计      ││柔性制造系统  ││管理信息系统  ││
│  │计算机辅助设计││CIMS          ││决策支持系统  ││
│  │虚拟设计      ││虚拟制造      ││物料需求系统  ││
│  │工业造型设计  ││网络制造      ││产品数据管理  ││
│  │……            ││……            ││……            ││
│  └──────────────┘└──────────────┘└──────────────┘│
│                                                 │
│  支撑技术群                                      │
│  ┌──────────────────┐  ┌──────────────────┐     │
│  │学科基础群        │  │单元制造技术群    │     │
│  │市场学            │  │材料生产工艺      │     │
│  │设计方法学        │  │特种加工工艺      │     │
│  │材料科学          │  │高速、超高速加工  │     │
│  │计算机技术        │  │精密、超精密加工  │     │
│  │虚拟现实技术      │  │装配工艺、自动化  │     │
│  │……                │  │                  │     │
│  └──────────────────┘  └──────────────────┘     │
└─────────────────────────────────────────────────┘
┌─────────────────────────────────────────────────┐
│ 硬、软件支撑环境                                 │
│ 计算机硬件 外围设备 物料处理设备 企业文化        │
│ 企业管理体制 各种标准和法规 国家信息高速公路     │
│ Internet/Intranet                               │
└─────────────────────────────────────────────────┘
```

图 1-6 AMT 体系结构

（3）利用计算机进行生产任务和各种制造资源合理组织与调配的各种管理技术（如管理信息系统（MIS）、物料需求计划（MRP）、制造资源计划（MRPII）、企业资源计划（ERP）、工业工程（IE）、办公自动化（OA）、条形码技术（BCT）、产品数据管理（PDM）、产品全生命周期管理（PLM）、全面质量管理（TQM）、电子商务（EC）、客户关系管理（CRM）、供应链管理（SCM）等）。

第二层包括学科基础群、单元制造技术群两大技术支持群。

（1）AMT 涉及的学科十分广泛，它既包括如材料科学、管理科学、生物科学、法学、人文科学等基础学科；也包括如计算机技术、自动化技术、数据库技术、人工智能技术、网络技术、虚拟现实技术、专家系统等信息科学；此外它还涉及设计方法学、市场学、环境科学、人员培训和教育、标准化技术等其他学科。这些学科基础群是 AMT 的三大主体技术群赖以生存和不断发展的理论基础。

（2）单元制造技术群是与物料处理过程和物流直接相关的各项技术的集合，它包括材料生产工艺（冶炼、轧制……）、加工工艺（铸造、冲压、焊接、切削、热处理……）、精密和超精密加工、高速和超高速加工、特种加工（电火花、电化学、电子束、离子束、超声波……）、可装配性工艺和装配自动化、车间调度和管理、清洁化生产等。它要求实现优质、高效、低能耗、清洁、柔性化生产，它们为 AMT 中的集成化、综合性工程制造技术提供技术支持。

第三层是为了更好地管理整个生产过程，实现产品设计、制造、管理所需的计算机软硬件、外围设备、物料处理设备、企业文化、企业管理体制、各种标准和法规等软硬件支持。

由此可见，先进制造技术是一个庞大的技术体系。它已成为一门面向整个制造业，涵盖整个产品生命周期的"大制造、大系统、大科学"。

1.3.4 先进制造技术的发展趋势

在 21 世纪，随着电子、信息等高新技术的不断发展以及市场需求个性化与多样化，未来先进制造技术发展的总趋势是向精密化、柔性化、网络化、虚拟化、智能化、清洁化、集成化、全球化的方向发展。具体体现在下列方面。

1. 设计技术不断现代化

产品设计是制造业的灵魂，现代设计技术的主要发展趋势如下。
（1）设计手段的计算机化。
（2）新的设计思想和方法不断出现，如并行设计、面向 X 的设计（DFX，Design For X）、健壮设计（Robust Design）、优化设计（Optimal Design）、反求工程技术（Reverse Engineering）等。
（3）向全生命周期设计发展。
（4）设计过程由单纯考虑技术因素转向综合考虑技术、经济和社会因素。

2. 专业、学科、技术、企业间的界限逐渐淡化、消失，集成化是发展的方向

目前，集成化主要指如下几方面。
（1）现代技术的集成。机电一体化是个典型，它是高技术装备的基础。
（2）加工技术的集成。特种加工技术及其装备是个典型，如激光加工、高能束加工、电加工等。
（3）企业的集成，即管理的集成，包括生产信息、功能、过程的集成，也包括企业内部的集成和企业外部的集成。

从长远看，还有一点很值得注意，即由生物技术与制造技术集结而成的"微制造的生

物方法",或所谓的"生物制造"。它的依据是,生物是由内部生长而成"器件",而不像一般制造技术那样由外加作用以增减材料而成"器件"。这是一个崭新的充满活力的领域,作用难以估量。

3. 制造技术的网络化是先进制造技术发展的必由之路

制造业在市场竞争中,面临多方的压力:采购成本不断提高,产品更新速度加快,市场需求不断变化,全球化所带来的冲击日益加强等。企业要避免这一系列问题,就必须在生产组织上实行某种深刻的变革,抛弃传统的"小而全"与"大而全"的"夕阳技术",把力量集中在自己最有竞争力的核心业务上。科学技术特别是计算机技术、网络技术的发展,使这种变革的实现成为可能。制造技术的网络化会导致一种新的制造模式,即虚拟制造组织,这是由地理上异地分布的、组织上平等独立的多个企业,在谈判协商的基础上,建立密切合作关系,形成动态的"虚拟企业"或动态的"企业联盟"。此时,各企业致力于自己的核心业务,实现优势互补、资源优化动态组合与共享。

4. 制造技术的智能化是制造技术发展的前景

近二十年来,制造系统正在由原先的能量驱动型转变为信息驱动型,这就要求制造系统不但要具备柔性,而且还要表现出某种智能,以便应对大量复杂信息的处理、瞬息万变的市场需求和激烈竞争的复杂环境,因此智能制造越来越受到重视。与传统的制造相比,智能制造系统具有以下特点:

(1)人机一体化。
(2)自律能力强。
(3)自组织与超柔性。
(4)学习能力与自我维护能力。
(5)在未来,具有更高级的人类思维的能力。

可以说,智能制造作为一种模式,是集自动化、集成化和智能化于一身,并具有不断向纵深发展的高技术含量和高技术水平的先进制造系统,也是一种由智能机器和人类专家共同组成的人机一体化系统。它的突出之处,是在制造诸环节中,以一种高度柔性与集成的方式,借助计算机模拟的人类专家的智能活动,进行分析、判断、推理、构思和决策,取代或延伸制造环境中人的部分脑力劳动,同时收集、存储、处理、完善、共享、继承和发展人类专家的制造智能。尽管智能化制造道路还很漫长,但是必将成为未来制造业的主要生产模式之一,潜力极大,前景广阔。

5. 自动化已成为先进制造技术发展的前提条件

自动化是减轻、强化、延伸、取代人的有关劳动的技术或手段。自动化总是伴随有关机械或工具来实现的。可以说,机械是一切技术的载体,也是自动化技术的载体。第一次工业革命,以机械化这种形式的自动化来减轻、延伸或取代人的有关体力劳动,第二次工业革命即电气化进一步促进了自动化的发展。据统计,1870—1980 年,加工过程的效率提高了 20 倍,即体力劳动得到了有效的解放,但管理效率只提高 1.8~2.2 倍,设计效率只提高了 1.2 倍,这表明脑力劳动远没有得到有效的解放。信息化、计算机化与网络化,不但可以极大地解放人的身体,而且可以有效提高人的脑力劳动水平。今天的自动化的内涵与水平已远非昔比,从控制理论、控制技术,到控制系统、控制元件等,都有着极大的发展。

6. 虚拟现实技术在制造业中获得广泛的应用

虚拟制造技术从根本上改变了设计、试制、修改设计、规模生产的传统制造模式。在产品真正制出之前,首先在虚拟制造环境中生成软产品原型(Soft Prototype)代替传统的硬样品(Hard Prototype)进行试验,对其性能和可制造性进行预测和评价,从而缩短产品的设计与制造周期,降低产品的开发成本,提高系统快速响应市场变化的能力。

7. 绿色制造将成为 21 世纪制造业的重要特征

日趋严格的环境与资源的约束,使人类必须从各方面促使自身的发展与自然界和谐一致。为此工业发达国家正积极倡导"绿色制造"和"清洁生产",大力研究开发生态安全型、资源节约型制造技术。"绿色制造"将是 21 世纪制造业的重要特征,与此相应,绿色制造技术也将获得快速的发展,主要体现在如下方面。

(1)绿色产品设计技术。使产品在生命周期符合环保、人类健康、能耗低、资源利用率高的要求。

(2)绿色制造技术。在整个制造过程,使得产品对环境负面影响最小,废弃物和有害物质的排放量最小,资源利用效率最高。绿色制造技术主要包含了绿色资源、绿色生产过程和绿色产品 3 方面的内容。

(3)产品的回收和循环再制造。例如,汽车等产品的拆卸和回收技术、生态工厂的循环式制造技术。它主要包括生产系统工厂(致力于产品设计和材料处理、加工及装配等阶段)、恢复系统工厂(主要对产品(材料使用)生命周期结束时的材料处理循环)。

8. 制造过程中将贯彻以人为本的理念

值得注意的是,在科学技术高度发达与高速发展的今天,"先进制造技术"同一切先进技术一样,是不可能不"以人为本"的,不能见"物"不见"人",见"技术"不见"文化"、不见"精神"。离开了人,离开了人的精神,先进技术就失去了"灵魂",甚至造祸于民。进一步而言,要"以人为本",就必须"教育先导",就必须通过各种形式的教育,培养出合乎时代潮流与我国国情的制造业的科技人才与管理人才。科技是关键,人才是根本,教育是基础,要从根本、从长远、从全面着想,不断推动我国先进制造技术的发展。

1.4 思考题

1. 简述制造及制造系统的含义和特征。
2. 简述制造系统的概念模型。
3. 简述先进制造技术的含义和特征。
4. 简述先进制造技术的体系结构。
5. 简述先进制造技术的发展趋势。

第 2 章　现代设计方法

企业的竞争力在于产品的创新。在产品创新中，设计起着关键的作用。设计是产品生命周期的前期工序，它的质量和水平直接关系到产品的质量、性能、环保性、上市时间和经济效益。现代设计方法是在继承和发展传统设计方法的基础上融合新的科学理论和新的科学技术成果而形成的，是以产品设计为目标的一个知识群体的总称，目前已发展成为一门新兴的综合性、交叉性学科。

2.1　现代设计方法概论

产品设计技术是 AMT 中的核心技术，产品的结构、性能、质量、成本、交换期以及可制造性、可维修性、人机界面等因素都是在产品设计阶段形成的。资料显示，产品设计阶段的工作量约占产品全生命周期的 20%，却决定了产品制造成本的约 80%。

设计一词有广义和狭义之分。广义上的设计就是把人类的理想变成现实的实践活动。狭义上的设计是指根据客观需求完成满足该需求的设计系统的图纸及技术文档的活动，目前各种产品包括机械产品的设计就属于此。随着科学技术和生产力的不断发展，设计和设计科学也不断向深度和广度方向发展，其内容、要求、理论和手段等都在不断更新。设计的内涵和外延都在扩大，设计的概念趋于广义化。设计不再仅仅是考虑构成产品的物质条件和满足功能需求，而是综合了经济、社会、环境、人体工学、人的心理、文化层次等多种因素的系统设计。从设计内容上看，设计贯穿了产品从孕育到消亡的整个生命周期，涵盖了需求获取、概念设计、制造、技术设计、详细设计、工艺设计、营销设计及回收设计等活动，把实验、研究、设计、制造、安装、使用、维修作为一个整体进行规划。由于设计理论的发展，设计所涉及的内容也在不断扩大。

2.1.1　设计发展的基本阶段

从人类生产的进步过程来看，人类从事的整个设计活动进程大致经历了如下的 4 个阶段。

1. 直觉设计阶段

在古代，人们或是从自然现象中直接得到启示，或是全凭人的直观感觉来设计制作工具。设计方案存在于手工艺人的大脑中,无法记录表达,产品也比较简单。直觉设计阶段在人类历史中经历了一个很长的时期,17 世纪以前都是属于这个阶段。

2. 经验设计阶段

随着生产的发展,单个手工艺人的经验或其头脑中的构想已经很难满足这些要求,于是,手工艺人联合起来,相互协作。一部分经验丰富的手工艺人将自己的经验或构思用图纸记录下来,传于他人,这样既便于对产品进行分析、改进提高,推动设计工作向前发展;还可满足更多的人同时参与同一产品的生产活动,满足社会对产品需求及提高生产率的要求。因此,利用图纸进行设计,使得人类活动由直觉设计阶段发展到经验设计阶段。

3. 半理论半经验设计阶段(传统设计)

20 世纪以来,由于科学和技术的发展与进步,设计的基础理论研究和实验研究得到了加强,随着理论研究的深入、实验数据以及设计经验的积累,已形成了一套半经验半理论的设计方法。这种方法以理论计算和长期设计实践而形成的经验、公式、图表、设计手册等作为设计依据,通过经验公式、近似系数或类比等方法进行设计。

4. 现代设计阶段

近三十年来,由于科学和技术迅速发展,对客观世界的认识不断深入,设计工作所需的理论基础和手段有了很大的进步,特别是电子计算机技术的发展及应用,对设计工作产生了革命性的突破,为实现设计工作的自动化和精密计算提供了条件。此外,先进设计还有另一个特点,即对产品的设计已不再仅考虑产品本身,而且还要考虑对系统和环境的影响;不仅要考虑技术领域,还要考虑经济、社会效益;不仅要考虑当前,还需考虑长远的发展。

2.1.2 现代设计的特征

1. 设计理论的延伸、思维的变化及设计范畴的扩展

现代设计技术是传统的设计理论与方法的继承、延伸与扩展,这不仅体现在设计原理、方法论、思维、哲理等方面的创新,如静态的设计原理向动态的延伸,确定的、精确的设计模型向随机的模糊的延伸,而且设计范畴在不断扩大。由于计算机技术的飞速发展与广泛应用,深刻影响着产品设计开发过程、制造过程、营销及售后服务过程。同时也促进着这些过程的交叉融合,使现代设计内容与边界扩展到产品规划、制造过程的工艺、检验、试验、包装、运输,直至营销、市场策划、产品运行、维护使用,到报废回收的全过程、全生命周期各个环节的设计,如先进制造技术中的面向制造的设计(DFM)、面向装配的

设计（DFA）、面向 X 的设计、并行设计、虚拟设计、绿色设计、模糊设计、维修性设计、健壮设计等便是工程设计范畴扩大的集中体现。现代设计可以说是设计师、制造工程师、管理营销人员、工人、财会人员及专利律师等通力合作、集体智慧的结晶。

2. 多种设计技术、理论与方法的交叉与综合

计算机技术与信息科学对机械产品的渗透、改造与应用，使产品的结构、功能产生很大的变化，现代的机械产品正朝着机电一体化，物质、能量、信息一体化，集成化，模块化方向发展。数控机床、加工中心、工业机器人等典型的机电一体化产品，不仅具有传统意义上的物质与能量转换的功能，而且具有自动检测、自动数据处理（运算、判断、存储、记忆）、自动显示、自动控制、故障诊断和自动保护及维护性、可回收性等功能，从而对产品的质量、可靠性、稳定性、稳健性及效益等均提出更为严格的要求。因此，现代设计技术必须是多学科的融合交叉，多种设计理论、设计方法、设计手段的综合运用，以系统的、集成的设计概念设计出符合时代特征和科技发展趋势的产品及整体综合效益最佳的产品。

3. 设计手段的精确化、计算机化、自动化与虚拟化

（1）精确化在传统的设计中，面对载荷、应力、环境等因素的复杂化，通常以某种条件性的假设建立所谓稳定的、理想的载荷（集中的或均匀分布的）和应力（名义的、平均的）模型，它与实际情况有差异的许多因素，则以安全系数和一系列的载荷系数、应力系数及其他影响系数等加以考虑，这往往使计算的结果误差较大。现代设计技术可以采用概率设计（可靠性设计）描述载荷应力、环境条件等随机因素的分布规律，通过有限元法、动态分析、疲劳设计、断裂设计、健壮设计、耐环境设计等分析工具和建模手段，准确模拟系统的真实情况，从而得到比较符合实际工况的真实解，提高了设计的精确化程度。

（2）计算机化的标志是计算机在工程设计中得到广泛的应用，已从计算机辅助分析计算和辅助绘图，发展到优化设计、并行设计、三维特征建模、设计过程管理、面向制造与面向装配的设计制造一体化，形成了 CAD、CAPP、CAM 的集成化及网络化，并逐步向设计智能化、模拟仿真和虚拟设计、国际互联网条件下进行计算机辅助设计过渡。计算机辅助设计技术，特别是工程数据库和网络技术的广泛应用，加速了设计进程，提高了设计效率和质量，方便了设计、管理、制造、营销等部门及协作企业之间的信息交流，也加速了实现 CIMS 和全球化制造的进程。

（3）设计自动化的含义、内容与范围目前尚无确切定论，但它一直是设计领域追求的目标。

从一般意义上说，设计自动化软件主要包括以下几种类型。

① 主模型，它是中央数据库，为设计提供各种数据信息（几何精度、材质、各种设计参数、零部件的联系、相关性、有限元结构分析数据、质量控制及营销数据等）。

② 基于知识的应用软件，这些软件工具使设计者方便地与主模型进行数据信息交流，

实现不同的设计目的。

③ 产品数据管理，这个系统控制着文档及设计的建立、修改、检查和批准，并组织、跟踪和控制信息的存取。因此，设计自动化的实现主要依赖 CAD 技术的发展与成熟，设计方法日益精确完善，自动建模技术及一批功能强大、高层次的商品化 CAD 软件的支撑，如智能 CAD，模糊逻辑、神经网络用于 CAD，优化问题及几何特征建模，尺寸公差自动标注，高效率的有限元分析程序等。同时，设计自动化也取决于设计与制造过程的集成化、一体化技术的发展与成熟及多媒体技术的广泛应用，如面向制造的设计、面向装配的设计、概念设计、并行设计及虚拟设计等。

（4）设计手段虚拟化是以虚拟现实的系统软件在计算上实现仿真、实现虚拟现实的三维建模，包括几何建模、运动建模、物理建模、对象特性建模及模型切分等，使设计者能在虚拟的设计环境下看到设计内容，如设计对象的形状、外表、物体的移动、旋转和各部分是否干涉与碰撞，以及对象的质量、惯性、表面特性（光滑与粗糙）、硬度、结构形式等变化模式，从而实现设计可视化、快速显示设计内容、柔性而方便的修改设计，同时由于虚拟制造技术，以及快速原型技术的出现，使设计者在零件被制造之前就看到了它加工后的形状并感觉到它，这些虚拟技术与手段的运用，大大提高了设计效果与质量。

4. 并行化、最优化和智能化的设计过程

（1）并行设计有时又称为并行工程（Concurrent Engineering），这是一种综合工程设计、制造、管理、经营的哲理，指导思想，方法和工作模式。并行工程技术可以在一个工厂或一个企业（包括跨地区、跨行业的大型企业及跨国公司）以通信管理方式在计算机软、硬件环境下实现。其核心是产品的设计阶段就考虑到产品生命周期（从概念形成到产品报废）中的所有因素（包括设计、分析、制造、装配、检验、维护、质量、成本、进度与用户需求等），强调对产品设计及其相关过程（制造过程和支持过程）进行并行的、集成的一体化设计，使产品开发一次成功，缩短产品开发周期，提高产品质量，强调多学科小组及各有关部门协同工作。美国于 20 世纪 80 年代末首先在福特、通用和克莱斯勒三大汽车公司组织实施并行工程技术，取得了显著的经济效益。

（2）现代设计技术中的一般性优化设计方法及其应用已日趋成熟；普通连续变量优化设计、混合离散变量优化设计，已发展到随机变量优化设计（可靠性优化设计）、模糊变量优化设计；单目标优化设计已发展到多目标优化设计。仅将优化设计的范围局限于优化方法及其应用程序的编制上已不能适应工程技术发展的需要，广义的工程优化设计应是优化设计的重要发展方向，其内容主要包括工程优化设计问题的自动建模技术、优化设计问题的前处理与后处理、优化设计结果的评价等。此外，基于优化设计和制造的分级分解优化也是目前重要的研究内容。上述优化方向的实现，必然涉及到人工智能、信息技术、控制技术等多种方法、多种技术、多个软件系统的综合运用。

（3）产品设计是一个创造性的思维、推理和决策的过程，CAD 技术在产品设计中的成功应用，引起设计领域产生了深刻的变革，原来由人完成的设计过程，已转变为由人机友好结合共同完成设计过程的智力与智能活动。

5. 面向产品生命周期全过程的可信性设计

随着科学技术的发展和日益增长的社会需求，产品的类型、规格及性能迅速地发生变化，产品的生命周期越来越短，人们对产品质量要求的含义也在不断变化，不仅要满足功能要求，对安全性、可靠性、合理的寿命、方便使用和维护保养条件与方式也提出了更高的要求，并要符合有关标准、法律和生态环境要求及满足用户非物质功能的要求等。为贯彻这些标准和要求，需要设计、制造、管理、维护、使用等一系列环节有严格的技术措施加以保证，其中最重要的是设计、制造水平，因为产品的质量是设计和制造出来的，而不是检验出来的，因此，现代设计技术的重要内容之一就是对产品进行动态的、多变量的、全方位的可信性设计，以满足市场与用户对产品质量的要求。

6. 多种设计试验技术的综合运用

为了有效地验证设计目标是否达到和检验设计过程、制造过程的技术措施，全面把握产品的质量信息，做到万无一失，在设计全过程中对产品进行必要的、针对性的试验是不可忽视和超越的。在产品设计过程中，人们根据不同产品的特点和需要，通过物理模型试验、动态试验、可靠性试验、产品环保性能试验与控制等，获取相应的产品参数和数据，为评定设计方案的优劣和几种方案的比较提供一定的依据，也为开发新产品提供有效的基础数据。由于计算机、信息科学的发展与渗透，在先进制造技术的推动下，现代设计试验技术的概念与范围已发生了变化与延伸，人们不仅需要针对具体的模型进行物理性试验，还可以借助强大功能的计算机软、硬件条件，在建立一系列数学模型的基础上对产品进行数字仿真试验和更高级的虚拟现实的试验，实现在计算机或计算机网络系统上模拟产品的运行情况、预测产品的性能；亦可运用快速原型技术，直接将 CAD 数据在计算机控制下，将材料快速原型为三维实体模型，该模型可直接用于设计外观评审或装配试验，或将模型转化为工程材料制成的功能零件进行性能测试，以便确定和改进设计。

2.1.3 现代设计的体系结构

从现代设计技术的含义可以看到它所涉及的内容广泛，涉及的学科繁多。现有文献资料表明，有人对其按分支学科的特征分类，有人从方法论对其聚类归纳，有人按学科的任务、作用分类，以期说明现代设计技术的内容与体系，这些工作对人们全面了解、认识现代设计技术起到了一定的效果；但是，如何较全面而系统地把握现代设计技术的体系，至今尚未有一个较完整的表述。朱文子依据现代设计技术的内涵与外延建立了它的体系及与其他学科的关系，用图 2-1 所示框图描述。

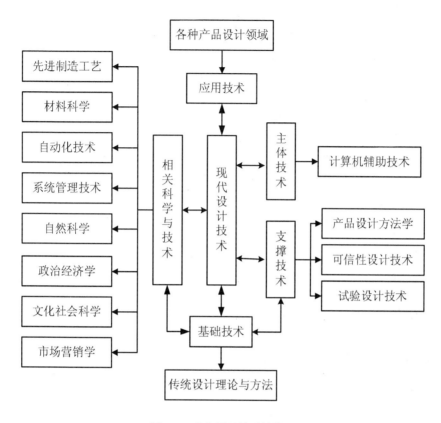

图 2-1 现代设计体系结构图

1. 基础技术

基础技术是指传统的设计理论与方法，特别是运动学、静力学与动力学、结构力学、强度理论、热力学、电磁学、工程数学等的基本原理与方法，它不仅为现代设计技术提供了坚实的理论基础，也是现代设计技术发展的源泉。

2. 主体技术

现代设计技术的诞生和发展与计算机辅助技术的发展息息相关、相辅相成，没有计算机科学与计算机辅助技术，便没有现代设计技术，另一方面没有其他多种设计理论与方法，计算机技术的应用也会大大受到限制，因为运用优化设计、可靠性设计、模糊设计等理论构造的数学建模，来编制计算机应用程序，可以更广泛、更深入地模拟人的推理与思维，从而提高计算机的"智力"。而计算机辅助设计技术正是以它对数值计算和对信息与知识的独特处理能力，成为现代设计技术群体的主干。

3. 支撑技术

无论是设计对象的描述，还是设计信息的处理、加工、推理与映射及验证，都离不开产品设计方法学、产品的可信性设计技术及设计试验技术所提供的种种理论与方法及手段的支撑。其中现代设计方法学涉及的内容很广，如并行设计、系统设计、功能设计、模块化设计、价值工程、质量功能配置、反求工程、绿色设计、模糊设计、面向对象的设计、工业造型设计等。可信性设计可看做广义可靠性设计内容的扩展，主要指可靠性与安全性设计、动态分析与设计、防断裂设计、耐疲劳设计、耐腐蚀设计、减摩和耐磨设计、健壮设计、耐环境设计、维修性设计、人机工程设计等。设计试验技术不仅指通常的产品性能试验，还应包括可靠性试验、环保性能试验与控制，以及运用计算机技术的数字仿真试验与虚拟试验等。因此，设计方法学、可信性设计技术及试验设计技术所包含的种种内容，可视为现代设计技术群体的支撑技术。

4. 应用技术

应用技术是针对实用目的解决各类具体产品设计领域的技术，如机床、汽车、工程机械、精密机械的现代设计内容，可以看做是现代设计技术派生出来的丰富多彩的具体技术群。现代设计技术在各类产品设计领域的广泛应用，促进了产品质量与性能的提高。

现代设计技术体系框架的划分只是相对的，而不是绝对的，主体技术、支撑技术、应用技术、基础技术之间并不存在截然的界限，主体技术所包含的计算机辅助设计的有关技术本身往往就是应用技术，在特定情况下，某些支撑技术也可以成为主体技术，例如变载荷及随机干涉下零件的疲劳设计和稳定性设计，这时耐疲劳设计、健壮设计就是相应情况下的主体技术。有些设计支撑技术本来就是由传统的强度、变形及失效理论"繁衍"出来的多种设计理论，如耐疲劳设计、防断裂设计、可靠性设计等，所以，也可将这些设计支撑技术看做基础技术。

2.1.4 现代设计方法简介

现代设计技术是多学科交叉融合的产物，是传统设计技术的继承、延伸和发展。它是以设计产品为目标的一个知识群体的统称。

（1）优化设计（Optimal Design）。它不同于传统的设计思想，是在符合一系列限制条件的前提下，应用最优化数学原理求解满足最优结果的设计参数解的一种现代设计方法。因为计算量大，在计算机出现前只是推断，近年来随着计算机的飞速发展，该技术有了快速的进展。在工程设计中，首先要将问题按优化设计所规定的格式建立数学模型，然后选用合适的优化计算方法在计算机中对数学模型进行寻优求解，得到工程设计问题的最优设计方案。

(2) 可靠性设计（Reliability Design）。它是指在规定的时间内、规定的条件下，以概率论和数理统计为理论基础，以失效分析、失效预测及各种可靠性试验为依据，以完成产品规定功能为目标的现代设计方法。它将常规设计方法中所涉及的设计变量，如材料强度、疲劳寿命、尺寸、应力等看成服从某种分布的随机变量，根据产品的可靠性指标要求，用概率统计的方法得出零部件和元器件的主要结构参数和尺寸。

(3) 计算机辅助设计（CAD，Computer Aided Design）。它是把人们的经验、智慧和创造力与计算机运算快速准确、存储量大、逻辑判断功能强等功能有机结合起来，进行设计信息处理，发挥人和机器的各自特长，通过人机交互作用完成设计工作的一种现代设计方法，大大加速了设计进程。借助 CAD 系统，可以将传统设计中的人工资料检索、手工计算和绘图工作用计算机代替，提高设计质量，缩短设计周期，使设计理论和结果日趋完善。

(4) 计算机辅助工程（CAE，Computer Aided Enginering）。它的主要内容是有限元分析。有限元分析是以电子计算机为工具的一种现代数值计算方法，它不仅能够求解复杂的非线性问题和非稳态问题，而且能够进行复杂结构的静态和动力分析，如强度计算、失稳分析、桁架结构分析、流体动力学分析、热力学分析、可靠性分析等，并能准确地计算形状复杂零件的应力分布和变形，成为复杂零件强度和刚度计算的有力分析工具。

(5) 人机工程设计。它是从人机工程学的角度进行机械设计，处理机械和人的关系，使设计满足人的需要。它依据人的心理和生理特征，利用科学技术成果和数据进行设计，以提高产品的生产率和生产质量，降低劳动强度，改进工作条件，以最小的劳动代价换取最大的经济效益，最终达到人机系统的最佳效能。

(6) 工业产品造型设计。工业产品造型设计也是工业设计。工业设计是一种创造性活动，它的目的是解决工业产品的造型质量。这些造型质量，不但是外部特征，还必须同时考虑结构、功能与材料的关系。它从生产者和使用者的观点出发，把一个系统转变成统一的整体。工业设计时要把功能要素、物质要素、艺术要素、经济要素统一起来考虑，并予以实施。

(7) 智能设计技术。由于缺乏人类设计师所具有的推理和决策能力，传统 CAD 系统已不能满足设计过程自动化的要求，于是，智能 CAD（ICAD）的理论研究和应用实践便随之而产生了。ICAD 系统既具有传统 CAD 系统的数值计算和图形处理能力，又具有知识处理能力，能够对设计的全过程提供智能化的计算机支持。智能设计就是对智能 CAD 理论和应用的研究。

(8) 价值工程。价值工程是产品现代设计的有效管理技术之一。价值工程是通过各有关方面有组织的活动，对所研究产品的功能、寿命、周期成本进行系统分析，不断创新，旨在提高产品价值的思想方法和管理技术。

(9) 机械动态设计。机械动态设计对满足传统的工作性能要求的初步设计图样或实物进行动力学建模，按此模型得到机械的动态特性，然后或对初步设计进行审核，或按给定的动态特性对原设计进行修改，或预测机械结构的改变所引起的机械动态特性的变化。这个设计过程有时要反复进行，从而最终设计出满意的机械产品。

2.1.5 现代设计方法发展趋势

随着科学技术的不断发展，新的领域不断开辟，促进了经济的高速发展。同时，也使企业间的竞争日益激烈，而且这种竞争已成为世界范围内技术水平、经济实力的全面竞争。产品的科技含量和性能价格比不断提高，企业间的竞争日益激烈，而且已成为世界范围内技术水平、经济实力的全面竞争。企业要在不断变化的产品需求和激烈的市场竞争中占有一席之地，就必须改进设计理念，使用先进的设计制造技术提高产品质量、降低成本、提高生产率，生产出符合用户需求的高科技产品。这也是未来现代设计的发展方向。

1. 设计由自由发展走向有计划的发展

现在多数企业的设计都是先设计出产品，然后才去寻找市场，属于自由发展的设计模式。而随着市场的不断细分、用户对产品需求的多样化，设计者必须通过对市场的挖掘来设计出满足消费者需要的产品，即走向计划设计模式。

2. 设计人员由单人走向团队

传统的设计工作由单人或几个人完成，产品的设计周期长，因设计人员的知识局限性造成产品的性能较差，已不能适应快速变化的市场和用户的需要，因此未来的设计将走向团队化，发挥团队的力量提高产品的科技含量和性能价格比，缩短产品的设计周期，从而提高产品的市场竞争力。

3. 智能性产品设计思想进一步深化

随着科技的不断进步和发展，设计要越来越多地考虑产品智能的因素，通过人工智能等设计手段使产品的智能性得到全面的体现。产品设计要具有一定的自我修复功能，造型上逐渐走向小型化和轻型化，使产品外形更具亲和力。

4. 开放式设计人才培养体系的形成

未来的设计教学不再是造就设计人员，而是解放他们，充分发挥和挖掘他们的聪明才智，培养他们的敏锐、智慧、好奇和创造性，使产品设计更加拟人化和艺术化。

5. 对设计人员的要求不断提高

当今社会是知识、技术不断更新的社会，设计要适应科学技术的发展，就要求设计人员掌握新知识、新技能，掌握计算机辅助设计技能，这样才能设计出满足人类需求的高科技产品。

6. 绿色设计思想更加重要

从人和环境的角度考虑，这就要求设计者在设计时始终立足于人的身心健康、环境保护、节约资源和能源，同时要求所设计的产品具有可回收利用性，对环境的损害最小。

2.2 计算机辅助设计（CAD）

设计是人类的一项重要的创造性活动，设计的思想和方法一方面不断地影响着人类的生活和生产，推动着社会文明的进步，另一方面又受社会发展的反作用，不断变化和更新。为了反映设计思想和方法随着社会发展的变化，人们通常用"传统设计"和"现代设计"这两个术语，显然这是两个相对的概念，当人们把当前认为先进的那部分称为先进的，那么其余的那些自然是传统的。

在计算机辅助设计（CAD，Computer Aided Design）实用化以前，传统的设计主要靠手工操作来完成，这样不仅设计速度慢，而且传统的设计只能靠抽象的二维图形来表达，难以直观地将设计结果展现给工程技术人员和其他相关人员，因而不利于判断、评价和改进设计结果，从而在很大程度上制约了设计的思维进度。CAD 技术不仅代替了许多简单的人工重复劳动，而且由于 CAD 模型中包含了产品的属性信息，为后续的工程分析提供了很大的方便。

CAD 技术可以说是传统设计的一种革新。它们与其他技术相结合又产生了一些先进技术如并行工程。同时还有一些也属于现代设计范畴的方法，但却是相对新的思想和理念，如产品造型设计、优化设计、可信性设计、模糊设计、虚拟设计、绿色设计，这些都不仅为设计提供了新的内容，而且使企业更好地面对当今灵活多变的动态市场，提高了企业核心竞争力。

2.2.1 CAD 概念

CAD 是计算机系统在工程和产品设计的各个阶段中，为设计人员提供各种快速、有效的工具和手段，加快和优化设计过程和设计结果，以达到最佳的设计效果的一种技术。

任何设计都表现为一种过程，从设计过程的总体结构来看，计算机辅助设计的过程与传统的设计方法和思路大致是相仿的，但是，从设计的手段和周期来看，采用 CAD 系统的设计要简捷、方便、灵活、有效得多。图 2-2 给出了计算机辅助设计的过程和相应的计算机辅助手段。可以看到，在设计的各个阶段都有功能强大的计算机辅助工具加以支持，设计人员的工作仅仅是创造、构思和指挥，计算机系统将替代人的大部分工作。目前，计算机系统主要参与和完成的设计工作可归纳如下：

（1）提供丰富的设计需求信息。计算机系统，特别是网络系统可以为设计人员提供有关客户的需求、成本核算、原材料、生产装备、生产状况等信息，这些数据为设计人员更好地设计零件和产品将产生积极的影响。

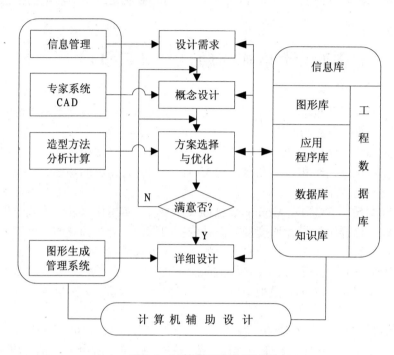

图 2-2　计算机辅助设计过程

（2）辅助方案设计。

（3）几何建模和工程分析。利用 CAD 系统丰富多样的造型工具，精确快速地建立产品的几何模型，同时对模型进行科学的分析计算以达到最佳的设计结果。

（4）设计文档的辅助生成。

（5）工程数据的管理。

2.2.2　CAD 的发展历程

1962 年，美国学者 I.E.Sutherland 发表了《人机对话图形通信系统》的论文，并研制出了 SKETCHPAD 系统。正是 Sutherland 的论文和他的 SKETCHPAD 系统首次提出了计算机图形学、交互技术等理论和概念，第一次实现了人机交互的设计方法，从而为交互式计算机图形学理论及 CAD 技术奠定了重要的基础。随后，许多企业都认识到了这一技术的先进性和重要性及其广泛的应用前景，纷纷投入巨资研制和开发早期的 CAD 系统，如 IBM

的基于大型计算机的 SLT/MST 系统，通用公司的 DAC-1 系统等。

到了 20 世纪 70 年代，随着计算机图形学和交互式技术的日趋成熟和广泛应用、计算机硬件的发展，基于小型机的通用 CAD 系统也开始进入市场，同时针对某些特定问题的专用 CAD 系统也得到了蓬勃发展。这个时期还有一个重要的特征就是三维几何造型软件业发展起来了，并在系统中采用了数据库技术，形成了众多商品化的实用 CAD 系统。

第三代 CAD 系统始于 20 世纪 80 年代中期，这个时期在建模方法上分别出现了特征建模和基于约束的参数化和变量化建模方法，由此出现了各种特征建模系统、参数化设计系统以及这两种方法相互交叉、相互交融的系统。同时还开始强调信息集成，出现了计算机集成制造系统，把 CAD/CAM 技术推向了一个更高的层次。

进入 20 世纪 90 年代，CAD 进一步向标准化、集成化、智能化和自动化方向发展。从而出现了数据标准和数据交换问题，出现了产品数据管理（PDM）软件系统。同时由于互联网的发展，具备了在广域网上协同设计和虚拟设计的环境。

我国在 CAD 技术方面的研究始于 20 世纪 70 年代中期，当时主要是研究开发二维绘图软件，并利用绘图机输出二维图形，主要研究单位是高校，主要应用单位是航空和造船工业。20 世纪 80 年代初有些大型企业和设计院成套地引进 CAD 系统，并在此基础上进行开发和应用，取得了一定的成果。近三十年来，我国许多高等院校、科研单位及一些大企业都为 CAD 系统的研究和开发做出了不懈的努力，推出了许多成功的用于绘图、分析计算及图纸档案管理的 CAD 软件。

2.2.3　现代 CAD 技术的研究内容

现代 CAD 是一个相对、动态的概念，就目前的情况，可以将 CAD 理解为：在复杂的大系统环境下，支持产品自动化设计的设计理论和方法、设计环境、设计工具各相关技术的总称，它能使设计工作实现集成化、网络化和智能化，达到提高产品设计质量、降低产品成本和压缩设计周期的目的。它研究的内容主要包括 3 个方面。

（1）现代设计理论与方法。随着信息技术和计算机技术的飞速发展，近年来涌现出了许多基于计算机的设计理论与方法，如协同设计、并行设计、虚拟设计、分形设计及大规模定制设计等，只有认真研究这些先进设计理论与方法，才能实现现代 CAD 系统，才能加快现代 CAD 技术的进步与发展。

（2）与设计环境相关的技术。一是研究协同设计环境的支持技术，如广域网上的浏览器/服务器（B/S，Browser/Server）、客户机/服务器（C/S，Client/Server）结构的计算机系统技术；基于 B/S 和 C/S 的协同设计的平台体系结构技术。二是研究协同设计的管理技术，如产品异构 PDM 系统间的数据交换技术；产品共享信息的交换技术；产品设计过程建模技术等。

（3）与设计工具相关的技术。一是研究产品数字化建模技术，如产品模型的表达、STEP

标准实施与建模技术等。二是研究发展集成的 CAx 和 DFx 工具，如性能（DFP）、质量（DFQ）、成本（DFC）、服务（DFS）、制造（DFM）、装配（DFA）、试验（DFT）等，并将它们与 CAD 系统有机地集成起来，使现代 CAD 系统支持产品设计的全过程。三是研究基于 PDM 的产品数据管理与工作流管理技术。

2.2.4 参数化设计和变量化设计

传统的 CAD 都是用固定的尺寸值定义几何元素，它要求每输入一个几何元素都要有确定的位置。但在新产品设计时尤其是概念设计阶段，修改是非常频繁的事。这要求 CAD 系统具有参数化设计和变量化设计功能，从而实现几何元素的任意改动的功能。

在设计过程中，有些设计对象的结构比较定型（即拓扑关系保持不变），只是它们的尺寸往往由于相同数量和类型的已知条件下在不同规格的产品设计中取不同值而有所差异，如常用的系列化、标准化、通用化的定型件就是属于这种类型。于是可以这样处理：将已知条件和随着产品规格而变化的基本参数用相应的变量代替，然后根据这些已知条件和基本参数，由计算机自动查询图形数据库，由专门的绘图软件自动生成图形。这种由尺寸驱动图形的思想就是参数化设计（Parametric Design）。图 2-3 所示为参数化设计原理图。

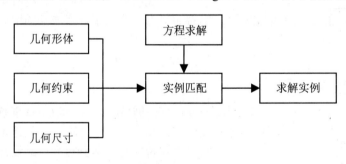

图 2-3 参数化设计原理图

一般认为，理想的参数化设计技术应该满足以下的要求。

（1）能够检查出约束条件的不一致性，即是否存在过约束或欠约束情况。

（2）算法应该稳定，当给定一组约束和拓扑描述后能够求解出存在的一个解，而当用户需要时可以给出所有可行解。

（3）求解速度快，使得用户的每一步设计操作都能得到及时的响应。

（4）在构造物体过程中允许修改约束，而且修改的效果应和先期的约束次序无关。

（5）约束的类型广泛，且容易增加新的约束类型。

（6）通用于二维和三维。

（7）能处理常规 CAD 数据库中的图样，必要时允许人工干预。

但在大量的新产品开发的概念阶段，设计者首先考虑的是设计思想及概念，并将它体现在某些几何形状中，这些几何形状的准确尺寸和各种形状之间严格的尺寸定位关系在设计的初始阶段还很难完全确定，显然这个时候参数化的思想就捉襟见肘。为此，美国麻省理工学院（MIT）的 Gossard 教授在参数化的基础上做进一步改进后提出了变量化设计（Variation Design）的思想。

变量化设计在约束定义上做了根本的改变。变量化技术将参数化技术中所需定义的尺寸"参数"进一步区分为形状约束和尺寸约束，而不像参数化技术那样只用尺寸约束来约束全部几何，这样设计者对设计对象的修改具有更大的自由度，它不仅可以修改形状尺寸，而且包括拓扑关系。这种充分利用了形状和尺寸约束分开处理、无需全约束的灵活性，让设计者可以有更多的时间和精力去考虑设计方案，而无需过多地关心设计规则的限制和软件的内在机制，使设计过程更加灵活也更加符合工程师的创造性思维规律。图 2-4 所示为变量化基本原理。

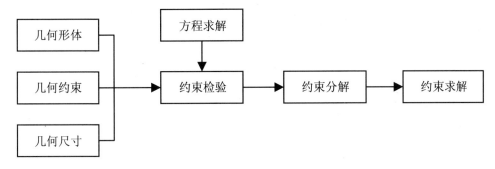

图 2-4 变量化设计原理图

参数化、变量化设计方法在开始提出时并未引起 CAD 业界的重视，直到 PTC 公司（Parametric Technology Company）推出了基于参数化、变量化、特征设计的新一代实体造型软件 Pro/ENGINEER 后，CAD 界才真正意识到参数化、变量化设计的巨大威力。

2.2.5 特征建模技术

1. 特征的定义

特征（Feature）是与产品描述相关的（如功能、形状、制造、装备、材料、检验、管理和使用信息等）所有信息的集合。因此它不仅具有按一定拓扑关系组成的特定形状信息，而且具有包含产品的功能要素、技术要素、管理要素等信息，它是产品具有确切工程含义的高层次抽象描述。

不同的应用领域和不同的对象，其特征的分类也有所不同，对于机械类产品，基本上把产品的特征分成 6 类。图 2-5 描述了对特征进行分类的结果。

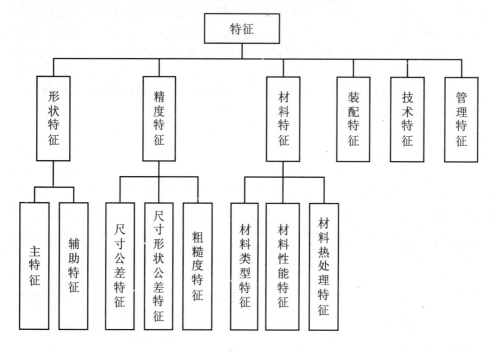

图 2-5 特征的分类图

其中,主特征构造零件总体形状结构,它可以单独存在,且不与其他特征发生关系,如拉伸、旋转、扫描、混合;辅助特征则不能单独存在,它与基本特征发生联系,如孔、圆角、槽、加强筋等;装配特征描述零件在装配过程中需要的信息,如相互作用面、配合关系;技术特征描述零件的性能和技术要求的信息集合;附加特征则描述与零件管理有关的信息集合,如标题栏信息等。

2. 特征建模(Feature Modeling)

以特征作为建模的基本元素描述产品的方法就称做基于特征的建模技术,它可以分为以下 3 种。

(1)交互式特征定义(Interactive Feature Definition)。交互式特征定义首先利用现有的几何造型系统建立产品的几何模型,然后由用户直接通过图形来提取定义特征的几何要素,并将特征参数或精度、技术要求、材料热处理等信息作为属性添加到几何模型中,从而建立产品描述的数据结构,图 2-6 是交互式特征定义的原理图。该方法易于实现,但效率低,且几何信息和非几何信息是分离的,因此产品数据的共享难以实现,同时信息处理过程中容易产生人为的错误。

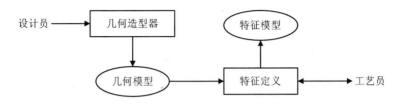

图 2-6 交互式特征定义的原理图

（2）特征识别（Feature Recognition）。它是在建立几何模型后，通过专门的程序，利用实体建模信息，自动地处理几何数据库，搜索并提取特征信息从而产生特征模型。图 2-7 是特征识别的原理图。这种方法应用面广，但识别能力有限，且提取特征信息很困难，适用的零件范围小，通常只对简单形状有效，难以处理复杂情况，因而有很大的局限性。

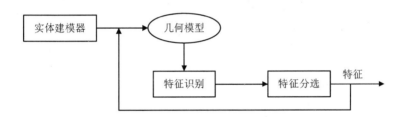

图 2-7 特征识别的原理图

（3）基于特征的设计（Design by Feature）。它利用预定义的标准特征或用户自定义的特征存储到特征库，以它为基本建模单元建立特征模型（如图 2-8 所示）从而完成产品的设计。这种方法适用范围广、易于实现数据共享，因此有很大的应用范围。

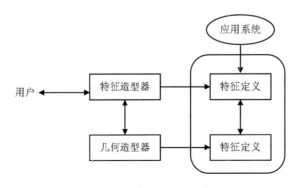

图 2-8 基于特征设计原理图

2.2.6 CAD 市场状况及主流软件产品

1. 国内市场

（1）高华 CAD。清华大学开发的高华 CAD 系列产品包括计算机辅助绘图支撑系统 GHDrafting、机械设计及绘图系统 GHMDS 及工艺设计系统 GHCAPP、三维几何造型系统 GHGEMS、产品数据管理系统 GHPDMS 及自动数控编程系统 GHCAM。高华 CAD 也是基于参数化设计的 CAD/CAE/CAPP 集成系统，是全国 CAD 应用工程的主推产品之一，其中 GHGEMS5.0 曾获第二届全国自主版权 CAD 支撑软件评测第一名。

（2）北航海尔 CAXA。CAXA 是北京北航海尔软件有限公司（原北京华正软件工程研究所）面向我国工业界推出的自主开发的、中文界面、三维复杂形面 CAD/CAM 软件，包括 CAXA 电子图板、CAXA 三维电子图板等绘图软件，CAXA 实体设计、CAXA 注塑模设计师等设计类软件和 CAXA 制造工程师等 CAM 软件。

（3）浙江大天 GS-CAD98。GS-CAD98 是浙江大天电子信息工程有限公司开发的基于特征的参数化造型系统。GS-CAD98 是一个具有完全自主版权、基于微机三维 CAD 系统。该软件是在国家"七五"重大攻关及 863/CIMS 主题目标产品开发成果的基础上，参照 SolidWorks 的用户界面风格及主要功能开发完成的。它实现了三维零件设计与装配设计，工程图生成的全程关联，在任一模块中所做的变更在其他模块中都能自动地作出相应变更。

（4）金银花系统。金银花系统来源于北京航空航天大学国家 863/CIMS 设计自动化工程实验室，又经过该实验室和广州红地技术有限公司联手进行了商品化、产业化的开发而成。该软件主要应用于机械产品设计和制造中，它可以实现设计制造一体化和自动化。该软件采用面向对象的技术，使用先进的实体建模、参数化特征造型、二维和三维一体化、SDAI 标准数据存取接口的技术；具备机械产品设计、工艺规划设计和数控加工程序自动生成等功能；同时还具有多种标准数据接口。目前金银花系统的系列产品包括：机械设计平台（MDA）、数控编程系统（NCP）、产品数据管理（PDM）、工艺设计工具（MPP）。

（5）开目 CAD。开目 CAD 是华中科技大学开发的具有自主版权的基于微机平台的 CAD 和图纸管理软件，它面向工程实际，模拟人的设计绘图思路，操作简便。开目 CAD 支持多种几何约束种类及多视图同时驱动，具有局部参数化的功能，能够处理设计中的过约束和欠约束的情况。开目 CAD 实现了 CAD、CAPP、CAM 的集成，符合我国设计人员的习惯，是全国 CAD 应用工程主推产品之一。产品包括开目 CAD、电气 CAD、机械零件、CAPP、PDM 等软件。

（6）武汉天喻 InteCAD。InteCADTool 是由武汉天喻信息公司开发的具有完全独立自主版权的三维机械 CAD 系统，它采用面向对象技术和先进的几何造型器 ACIS 作为底层造型平台，面向用户的设计意图通过零件造型、装配设计和工程图的生成来满足产品设计与造型的需要，在国内处于领先地位。天喻信息公司产品包括 InteCADTool、InteSolid、InteCAPP、IntePDM 等软件。

2. 国外市场

（1）Unigraphics（UG）。UG 起源于美国麦道（MD）公司的产品，1991 年 11 月并入美国通用汽车公司 EDS 分部。UG 由其独立子公司 UnigraphicsSolutions 开发，是一个集 CAD/CAM/CAE 于一体的机械工程辅助系统，适用于航空、航天、汽车、通用机械以及模具等的设计、分析及制造工程。UG 是将优越的参数化和变量化技术与传统的实体、线框和表面功能结合在一起，还提供了二次开发工具 GRIP、UFUNG、ITK，允许用户扩展 UG 的功能。

（2）AutoCAD。AutoCAD 是美国 Autodesk 公司开发的一个具有交互式和强大二维功能的绘图软件，如二维绘图、编辑、剖面线和图案绘制、尺寸标注以及二次开发等功能，同时有部分三维功能。AutoCAD 软件是目前世界上应用最广的 CAD 软件，占整个 CAD/CAE/CAM 软件市场的 37%左右，在中国二维绘图 CAD 软件市场占有绝对优势。

（3）MDT（Mechanical Desktop）。MDT 是 Autodesk 公司基于参数化特征实体造型和曲面造型的 CAD/CAM 软件，它以三维设计为基础，集设计、分析、制造以及文档管理等多种功能于一体，为用户提供了从设计到制造的一体化的解决方案。

（4）SolidWorks。SolidWorks 是由美国 SolidWorks 公司于 1995 年 11 月研制开发的基于 Windows 平台的全参数化特征造型软件，SolidWorks 是世界各地用户广泛使用，富有技术创新的软件系统，已经成为三维机械设计软件的标准。它可以十分方便地实现复杂的三维零件实体造型、复杂装配和生成工程图。图形界面友好，用户易学易用。SolidWorks 软件于 1996 年 8 月由生信国际有限公司正式引入中国以来，在机械行业获得普遍应用。

（5）Pro/ENGINEER。Pro/ENGINEER 是美国参数技术公司（PTC，Parametric Technology Corporation）的产品，于 1988 年问世。Pro/ENGINEER 具有先进的参数化设计、基于特征设计的实体造型和便于移植设计思想的特点，该软件用户界面友好，符合工程技术人员的机械设计思想。Pro/ENGINEER 整个系统建立在统一的、完备的数据库以及完整而多样的模型上，由于它有二十多个模块供用户选择，故能将整个设计和生产过程集成在一起。在最近几年，Pro/ENGINEER 已成为三维机械设计领域里最富有魅力的软件，在中国模具工厂得到了非常广泛的应用。

2.2.7 CAD 技术的发展趋势

CAD 技术作为较成熟的技术已在企事业中广泛应用，并已成为企业的现实生产力。围绕企业创新设计能力的提高和网络计算环境的普及和应用，CAD 技术的发展趋势将主要体现在标准化、开放式、集成化、智能化、网络化 5 个方面。

1. 标准化

除了 CAD 支撑软件逐步实现 ISO 标准和工业标准外，面向应用的标准构件（零部件库)、标准化方法也已成为 CAD 系统中的必备内容,且向着合理化工程设计的应用方向发展。传统形式的手画工程图已经有了成熟的国际标准,相互都能理解,而存储在磁盘、光盘上的形形色色的 CAD 二进制数字记录,要想实现标准化就复杂、困难得多。从 20 世纪 80 年代中期起,ISO 国际标准化组织着手酝酿制订这类标准,称做 ISO10303《产品数据表达与交换标准》,简称 STEP。它要涵盖所有人工设计的产品,采用统一的数字化定义方法。由于 STEP 标准涉及的面非常宽,众口难调,标准的制订过程十分缓慢,存在问题很多。而在我国,CAD 应用工程的实施具有更加严密的组织领导体系,而且实际从事 CAD 应用软件开发的单位相对比较集中,起步比国外晚,不存在与过去开发的老系统保持兼容的问题。如果我国采取主动贯彻 STEP 积极思想的方针,不纠缠过分繁琐的技术细节,针对我国的现实需要和技术发展前景及早统一协调自主开发软件的数据模型,这将有助于推动国内 CAD 界的学术研究风气,促进 CAD 软件开发水平的大幅度提高。这种主动出击的策略要比单纯等待 STEP 标准草案更加有利得多。回顾历史,CAD 和计算机图形学的国际标准制订总是滞后于市场上的工业标准。CAD 产品更新频繁,谁家产品的技术思想领先,性能最好,用户最多,主导了市场,谁就是事实上的工业标准。CAD 技术的发展不是一种纯学术行为,它在高技术产品所固有的激烈市场竞争中不断向前推进,永无止境。

CAD 软件一般应集成在一个异构的工作平台之上,为了支持异构跨平台的环境,就要求它是一个开放的系统,这里主要是靠标准化技术来解决这个问题。目前标准有两大类:一是公用标准,主要来自国家或国际标准制订单位;一是市场标准,或行业标准,属私有性质。前者注重标准的开放性和所采用技术的先进性,而后者以市场为导向,注重考虑有效性和经济利益。后者容易导致垄断和无谓的标准战。通过总结这个领域几十年标准化工作的经验,不少标准化专家已认识到存在的问题,这已经成为进一步制订标准的障碍。因此提出应对传统的标准化工作进行革新。有专家建议标准革新的目标是公用标准应变成工业标准,也就是说革新后仍应以公用标准为基础,不过要从工业标准中吸收其注重经济利益和效率的优点。另外,也有人提出现在制订标准的单位很多,但是标准制订过程却没有标准,这也是标准革新过程中值得考虑的问题。这些观点对我国制订 CAD 标准也许有所启迪。

2. 开放性

CAD 系统目前广泛建立在开放式操作系统窗口 Windows 和 UNIX 平台上,在 Linux 平台上也有 CAD 产品。此外,CAD 系统可为最终用户提供二次开发环境,甚至这类环境可开发其内核源码,用户可以定制自己的 CAD 系统。

3. 集成化

CAD 技术的集成化体现在 3 个层次上。其一是广义 CAD 功能,CAD/CAE/CAPP/CAM/CAQ/PDM/ERP 经过多种集成形式成为企业一体化解决方案,推动企业信息化进程,目前的创新设计能力与现代企业管理能力(ERP、PDM)的集成,已成为企业信息化的重点;

其二，是将 CAD 技术能采用的算法，甚至功能模块或系统，做成专用芯片，以提高 CAD 系统的效率；其三是 CAD 基于网络计算环境实现异地、异构系统在企业间的集成。应运而生的虚拟设计、虚拟制造、虚拟企业就是该集成层次上的应用。国际 CAD 商品系统开发的另一个趋势是在全球范围内优选最成功的功能构件，进行集成。至今最成熟的几何造型平台有两家：Parasolid 和 ACIS；几何约束求解构件有一家，它的主要产品是 2D 和 3D DCM。我国开发的机械 CAD 应用系统已经部分采用 ACIS 和 Parasolid 平台，这是合理的。但是国际上近来又有一种思潮，要求软件开发自由化，以免受制于一二家公司的垄断性产品的束缚。这就是选用 Linux 操作系统以及在它基础上开发各种共享软件，开放源程序的原因。我国也在酝酿自主开发因特网、操作系统，以及各种办公的国产化系统。这时，自研制几何造型通用平台和各种功能构件也将提上议事日程，我们要及早做好准备。

4. 智能化

设计是一个含有高度智能的人类创造性活动领域，智能 CAD 是 CAD 发展的必然方向。从人类认识和思维的模型来看，现有的人工智能技术对模拟人类的思维活动（包括形象思维、抽象思维和创造性思维等多种形式）往往是束手无策的。因此，智能 CAD 不仅仅是简单地将现有的智能技术与 CAD 技术相结合，更要深入研究人类设计的思维模型，并用信息技术来表达和模拟它。这样不仅会产生高效的 CAD 系统，而且必将为人工智能领域提供新的理论和方法。CAD 的这个发展趋势，将对信息科学的发展产生深刻的影响。

5. 网络化

网络技术是计算机技术和通信技术相互渗透、密切结合的产物，在计算机应用和信息传输中起着越来越重要的作用。CAD 技术作为计算机应用的一个重要方面同样离不开网络技术。单台计算机的处理能力限制了其应用范围，只有通过网络互联起来，才能资源共享和协调合作，发挥更大的效能。设计工作是一个典型的群体工作。群体成员既有分工，又有合作。因此群体的工作由两个部分组成：一是个体工作，群体成员应完成的各自分工的任务；二是协同工作，因为群体工作不可能分解为互相独立的个体工作，群体成员之间存在相互关联的问题，一般称为接口问题，接口难免会出现矛盾和冲突，如不及时发现和协调解决，就会造成返工和损失。传统的 CAD 系统只支持分工后各自应完成的具体任务，至于成员间接口问题，计算机则不能支持，主要靠面谈或某种通信工具进行讨论并加以解决。但这些方式很难做到及时并充分地协商和讨论。因而一项大的设计任务接口问题难免要出差错，这正是设计工作会出现不断反复、不断修改这一过程的主要原因。计算机网络支持的协同设计是计算机支持的协同工作（CSCW）技术在设计领域的一种应用。用于支持群体成员交流设计思想、讨论设计结果、发现成员间接口的矛盾和冲突，及时地加以协调和解决，减少以至避免设计的反复，从而进一步提高设计工作的效率和质量。网络协同设计备受人们的关注，现已有不少原型系统，也有一些产品已在市场上出售。

2.3 优化设计

人们在进行产品设计过程中,常常需要根据设计要求,合理确定各种参数,如性能、承载力、成本等。传统的设计中,设计者主要凭借的是直觉和经验,借助一些推导出来的简单公式或经验公式进行计算,这种设计的缺点是主观随意性很大,很难获取客观存在的最优的方案,这显然很难满足人们从经济、技术、外观、环境等方面对设计提出的苛刻要求。

为此,工程设计人员一直为追求最优的设计方案作不懈的努力,并且在长期的实践中,产生了诸如进化优化、试验探索优化等一些优化策略和目标,而后又在数学规划、价值工程、试验设计等数学方法的基础上产生近代的优化设计技术,近年来,又逐步发展了多目标优化、多学科优化以及广义优化等一系列最新的优化技术。

2.3.1 优化设计的基本术语

(1)优化设计(Optional Design)。从广义上讲是指机械产品(包括零件、部件、设备和系统)将其所策划和构想的方案逐步变成现实并改进以获取最优的设计方案的决策过程,包括在设计过程的各阶段中的优化技术的应用。从狭义上讲,它是指某项设计在已确定方案后寻求具有最佳性能(或品质)的一组结构参数,又称为参数优化设计。为实现产品设计最优化目的所采用的手段称为优化设计技术和方法。

(2)优化设计建模。是将机械优化设计问题抽象和表述为计算机可以接受预处理的设计与计算模型的一种过程,它的表现形式可以是数学模型、逻辑模型、数字化模型,其中应用最广泛的是数学模型。在建模中既要求它能准确地反映优化参数、优化准则和约束条件之间的基本关系,又要便于计算和处理。针对工程设计问题的复杂性和差异性,人们提出了许多建模方法,如数学建模、有限元建模、仿真建模、图形建模、曲线建模、曲线图表近似建模、基于实验设计的响应面建模、利用人工神经网络建模、集成建模以及分层建模、分段建模、分解建模和多目标建模等。

(3)优化准则。它是指产品设计中用于评定方案是否达到最优的一种判据,通常多数是用产品设计的某项或几项设计指标,如质量性能指标、成本指标或重量指标等。由于优化指标在建模时是将它表示为设计变量的函数(可以是显式也可以是隐式函数,但必须为可计算的标量函数),故又称它为准则函数或目标函数。在无任何限制条件下,准则函数的极大或极小值就是最优化值,但在有限制条件下,准则函数的约束极值才是最优化值。

(4)优化计算方法。亦称为优化算法。它是指优化计算中为寻求准则函数达到最优值所采用的一种搜索过程和数值计算规则,如用数学规划中的约束与无约束最优化方法。

(5)最优解。它是指产品设计中对优化问题进行优化计算所获得的结果,包括准则函数的最优值和由一组设计参数所定义的设计方案,即设计点。按优化理论,最优解都应满足一定的最优性条件,如同解析数学中的极值条件一样。

(6) 稳健最优解。它是指该最优解不受设计条件微小变动(如设计变量值发生偏差、约束条件由于参数的变化而其约束面发生变化等)的影响,即目标函数的最优值对设计变量和约束条件的变化是不敏感的,认为该解是稳健的。这是工程设计时一个很重要的概念,因为任何施工或制造出的实物与原设计的参数值之间都会存在着一些微小的差异。

(7) 稳健优化设计。它是指优化设计的产品(或工艺系统),无论在制造还是使用中即使结构参数发生变差,或者在规定寿命内结构发生老化或变质(在一定的范围内)时仍能保证产品性能优良的一种设计;换句话说,若作出的优化设计即使在遭受各种因素的干扰下产品质量是稳定的或者用廉价的零部件(存在较大偏差的产品)能组装出质量上乘、性能稳定的产品,则认为该产品的优化设计是稳健的。

(8) 多目标优化设计。在机械设计中,当某个设计方案好坏仅涉及一项优化准则时,称为单目标优化设计。若一项产品设计,当期望几项优化准则同时达到最优值,如设计一个传动装置,希望它质量最小,承载能力最高,且工作可靠性最高,则称它为多目标优化设计。多目标优化设计是一个复杂的优化决策问题。

(9) 多学科优化问题。它是指利用现代计算机科学和计算机的最新成就,按照面向复杂问题的设计思想集成多个学科的分析模型和工具,并采用有效的多学科优化算法,通过充分探索和相互作用的协调机制,在多代理系统环境下进行多学科协同优化设计的一种方法,是当前综合应用多项技术解决复杂设计问题的一个重要发展方向,是优化设计领域中的一个新的研究热点。

(10) 面向产品的优化设计。它是指面向机械产品的全系统、全性能和全生命周期的一种优化设计技术,它以数值和非数值优化、人机合作优化和多计算机协同优化为其主要特征,并在产品的全生命周期设计过程中实现产品的技术、经济和社会需求和综合优化,也是当前优化设计技术发展的一个前沿研究问题。

2.3.2 优化设计的一般流程

优化设计的全过程一般可以概括为:根据设计要求和目的定义优化问题并建立优化设计问题的数学模型,然后选用合适的优化计算方法并确定必要的数据和设计初始点,接着编写包括数学模型和优化算法的计算机程序并通过它求解计算并输出结果,最后对结果数据进行合理分析,其流程如图 2-9 所示。

其中,关键的两个方面:一是将优化设计问题抽象为优化设计数学模型,另一个是选用优化计算方法及其程序在计算机上求出这个模型的解。

优化设计的数学模型,是对实际问题的特征或本质的抽象,是设计问题的数学表现形式,反映了设计问题各主要因素之间的内在联系的一种数学关系,它是获得正确优化结果的前提。在建立模型时既要使它能准确地反映设计问题,又要使它有利于优化计算。优化计算方法的选用是一个比较棘手的问题,因为方法很多,一般选用时都遵循这样的两个原则:一是选用适合模型计算的算法;二是选用已经有计算机程序且使用简单和计算稳定的算法。

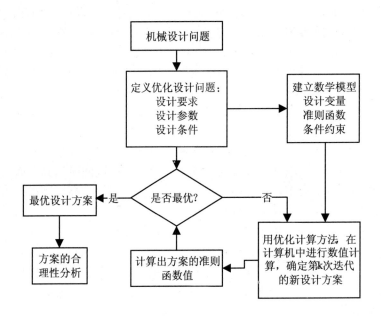

图 2-9 优化设计工作一般流程图

2.3.3 优化设计建模

1. 优化设计模型的三要素

建立正确的优化设计数学模型,简称建模,是进行优化设计的关键性的一步工作。优化设计数学模型由 3 个基本要素组成:设计变量、约束条件、目标函数。

(1) 设计变量

在机械设计中,可用一组取值不同的参数来表示设计方案。这些参数可以是表示构件形状、大小、位置等的几何量,也可以是表示构件质量、速度、加速度、力、力矩等的物理量。在一项设计的全部参数中,可能有一部分参数根据实际情况预先确定了数值,它们在优化设计过程中始终保持不变,这样的参数称为给定参数(或称为预定参数);另一部分参数则是需要优选的参数,它们的数值在优化设计过程中是优选确定的。这类参数称为优化设计的设计变量。

n 个设计变量可用一个矢量 X 表示，即：

$$X = [x_1, x_2, \ldots, x_n]^T \in R^n$$

式中的 $x_1, x_2, \ldots, x_n$ 为 X 的几个分量，也就是设计变量。在优化设计中，这种以 n 个设计变量为坐标轴组成的实空间称为 n 维实空间，用 R^n 表示，它是以设计变量 $x_1, x_2, \ldots, x_n$ 为坐标轴的 n 维空间。设计空间包含着该项设计所有可能的设计方案；且每一个设计方案对应着设计空间的一个设计向量即一个设计点 X。

设计变量的数目又表示设计的自由度，数目越多，其设计空间的维数越高，则设计自由度越大，可供选择的方案越多，越容易得到比较理想的设计方案；但问题的复杂程度也相应增加，优化设计更加困难。所以原则上，在满足设计基本要求的前提下，应尽量减少设计变量的数目，尽可能把影响不大的参数定位设计常量，只把对目标函数影响较大的独立参数选为设计变量，使优化设计问题得到简化。

设计变量可以分为两种类型，即连续变量和离散变量。在机械设计中，那些只能选取规定的离散值的参数如齿轮的模数、螺栓的公称直径等即为离散型设计变量。而那些不加特殊说明的即为连续型设计变量，并且常为有界变量，即 $a_i \leqslant x_i \leqslant b_i$ ($i=1,2,3,\cdots,n$) 其中 a_i、b_i 为设计变量 x_i 的上下界值。

（2）目标函数

目标函数又称评价函数。优化设计的目的就是要求所选择的设计变量使目标函数值达到最佳，即达到最大或最小。目标函数的形式一般可以表示为：

$$f(X) = f(x_1, x_2, \cdots, x_n)$$

由于目标函数 $f(X)$ 的最大值等价于 $-f(X)$ 的最小值，因此最优化设计也可以统一为最小化，即 $f(X) \to \min$。

目标函数有单目标和多目标之分。在优化设计中，若只有一个目标函数则称之为单目标优化设计；若有两个或两个以上的目标函数则称之为多目标优化设计。多目标优化设计问题比较复杂、求解也比较困难，但对于设计评价较为周全，设计综合效果也较好。

（3）约束条件

设计空间是所有设计方案的集合，但有些设计方案在工程上是不能接受的。这时，应对设计变量的取值加以某种限制，这些限制条件即为约束条件。如果一个设计方案满足这些约束条件，则称它是可行的，反之则是不可行的。我们把那些所有满足约束条件的可行方案的集合称为设计可行域，简称为可行域。反之则为非可行域。

在工程问题中，根据约束形式可把约束分为等式约束和不等式约束两种类型，即：

$g_u(X) \leqslant 0$ （对于 $g_u \geqslant 0$ 可以用 $-g_u \leqslant 0$ 表示）($u=1,2,3,\cdots,m$)

$h_v = 0$ ($v=1,2,3,\cdots,p$)

根据约束的性质不同，可以将它区分为性能约束和边界约束两类。性能约束是由设计特性需满足某种规定要求推导出来的约束条件，如由强度条件 $\sigma \leqslant [\sigma]$ 推导出的性能约束为 $g(X) = \sigma - [\sigma] \leqslant 0$；边界约束则直接规定设计变量的取值范围，如对于 $a_i \leqslant x_i \leqslant b_i$，则其边界约束为 $g_1(X) = a_i - x_i \leqslant 0$ 和 $g_2(X) = x_i - b_i \leqslant 0$。

优化设计的约束最优点是指在满足约束条件下使得目标函数达到最小值的设计点 $X^* = [x_1^*, x_2^*, \cdots x_n^*]^T$，相应的函数值 $f(X^*)$ 称为最优值。最优点 X^* 和最优值 $f(X^*)$ 即构成了一个约束最优解。

2. 优化设计模型的一般形式

由以上讨论我们可以知道，优化设计数学模型是由设计变量、目标函数和约束条件三要素组成的。因此我们可以这样表述数学模型：在满足约束条件情况下，取适当的设计变量使得目标函数达到最优值，即：

求变量： $X = [x_1, x_2, x_3, \cdots, x_n]$

使目标函数： $\min f(X) = f(x_1, x_2, x_3, \cdots, x_n)$

且满足约束条件

$$\text{s.t} \quad g_u(X) \leqslant 0 \quad u = 1, 2, 3, \cdots, m$$
$$h_v(X) = 0 \quad v = 1, 2, 3, \cdots, p$$

式中： s.t $\rightarrow$ subject to，即满足于。

$m, p \rightarrow$ 不等式约束和等式约束的个数，且 $v < n$。

对于约束优化问题，若目标函数和约束条件是设计变量的线性函数，则称为线性优化问题，反之则为非线性优化问题。实际工程中，多数属于非线性优化问题。

3. 建模的一般步骤

优化设计建模的一般步骤如下。

（1）根据已选定的设计方法，按以往生产的产品或设计经验收集与确定参数的类型、初值以及其可变动的范围等。

（2）确定独立的设计变量，即区分出哪些参数是需要通过优化设计才能确定的参数。

（3）确定目标函数或准则函数，并写出它的数学模型；当要求多项设计指标达到最优时，需按多目标优化设计来建立目标函数。

（4）按以往的产品设计方法或使用经验预测可能发生破坏或失效的形式，并将其表示为等式或不等式的约束形式，以保证在求解过程中设计点的移动限制在设计可行域内。

（5）对建立的优化设计模型进行再分析，以尽可能减少设计变量数和约束条件数，有时还需对变量、函数作某种变换，以改善函数的性态，提高优化计算过程的稳定性和计算的效率。

（6）根据所用的计算机优化方法程序，将模型编制成计算机能识别的程序语言，选定变量的初值，以及与优化方法有关的一些操作参数等。

4. 机械优化设计问题建模的一般原则

由于在优化计算过程中需要对数学模型进行几次甚至几万次数值计算，所以要求数学模型具有良好的可计算性及计算的稳定性，以保证获得优化计算的正确结果。为此可以通过变量联结、相对变量、消元法（对含有等式约束）等方法减少数学模型的维数；通过利用变量变换消去一些边界条件、利用消元法消去等式约束和利用准则设计消去松的不等式约束等方法减少约束条件数；同时为了消除变量和约束函数数值在量级上的较大差异，改善函数偏心及歪曲情况，提高计算稳定性及效率，还应该改善数学模型的性态。

2.3.4 优化计算方法

用于求解优化设计数学模型的方法或寻优方法即为优化计算。对于机械优化设计，所采用的优化设计算法有很多，如解析法、图解法、进化计算法、人工神经网络计算方法、协同计算方法。目前，应用最多的是数值计算方法。

1. 数值计算方法的优化策略思想

数值计算方法的优化策略思想有淘汰法和爬山法，前者是将"好的"留下，"次的"淘汰，直到留下"最好"的，如蒙特卡洛法和复合形法等；后者好比登山，"步步登高"直到山的"最高"点。

根据"爬山"法的思想所创造的优化计算方法的基本规则是搜索、迭代和逼近。搜索就是在每一迭代点 $x^{(k)}$ 上利用函数在该点邻近局部性质的信息，按照一定的原则确定搜索方向 $s^{(k)}$ 和搜索步长 α。迭代就是求解新的迭代点 $x^{(k+1)}$，即：

$$x^{(k+1)} = x^{(k)} + \alpha s^{(k)} \qquad k = 0, 1, 2, \cdots$$

且使得 $f(x^{(k+1)}) < f(x^{(k)})$，这样反复不断用改进的设计点替代旧点，直到 $x^{(k+1)}$ 满足一定的收敛条件而逼近最优点 x^* 为止。于是各种优化计算方法的区别便在于在迭代过程中如何确定 3 个问题即选择搜索方法 $S^{(k)}$、确定步长因子 α 和选定收敛准则。

2. 数值迭代计算的终止条件

从理论上讲，每一种优化计算方法都可以产生设计点的无穷序列 $\{x^{(1)}, x^{(2)}, x^{(3)}, \cdots\}$，若当 $k \to \infty$ 时，有 $x^{(k)} \to x^*$，则认为该算法是收敛的。然而在实际工程计算中，并不需要进行无穷项计算，而只要达到一定精度则认为计算可以终止且已逼近问题的最优解。一般采用以下 3 种迭代终止条件：

相邻两设计点移动距离已达到充分小时，设 $x^{(k)} \neq 0$，即：

$$\left\|\frac{x^{(k+1)} - x^{(k)}}{x^{(k)}}\right\| = \left\|\frac{\alpha^k S^k}{x^{(k)}}\right\| \leqslant \varepsilon_1$$

相邻两点函数值下降已达到充分小时,设 $F(x^{(k)}) \neq 0$,即:

$$\left|\frac{F(x^{(k+1)}) - F(x^{(k)})}{F(x^{(k)})}\right| \leqslant \varepsilon_2$$

当某次迭代点的目标函数梯度已达到充分小时,即:

$$\left\|\nabla F(x^{(k)})\right\| \leqslant \varepsilon_1$$

3. 一维搜索计算方法

在实际工程问题中,有许多问题是关于一个变量的,同时一维函数求解方法的建立可以为后续建立多元函数的求解方法打下基础,所以我们首先研究一下一维函数的寻优问题,即一维优化问题。

在高等数学中,我们已经知道了求解一维函数极小值的解析方法,即用一维函数的极值条件 $F'(x^*) = 0$ 求 x^*。但在这里只重点介绍一维寻优的数值方法。

一维寻优的数值方法主要有两大类:一类是区间消减法,如两分法、分数法(Fibonacci 法)、黄金分割法(0.618 法)等;另一类称做插值法或函数逼近法,如二次插值法(不需要导数)、牛顿法(切线法)、三次插值法(需要导数)等。这些方法各有特点,目前使用较为广泛的是黄金分割法和二次插值法。

4. 无约束多维优化计算方法

无约束多维优化计算方法可以分为两大类,见表 2-1。

表 2-1 无约束多维优化计算方法分类

优化计算方法		定　义	特　点
不用导数信息的方法	坐标轮换法	在迭代过程中,只需计算目标函数值,不必对函数进行导数计算	计算稳定,可靠性好,编程容易;收敛速度较慢
	Hooke-Jeeves 模式搜索法		
	随机搜索法		
	Rosenbrock 旋转坐标法		
	单纯形法		
	Powell 共轭方向法		
使用导数信息的方法	梯度法	需要计算目标函数的一阶和二阶导数,即需要对函数进行导数分析和计算	利用多元函数的极值理论,寻求合理的搜索方向,使迭代次数减少;当用差分法求近似的导数值时,存在误差干扰,计算的可靠性和稳定性较差
	共轭梯度法		
	牛顿法和拟牛顿法		
	变尺度法		

5. 约束多维优化计算方法

但在工程实践中,绝大多数的优化设计问题都包含约束条件,求解这类问题的方法称为约束优化计算方法。其基本优化策略思想分为两种,一种是直接在约束可行域内寻求约束最优点,另一种是将约束优化问题转化为易于处理的无约束子问题,并通过这些子问题的解去逼近原问题的解。表 2-2 所示为约束优化计算方法分类。

表 2-2 约束优化计算方法分类

优化计算方法			定 义	特 点
直接解法	随机试验法		在满足不等式约束的可行设计域内直接求出问题的约束最优解 x^* 和 $f(x^*)$,不易处理含有等式约束的问题	由于直接法的求解过程在约束可行域内进行,故可以保证最优点是可行的,方法比较直观易懂,但一般计算效率较低
	随机方向搜索法			
	复合形法			
	伸缩保差法			
	梯度投影法			
	可行方向法			
间接解法	惩罚函数法	内点法	将约束优化问题转化为一系列无约束优化问题来求解,可处理同时具有不等式约束和等式约束的问题,应用广泛	构造无约束极值子问题的解法,计算效率较低,方法比较简单
		外点法		
		混合法		
	增广乘子法			计算效率较高,程序比较复杂
	约束变尺度法			
	序列二次规划法			构造线性规划子问题的解法
	广义简约梯度法			构造二次规划子问题的解法

6. 国内常用的优化计算方法程序

用计算机求解工程优化设计问题,需要编制计算机能接受的程序,这个程序一般应由三大部分组成:预处理程序,优化计算方法程序,后处理程序。预处理部分的主要任务是完成包括数学模型和相关数据等信息的输入,而后处理则是输出各种计算结果,并对结果进行必要的分析。表 2-3 列出了国内几种常用的优化计算方法程序及其主要功能。

表 2-3 国内常用的优化计算方法程序

种类		名 称	说 明	主要功能	提供单位	应用领域
非线性规划程序	连续变量优化方法程序	CVM01	约束变尺度法程序	求解一般约束非线性优化问题	华中理工大学(OPB-2程序库)	机械参数优化设计机械结构参数、形状等优化设计;机械可靠性优化设计;一般工程设计问题
		QNM01	拟牛顿乘子法程序			
		MARQ	序列二次规划法程序			
		GRG-C	广义简约梯度法程序			
		MPOP	惩罚函数法程序			
		FEAS	可行方向法程序		合肥工业大学	
		COMPLEX	复合型法程序			
		RANDIR	随机方向法程序			
		ABOPT	增广乘子法程序			

(续表)

种类		名称	说明	主要功能	提供单位	应用领域
非线性规划	离散变量优化方法程序	MDOD	离散近似梯度的直接搜索法程序	求解离散、混合离散变量的非线性优化设计问题	华中理工大学（OPB-2程序库）	机械优化设计；机械可靠性优化设计；结构优化设计；一般工程优化设计
		CVM02	离散约束变尺度法程序			
		CVM03	拟离散约束变尺度法程序			
		MQPAI	基于AI技术的离散序列二次规划法程序			
		MOD	离散变量优化设计软件包		北京科技大学	
	随机变量优化方法程序	SOD	随机变量优化设计软件包	可解含有随机参数和设计变量的非线性函数的优化设计问题	北京科技大学	机械优化设计；可靠性优化设计；一般工程优化设计；工程概率优化设计
结构优化方法程序		OOSAP1.0	集成组合结构优化系统	采用多级优化和面向对象技术，可求解较复杂的大型工程组合结构优化设计问题	华中理工大学	结构优化设计
		DDDU-2	DDDU系列结构优化软件	以准则法为主的混合优化方法，可进行组合结构优化	大连理工大学	

2.3.5 多目标优化设计

在机械设计中，某个设计方案的好坏仅涉及一项设计指标，称为单目标优化设计问题。对于这种问题，应用前面介绍的优化设计方法就可以直接解得最优设计方案。然而，在许多实际问题中，对一个设计方案往往期望几项设计指标同时达到最优值，例如，在设计一个传动装置时，希望它的质量小，承载能力高，同时又要使它的工作可靠性高；又如在设计一种高速的凸轮机构时，不仅要求其体积小，而且要求其柔性误差小，动力学性能好等。这种在优化设计中同时要求两项或几项设计指标达到最满意值的问题，称为多目标优化设计问题，它的数学模型一般可以表示为：

$$\min f(x)$$
$$\text{s.t.} \quad g_u(x) \leqslant 0 \quad u = 1, 2, \cdots, m$$
$$h_v(x) = 0 \quad v = 1, 2, \cdots, p < n$$

式中：$f(x) = [f_1(x), f_2(x), \cdots, f_q(x)]^T$ 为 q 维目标矢量。

在多目标优化设计中，同时使几个分目标都达到最优值，一般说是比较困难的，甚至是根本不可能的，而且在求解过程中往往使一个分目标函数的极小化，会引起另一个或几个分目标的最优值变坏，这就是说，各分目标在求极小化过程中是相互矛盾的。

在一个多目标设计优化中，若 x^* 是多目标优化问题的一个解，在约束可行域内，至少有一个函数 k 存在，使得 $f_k(x) < f_k(x^*)$ 严格成立（$1 \leqslant k \leqslant q$），则称 x^* 是多目标优化问题的有效解和非劣解。

在约束的单目标优化设计中，若问题是多极值的且已求得几个约束最优解，则根据目标函数值的大小总可以找到一个最好的最优解，即全局最优解。但在约束的多目标优化问题中，情况就变得复杂了，任何两个解不一定可以比较出优劣。一般而言，多目标优化问题中得到的可能只是非劣解（或有效解），而非劣解往往不只是一个。如果一个解使得每个分目标函数值都比另一个解劣，则这个解为劣解。显然多目标优化问题只有求得最好的非劣解时才有意义。

多目标优化设计问题原则上要求各分量目标都能达到最优，如能这样自然是最好的结果，但事实上，解决多目标优化设计是一个比较复杂的问题，尤其是在各个目标的优化相互矛盾甚至相互对立时就更是如此。要解决这个问题，就要对各个分目标进行协调，使其相互做出"让步"，以得到对各个分目标要求都比较接近的、比较好的最优方案。

近年来，国内外许多学者对多目标优化问题进行了研究，并提出了不少解决方法。目前，根据从有效解中选取最好解的出发点不同，有几种不同的决策方法。

（1）考虑设计要求的其他因素来选取选好解，如协调曲线法。

（2）事前协商好按某种关系来求选好解，如加权线性组合法、目标规划法等。

（3）逐渐改进有效解，直到找到一个满意的选好解为止，如功效系数法。其主要算法的基本思想和特点如表 2-4 所示。

表 2-4 多目标优化计算方法及特点

方法分类	协调曲线法	统一目标函数法			功效系数法
		目标规划法	乘除法	加权线性组合法	
数学模型	通过单目标函数的最优解确定有效解集				

（续表）

方法分类	协调曲线法	统一目标函数法			功效系数法
		目标规划法	乘除法	加权线性组合法	
基本思路	求出多目标问题的全部有效解集，由决策者从中挑选，以确定选好解	先对每个目标函数制定出一个目标值，然后使各分目标函数都接近各自的目标值时获得问题的解	把两类性质不同目标函数为一个目标函数求解	将各分目标函数按线性方式组合成一个单目标函数进行求解	各个分目标函数用一个功效系数表示，然后使这些系数的几何平均值趋于最大值，来解最优方案
应用要求及特点	事先不需要知道目标函数的目标值可提供大量供选择的方案；目标函数多时计算量较大，确定有效解集复杂	确定目标值较难，应用简洁、灵活	适合于两类性质不同目标函数的优化问题	对同类分目标函数和不同类分目标函数组合方式不同；为了消除目标函数在量级上的差异，需将它们变换成规范化目标函数	功效系数的函数形式选择要合理、直观，易于调整各分目标函数的功效系数值；易于处理有的目标函数不是越大越好，也不是越小越好的情形

2.3.6 优化计算方法的选用

优化计算方法的选用是优化设计过程中至关重要的环节之一。表 2-5 列出了优化计算方法选用的一般原则。

表 2-5 优化计算方法的选用原则

选取依据		选取原则
变量数	$n=1\sim10$	SUMT 法、复合型法、随机方向搜索法等
	$n=10\sim50$	约束变尺度法、广义简约梯度法、SUMT 法
	$n>50$	可行方向法、约束变尺度法等
变量类型	连续变量	各种非线性规划方法
	离散或整型变量	离散变量优化计算方法，如 MDOD 和 CVMO2 等程序
	随机变量	随机变量优化计算方法，如 SOD 软件包中的程序
数学模型中函数性质	函数易求导	可选用函数计算次数少，且利用导数信息的方法，如约束变尺度法、广义简约梯度法
	函数不易求导	不计导数的方法，如随机方向搜索法、复合型法和 SUMT+Powell 的方法
计算结果	输出结果可行点	计算过程严格在可行域内进行的方法，这样任一中间的解都可取为设计方案
	结果的信息量大	能给出设计点、目标函数值、起作用约束以及设计变量的灵敏度（导数）信息等的方法

1. 收敛精度的选择

在优化计算中，根据实际的要求拟定合理的收敛精度值是有必要的。因为收敛精度规定过高，不仅无助于问题的解决，而且还会消耗较多的时间，同时由于精度要求过高而使算法不稳定，难于收敛。基于这一点，可根据实际情况来确定收敛精度。

（1）一维搜索收敛精度。对于二次插值方法，可取当前点 $(x^{(k)} + a_4 s^{(k)})$ 与中间点 $(x^{(k)} + a_2 s^{(k)})$ 的矢量模平方小于 10^{-6}；对于黄金分割法（0.618法），可取缩减区间的绝对长度 $|a_2 - a_1| \leqslant 10^{-5}$（当 $a_2 \approx 0$ 时）或相对变化量 $\left|\dfrac{a_2 - a_1}{a_2}\right| \leqslant 10^{-6}$。

（2）算法的收敛精度。当用目标函数的相对值时，可取 $\varepsilon = 10^{-6} \sim 10^{-5}$；当用绝对差值 $[f(x^{(k)}) \approx 0]$ 时，取 $\varepsilon = 10^{-4} \sim 10^{-3}$；当用设计变量的相对变化量作为收敛准则时，可取 $\varepsilon = 10^{-5}$；用绝对变化量（当 $x_i \approx 0$）时，可取 $\varepsilon = 10^{-3}$。

（3）等式约束和不等式约束条件。若约束函数是规范化的，则当 $|g(x)| \leqslant 10^{-3}$ 和 $|h(x)| \leqslant 10^{-5}$ 时，都认为 x 点已处于约束面上。

2. 优化计算结果的分析

对于工程优化设计类问题，建立正确的数学模型、选用一种有效的优化方法，固然是取得正确设计结果的先决条件，但是在若干情况下仅仅依赖这一点是不够的，还必须依据计算中所提供的数据进行仔细分析，以便查明优化计算过程是否正常结束以及最终结果是否合理。在这些数据中，最重要的是原始设计方案和最终设计方案的变量值、目标函数值、约束函数值以及其他的一些性能指标值。

对于一个约束非线性优化设计问题，判断设计变量值的合理性和可行性是非常重要的。倘若是由于模型而造成的错误，只要对数据进行认真分析，就可以发现问题，而且不难于解决。但是由于约束函数和目标函数的严重非线性而造成的不合理方案，这可能是多约束极值或者约束条件不合理。遇到这种情况，可用改变初始点或增加约束条件的办法通过几次试算来解决。

目标函数值虽然有时不一定有明确的工程实际意义，但这项数据始终是判断优化设计结果正确与否和检查迭代过程是否正常的重要信息。约束函数的值是判断设计点所停留的位置的一个很重要的信息。因为对大多数实际问题来说，约束最优点一般停留在一个或几个不等式约束条件的约束面附近，与此对应的约束函数值接近于零。对于一些重要的性能约束，应通过对初始点和最终方案的函数值的分析比较来判断设计结果的可靠性。

判断一个优化设计结果是否合理或正确，一个有经验的设计人员绝不会单纯从计算结果的数据，而是凭经验来判断设计变量、目标函数、约束函数的终值是否合理。

如果对优化计算结果的正确性还存在疑虑，则可以用以下的方法来检验。

在不变动优化设计数学模型的前提下,改变初始点或改变可调参数(如对 SUMT 方法改变 $r^{(0)}$ 和 C 值等),若取得相近的结果,则证明计算结果是正确的。

改用另一种优化方法计算,若取得相近的结果,则也证明结果是正确的。

优化计算结果的分析,还应包括对设计方案的各种性能指标,如运动特性、各种容差值等的详细计算,以便能为工程设计提供更多的数据和更充分的科学证据。

3. 优化设计结果的灵敏度分析

所谓优化设计结果的灵敏度分析,就是指当取得最优设计方案时由于约束或设计变量发生某些变化而对最优解的影响。通过分析,可以定量地表明该项设计能有多大的裕量和安全系数,或者对设计方案做些修改,可以估计出所取得的经济和技术效果。另外,通过分析也可以提供一种低灵敏度系统的优化设计方法,使其最大限度地不受其他因素(如制造、装配工艺等)的干扰。

设计结果的灵敏度分析,通常对设计者最有价值的是设计变量发生变化(如制造误差、数据取整等)时对目标函数或约束函数的影响和约束函数中某个参数值发生变化时对目标函数的影响。

2.3.7 典型实例

图 2-10 所示为一个二级斜齿圆柱齿轮减速机。

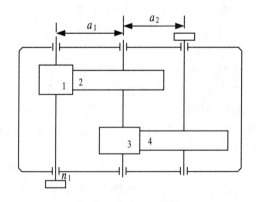

图 2-10 减速器结构简图

设高速轴输入功率 $R=6.2\text{W}$,高速轴转速 $n=1450\text{r/min}$,总传动比 $i_\Sigma=3.15$,齿轮的齿宽系数 $\varphi_a=0.4$;齿轮材料和热处理:大齿轮 45 号钢正火硬度为 $187\sim207\text{HBS}$,小齿轮 45 号钢调质硬度为 $228\sim255\text{HBS}$;总工作时间不少于 10 年。该减速机的总中心距计算式为:

$$a_\Sigma = a_1 + a_2 = \frac{1}{2\cos\beta}[m_{n1}Z_1(1+i_1) + m_{n2}Z_3(1+i_2)]$$

式中：m_{n1}，m_{n2} ——高速级与低速级的齿轮法面模数；

i_1，i_2 ——高速级与低速级传动比；

z_1，z_2 ——高速级与低速级的小齿轮齿数；

β ——齿轮的螺旋角。

要求按总中心距 a_Σ 最小来确定总体方案中的各主要参数。

1. 设计变量的确定

计算总中心距涉及的独立参数有 m_{n1}、m_{n2}、Z_1、Z_2、$i_1(i=31.5/i_1)$、β，故取

$$X = [m_{n1}, m_{n2}, Z_1, Z_2, i_1, \beta]^T = [x_1, x_2, x_3, x_4, x_5, x_6]^T$$

2. 目标函数的确定

$$f(x) = \frac{x_1 x_3 (1+x_5) + x_2 x_4 (1+31.5/x_5)}{2\cos x_6}$$

3. 约束条件的确定

（1）由传动功率与转速确定的约束条件

$$2 \leqslant m_{n1} \leqslant 5 \quad \text{标准值（2, 2.5, 3, 4, 5）}$$
$$2 \leqslant m_{n2} \leqslant 6 \quad \text{标准值（3.5, 4, 5, 6）}$$

综合考虑传动平稳、轴向力不可太大，能满足短期过载，高速级与低速级的大齿轮浸油深度大致相近，齿轮1的分度圆尺寸不能太小等因素，取：

$$14 \leqslant z_1 \leqslant 22 \quad 16 \leqslant z_3 \leqslant 22$$
$$5.8 \leqslant i \leqslant 17 \quad 8° \leqslant \beta \leqslant 15°$$

由此建立12个不等式约束条件：

$$g_1(X) = 2 - x_1 \leqslant 0 \quad g_2(X) = x_1 - 5 \leqslant 0$$
$$g_3(X) = 3.5 - x_2 \leqslant 0 \quad g_4(X) = x_2 - 6 \leqslant 0$$
$$g_5(X) = 14 - x_3 \leqslant 0 \quad g_6(X) = x_3 - 22 \leqslant 0$$
$$g_7(X) = 16 - x_4 \leqslant 0 \quad g_8(X) = x_4 - 22 \leqslant 0$$
$$g_9(X) = 5.8 - x_5 \leqslant 0 \quad g_{10}(X) = x_5 - 7 \leqslant 0$$
$$g_{11}(X) = 8 - x_6 \leqslant 0 \quad g_{12}(X) = x_6 - 15 \leqslant 0$$

为了使各自变量的值在数量级上一致，x_i 采用度为单位，而计算程序的函数一般要求为弧度制（在写程序时要注意先化为弧度再代入函数计算）。

（2）由齿面接触强度公式确定的约束条件

$$\sigma_H = \frac{925}{a}\sqrt{\frac{(i+1)^3 KT_i}{bi}} \leqslant [\sigma_H]$$

高速级和低速级齿面接触强度条件分别为：

$$\cos^3\beta - \frac{[\sigma_H]^2 m_{n1}^3 Z_1^3 i_1 \varphi_a}{8(925)^2 K_1 T_1} \leqslant 0$$

$$\cos^3\beta - \frac{[\sigma_H]^2 m_{n2}^3 Z_3^3 i_2 \varphi_a}{8(925)^2 K_2 T_2} \leqslant 0$$

式中，$[\sigma_H]$ 为许用接触应力，单位为 N/mm^2；T_1、T_2 分别为高速轴I和中间轴II的转矩，单位为 $N \cdot mm$；K_1、K_2 分别为高速级和低速级载荷系数。

（3）由轮齿弯曲强度公式确定的约束条件

$$\sigma_{F1} = \frac{1.5 K_1 T_1}{b d_1 m_{n1} y_1} \leqslant [\sigma_F]_1$$

$$\sigma_{F2} = \sigma_{F1}\frac{y_1}{y_2} \leqslant [\sigma_F]_2$$

高速级和低速级大小齿轮的弯曲强度条件分别为：

$$\cos^2\beta - \frac{[\sigma_F]_1 \varphi_a y_1}{3K_1 T_1}(1+i_1) m_{n1}^3 z_1^2 \leqslant 0$$

$$\cos^2\beta - \frac{[\sigma_F]_2 \varphi_a y_2}{3K_1 T_1}(1+i_1) m_{n1}^3 z_1^2 \leqslant 0$$

$$\cos^2\beta - \frac{[\sigma_F]_3 \varphi_a y_3}{3K_2 T_2}(1+i_2) m_{n2}^3 z_3^2 \leqslant 0$$

$$\cos^2\beta - \frac{[\sigma_F]_4 \varphi_a y_4}{3K_2 T_2}(1+i_2) m_{n2}^3 z_3^2 \leqslant 0$$

式中：$[\sigma_F]_1$、$[\sigma_F]_2$、$[\sigma_F]_3$、$[\sigma_F]_4$ 分别为齿轮1、2、3、4的许用弯曲应力，单位为 N/mm^2；y_1、y_2、y_3、y_4 分别为齿轮1、2、3、4的齿形系数。

（4）按高速级大齿轮与低速轴不发生干涉而确定的约束条件

$$E - d_{e2}/2 - a_2 \leqslant 0$$

得 $2\cos\beta(W + m_{n1}) + m_{n1} z_1 i_1 - m_{n2} z_3 (1+i_2) \leqslant 0$

式中：E——低速轴轴线与高速级大齿轮齿顶圆之间的距离（mm）；

d_{a2}——高速级大齿轮的齿顶圆直径（mm）。

将上述公式代入相关的数据：

$[\sigma_H] = 518.75 N/mm^2$，$[\sigma_F]_1 = [\sigma_F]_3 = 153.5 N/mm^2$，

$[\sigma_F]_2 = [\sigma_F]_4 = 141.6\text{N}/\text{mm}^2$,
$T_1 = 41690\text{N}\cdot\text{mm}$, $T_2 = 40440i_1\text{N}\cdot\text{mm}$, $K_1 = 1.255$, $K_2 = 1.024$,
$y_1 = 0.248$, $y_1 = 0.302$, $y_1 = 0.256$, $y_1 = 0.302$, $E = 50\text{mm}$

可得:

$$g_{13}(X) = \cos^3 x_6 - 3.079\times 10^{-6} x_1^3 x_3^3 x_5 \leqslant 0$$
$$g_{14}(X) = x_5^3 \cos^3 x_6 - 1.017\times 10^{-4} x_2^3 x_4^3 \leqslant 0$$
$$g_{15}(X) = \cos^2 x_6 - 9.939\times 10^{-5}(1+x_5)x_1^3 x_3^2 \leqslant 0$$
$$g_{18}(X) = \cos^2 x_6 - 1.116\times 10^{-4}(1+x_5)x_1^3 x_3^2 \leqslant 0$$
$$g_{16}(X) = x_5^2 \cos^2 x_6 - 1.076\times 10^{-4}(31.5+x_5)x_2^3 x_4^2 \leqslant 0$$
$$g_{19}(X) = x_5^2 \cos^3 x_6 - 1.171\times 10^{-4}(31.5+x_5)x_2^3 x_4^3 \leqslant 0$$
$$g_{17}(X) = x_5[2(x_1+50)\cos x_6 + x_1 x_3 x_5] - x_2 x_4(x_5+31.5) \leqslant 0$$

由于满足 $g_{15}(X)$ 和 $g_{16}(X)$ 必满足 $g_{18}(X)$ 和 $g_{19}(X)$,所以 $g_{18}(X)$ 和 $g_{19}(X)$ 明显为消极约束,故可以省略。因此其作用的约束为 $g_1(X)$ 至 $g_{17}(X)$。

4. 求解算例

考虑到 x_1 和 x_2 为非均匀离散变量,x_3 和 x_4 为均匀离散变量,x_6 为连续变量,而 x_5 既不能作连续变量也不能作为均匀离散变量来处理。为了解决这个问题,令 $x_5 = Z_2$,将其处理为均匀离散变量,并且相关算式也作相应的处理。

选用惩罚函数方法,调用惩罚函数方法程序(见附录 II),取 $70 \leqslant Z_2 \leqslant 154$,得到最优解为:

目标函数 $F = 358.0915$ $F^0 = 358.0915$
设计变量

$x(1) = 2$ $x^0(1) = 2$ $x(2) = 4$ $x^0(2) = 4$
$x(3) = 18$ $x^0(3) = 19$ $x(4) = 19$ $x^0(4) = 19$
$x(5) = 122$ $x^0(5) = 144$ $x(6) = 8$ $x^0(6) = 15$

5. 结果分析

由计算得到的 X^*,代入约束方程得到各约束值如下:

$g_1(X) = 0$ $g_2(X) = 3$ $g_3(X) = 5$ $g_4(X) = 2$ $g_5(X) = 4$ $g_6(X) = 8$
$g_7(X) = 3$ $g_8(X) = 3$ $g_9(X) = 9777775$ $g_{10}(X) = 0.2222223$
$g_{11}(X) = 0$ $g_{12}(X) = 7$ $g_{13}(X) = 2.56604E-03$ $g_{14}(X) = 3.377533E-02$
$g_{15}(X) = 1.023071$ $g_{16}(X) = 50.1007$ $g_{17}(X) = 557.3045$

注意到约束值接近 0 的约束，可以得到以下的分析：

$g_1(X)=0$，模数 m_1 已取得最小极值，从传递动力齿轮来看，再小就不合适了。

$g_{11}(X)=0$，齿轮螺旋角为最小极值，再小就不必采用斜齿轮了。

$g_{13}(X)\approx 0$， $g_{14}(X)\approx 0$， Z_1 和 Z_3 齿轮的接触强度起到限制。

根据已求得的 X^* 的结果，具体的设计参数为

$$m_{n1}=2 \text{ mm}, \quad Z_1=18, \quad Z_2=122, \quad m_{n2}=4 \text{ mm}, \quad Z_3=19, \quad \beta=8°$$

确定 $Z_4=31.5\times\dfrac{18}{122}\times 19=88.3$，取为 $Z_4=89$，则 $a_\varepsilon=359.5$ mm。

2.4 可靠性设计

随着产品功能的完善，容量和参数的增大及向机电一体化方向发展，致使产品的结构日趋复杂，使用条件日趋苛刻，于是产品发生故障和失效的潜在可能性越来越大，可靠性问题日渐突出。现代社会生活中不乏由于产品失效或发生故障而造成机毁人亡的实例，使企业乃至国家的形象受到影响；反之，也有很多因重视产品质量和可靠性，而获得巨大效益和良好声誉的典型。正因为如此，世界各工业发达国家对其产品还规定了可靠性指标。指标值的高低决定着产品的价格和销路的好坏，因而成为市场竞争的重要内容。

2.4.1 可靠性设计含义

可靠性这一新兴的学科，从其问题的提出到目前得到广泛应用，已有约六十年的历史。狭义的可靠性是指产品在规定的条件和时间内，完成规定功能的能力，而这种能力的概率则称为可靠度，记为 $R(t)$，显然可靠度是时间的函数。

可靠性设计是可靠性工程中最重要的一个环节，是综合众多学科成果，以解决产品可靠性为出发点的一门应用性工程学科。产品的固有可靠性虽然与制造、管理等其他环节有关，但主要是通过设计过程赋予的。

可靠性设计认为：与设计有关的载荷、强度、尺寸、寿命等都是随机变量，应根据大量实践与测试，揭示出它们的统计规律，并用于设计，以保证所设计的产品符合给定可靠度指标的要求。它的主要任务是提高产品的可靠性，延长使用寿命，降低维修费用。随着产品失效和发生故障概率的增加，可靠性理论、技术和方法的发展及应用也日益引起各国的重视。

因此可以这样认为：可靠性设计是指应用可靠性理论、技术和统计数据，为满足一定的可靠性目标，对零件、元器件、系统进行的专门设计，包括可靠性预计、分配、设计、

评定等内容，这是狭义严格的定义。广义的可靠性设计概念已扩展到凡赋予产品可靠性为目标的一切相关设计技术。

可靠性设计的目的就是使产品在规定的使用条件、使用时间及完成特定功能时，其失效率最小、维修性好、有效度高、经济寿命期长，即确保其具有较强的完成规定功能、保持技术性能指标的能力。因此，可靠性设计应贯穿于方案设计开始到有效生命周期终了的全过程，不只是在设计阶段，还应充分顾及制造、使用阶段。

2.4.2 可靠性设计特征

常规机械设计只按产品的性能指标进行，而机械可靠性设计是确保产品具有一定可靠性而进行的设计。所以，此设计除了一般的产品性能指标外，还必须明确规定具体的可靠性指标值。它与常规设计相比，具有如下特点。

1. 具有明确具体的可靠性指标值

对于新产品的设计和开发，可靠性指标如同产品的其他性能指标一样，在设计一开始就应该规定下来，并根据这一目标值进行设计。对于现有定型产品，可靠性设计的任务是预测和预防可能发生的全部故障，以达到规定的可靠性目标值，发现并改进设计中的薄弱环节，从而找到提高可靠性的途径。通用的机械产品的可靠性指标值有：产品的无故障性、耐久性、维修性、可用性和经济性等 5 个方面。

2. 考虑有关数据的分散性和随机性

可靠性设计方法的实质是如实地把载荷、零件尺寸和材料等性能数据变量当作随机变量处理，使设计结果更符合客观实际。而常规设计只按变量的平均值进行实际计算，显然误差较大。这里应该指出：随机变量的单值是随机和未知的不确定量，但它的分布类型是有规律的。因此，可应用概率论和数理统计理论进行统计、分析与设计。

3. 扩充了一些术语的含义

可靠性设计扩充了一些术语的含义，这就要求对各有关名词术语的理解和认识更加深化、更加科学。如在常规设计中，称单位面积受力为应力，而在可靠性设计时，则称凡是引起零件失效的因素（包括温度、湿度、腐蚀等）均叫应力。另外，如失效、强度、质量、寿命和成本等概念的内涵和外延，均同样得以拓宽。

对设计者有更高要求的机械零件的可靠性设计理论，是常规和可靠性两种设计理论的有机结合，它是建立在物理和化学失效机理之上的，故定义为理化分析法，即机械可靠性设计是以理论分析方法为主、数理统计法为辅的一种设计方法。正是由于其理论难度较大，所以要求从事机械可靠性设计的人员，要同时具备专业和可靠性两方面的专长，否则将无法开展此方面的设计、应用和研究。

2.4.3 可靠性设计内容

可靠性是一门具有丰富内涵的科学，从学科角度看，其内容有可靠性理论基础和可靠性设计工程两部分。前者包括可靠性数学和物理，后者含有可靠性设计、试验、制造、使用、维修和管理等内容。

（1）可靠性理论基础。同样产品在同一条件下使用，从开始工作到失效的时间很少是相同的，大多是不确定的。可靠性就是建立在概率统计理论基础上，以零件、产品或系统的失效规律为基本研究内容的一门学科。影响产品失效寿命的因素是非常复杂的，有时甚至是不可捉摸的。因此，产品的寿命，即产品的失效时间完全是随机的。只有依靠长期的、大量的统计与实验才能找到它们的必然规律，找出能恰当描述这种规律的数学模型，这些正是可靠性数学和可靠性物理所要研究的内容。

（2）可靠性设计工程。一个产品可靠性如何，从根本上讲，可靠性在设计阶段就已确定下来了。因此，要保证产品的可靠性，就要进行可靠性设计，而制造、使用、维护是产品可靠性的保证；可靠性实验是产品可靠性的评定。再者上述所有可靠性工程技术活动，如没有可靠性管理是无法开展的，特别是各级领导要真正重视，才能推动这一工作有计划地进行。

从广义上讲，上述可靠性所包含各个项目的内容及在机械设备和零部件生命周期全过程中所进行的策划和安排等，均可称之为可靠性设计。可靠性设计所包含的内容很广泛。在满足产品功能、成本等要求的前提下，一切使产品可靠运行的设计，均属可靠性设计的范畴，如当产品经过系统化设计以后，具体可将可靠度指标按要求分配到各零部件中去，并以此来确定零部件的材料和结构尺寸等。

2.4.4 可靠性设计发展趋势

可靠性设计、技术和方法是一门介于管理和技术的边缘学科，涉及范围很广，以下就机电产品的可靠性设计发展趋势作以简要介绍。

（1）可靠性设计、预测技术和方法可靠性设计技术是可靠性工程的基础技术。当前，除传统设计方法外，还发展了很多以可靠性为目的的设计技术和方法，如可靠性分析预测技术、概率设计、失效安全设计、人机工程设计和维修性设计等。

（2）失效机理和分析技术是可靠性的事后分析技术。目前失效分析和预防技术已引起国内有关部门和专家的重视，但许多工作仍以分散进行和应付紧急需求为主。对许多问题，特别是基础零部件的共性问题，还没能集中力量突破。像一些量大面广的基础件，如液压件、密封件和轴承等存在的寿命低、功能退化快等问题，长期未能从根本上得以解决。

（3）可靠性实验评定技术和方法对机械产品来说，可靠性实验是保证可靠性最重要的途径。国外对可靠性实验非常重视，各大企业均发展自身的实验手段和标准，不断通过对各种环境的模拟实验来拓展产品在全球市场的适应性。国内这方面研究很薄弱，一是实验手段和设施不完善，二是对实验方法和规范研究不够，对此应引起有关方面的重视。

（4）制造中工艺缺陷的检测与控制制造是实现产品可靠性的关键阶段，为避免人为误差和过失所造成的隐患，必须提高生产和检验的自动化水平。为此，要研究加工偏差、工艺缺陷的自动检测和诊断技术，要研究材料、零件的筛选和出厂产品的早期故障排除等实验方法。

（5）可靠性工程管理技术把可靠性管理和质量管理融为一体，使技术管理和行政管理紧密结合，形成一个以全面质量管理为中心的企业管理体制。可靠性管理是以最小成本达到合理可靠性目标的管理方式，是一套严密的科学管理技术，在国外已行之有效，并产生了较大的经济效益。

2.5 绿色设计

人口的剧增、资源的消耗、环境的恶化已成为当今人类社会可持续发展中亟待解决的三大主要问题。近年来随着不断的研究和实践，人们意识到：环境问题绝非孤立存在的，它和资源、人口问题有着根本性的内在联系，特别是资源的有效利用，对环境有着深远的影响。制造业就是将资源（包括能源）通过制造过程，转化为人们所需产品的产业。它不仅消耗了资源，同时也产生了大量的废弃物，对环境造成了污染。

为了寻求从根本上解决制造业环境污染的问题，20世纪90年代起，在全球掀起了一股"绿色消费浪潮"，人们的消费观念不再是在大量的资源消耗的基础上求得生活的舒适，而是在求得舒适的基础上，大量节约资源。也就是在这种"绿色消费浪潮"的冲击下，绿色设计应运而生，并成为当今制造业研究的热点问题之一。

2.5.1 绿色设计的概念

1. 产品的生命周期

由于绿色设计是面向产品全生命周期的设计，因此我们应当首先认识一下产品生命周期的概念。从不同的角度，产品的生命周期有着不同的划分方式，这里只从设计的角度考虑产品的生命周期。它有传统设计的产品生命周期和绿色设计的产品生命周期之分，传统设计的产品生命周期包括从环境中提取材料，加工成产品，然后流通到消费者手中供消费者使用，图 2-11 表示了这种流动过程。

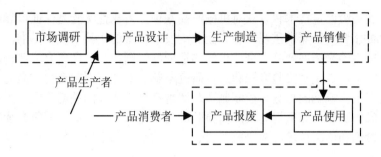

图 2-11　传统产品设计过程图

为了减轻甚至消除制造对环境的影响,产品制造企业不得不越来越多地考虑如何通过再循环利用来适当处理报废的产品,图 2-12 表示了这种把绿色设计考虑到产品制造的产品生命周期。

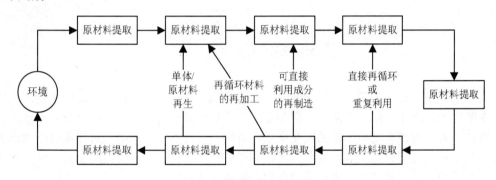

图 2-12　考虑绿色设计的产品生命周期图

2. 绿色产品

绿色产品是绿色设计的最终体现。因此还应该弄清什么样的产品才是绿色产品。绿色产品(GP,Green Product)或环境协调产品(ECP,Environment Conscious Product)是相对于传统产品而言的,目前由于对产品的"绿色程度"的描述和量化还不是十分明确,因此对绿色产品还没有一个权威的定义。不过经过分析比较,基本可以这样认为:GP 就是在其生命周期全程中,符合特定的环保要求,对生态环境无害或危害很小,资源利用率很高,能源消耗低的产品。

3. 绿色设计

绿色设计(GD,Green Design)通常也可以称为生态设计(ED,Ecological Design)、环境设计(DFE,Design for Environment)、环境意识设计(ECD,Environmental Conscious Design)等。概括起来讲,它要求在产品整个生命周期内,着重考虑产品环境属性(可拆卸性、可回收性、可维护性、可重复利用性等），并将其作为设计的目标，在满足环境目标要求的同时，保证产品应有的功能、使用寿命、质量等。图 2-13 表示了绿色设计的过程轮图。

图 2-13　绿色设计过程轮图

2.5.2　绿色设计的特征

（1）绿色设计针对并扩大了产品的整个生命周期。绿色设计把产品的绿色程度作为设计目标，在产品设计过程中不仅充分考虑到了产品在原材料获取、生产制造、营销、使用的从"摇篮到坟墓"的过程，而且考虑了产品使用后的回收和再利用，也就是从"摇篮到再现"。

（2）绿色设计是并行的闭环设计。传统的产品设计是串行设计过程，其生命周期是指从调研、设计、制造直至报废的各个阶段。而产品报废后的回收处理很少考虑，因而是一个开环的设计过程。而绿色设计的生命周期除了传统生命周期外，还包括产品报废后的拆卸回收、处理、再利用，实现了产品生命周期的闭环设计。

（3）绿色设计的目标是减少资源消耗、利于环保、维护生态平衡，从而实现人类的可持续发展战略。工业化国家每年都会产生大量的工业垃圾，据美国全国科学院的调查发现，从地下挖掘出来的东西有 94% 都会在几个月内被扔进垃圾堆，垃圾处理已经成为亟待解决的问题，绿色设计将废弃物的产生消灭在萌芽状态，大大缓解垃圾处理的矛盾，保护了环境。而且由于产品的回收再利用节约了资源。

但也应当看到，完全的绿色设计显然是不可能的，因为绿色设计涉及到产品生命周期的每个阶段，即使设计时考虑得很全面，但由于所处时代的技术水平的限制，在某些环节或多或少地还存在非绿色的现象，如某些材料目前还没有理想的替代品，但通过绿色设计可以将产品的非绿色现象降低到最低的程度。

2.5.3 绿色设计过程模型

虽然绿色设计的重要性已得到普遍认同，研究范围和深度也在不断拓展，但针对具体产品如何进行绿色设计至今尚缺乏系统、可行的方法。在系统分析研究绿色设计特点的基础上，建立图 2-14 所示的绿色设计过程模型。该过程模型将绿色设计划分为 4 个部分，即产品结构设计、材料选择、产品环境性能设计与产品资源性能设计，每一部分都从全生命周期的角度进行设计选择，并通过相关环节（如评价等）相互联系和进行信息交换。

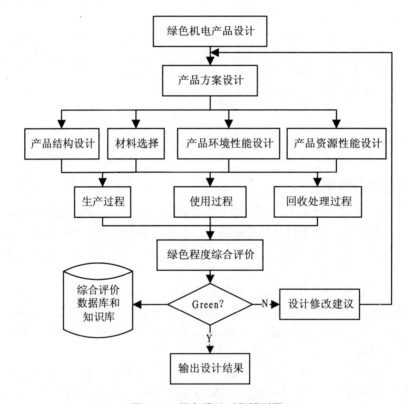

图 2-14 绿色设计过程模型图

1. 绿色产品的描述与建模

绿色设计首先应解决的是绿色产品的描述与建模，即什么是绿色产品，不同产品的绿色属性如何表现，并通过生命周期分析方法（LCA）与并行工程的思想建立绿色产品设计模型。

2. 绿色产品结构设计

绿色产品的结构除满足普通产品的基本要求外，在绿色设计过程中主要考虑的是结构的易于拆卸与回收处理，不可拆卸不仅会造成大量可重复利用的零部件浪费，而且会因为废弃物的不好处理而造成环境的污染，因此现代产品不仅应具有优良的装配性能，而且还应具有良好的拆卸性能。可回收性设计就是在产品设计初期就充分考虑其回收的可能性、回收价值的大小、回收处理的方式等，其过程模型见图2-15。良好的拆卸性能和回收性能是绿色设计的主要内容，拆卸是回收的前提，回收则是在产品淘汰废弃后以较为经济的方式实现重用。这一部分主要内容包括两点。

（1）产品的可拆卸性设计。
（2）产品的可回收性设计。

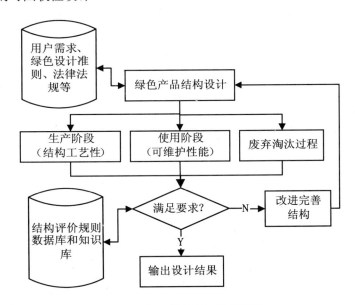

图 2-15 绿色设计的结构模型图

3. 绿色设计的材料选择

材料的选择是产品设计十分重要的一步，对最终产品的"绿色程度"具有十分重要的意义。传统的产品设计主要考虑的是从材料的功能、性能、是否经济、是否满足使用者要求的角度考虑选材，而很少考虑材料的加工对环境影响和材料是否可重利用的问题，如铅、氟里昂的使用，加工的切削等。这些不足随着人们对环境意识的不断提高很快就明显暴露出来了。

基于绿色设计的选材就是对传统的选择中的这些不足而提出的,它要求设计人员在选材时不仅要考虑产品的性能和条件,而且要考虑环境的约束准则,选用无毒、无或少污染、易降解及易于回收利用的材料。绿色设计的材料选择模型见图2-16,这一部分包括以下内容。

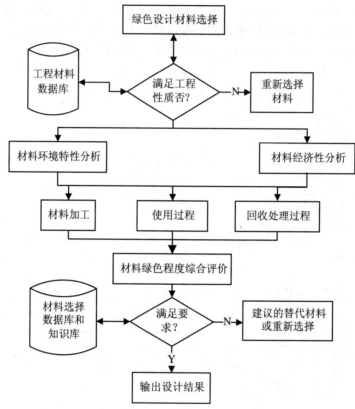

图2-16 绿色设计的材料选择模型图

（1）材料选择的经济性分析。
（2）材料选择对环境影响的定量化研究。
（3）材料绿色程度综合评价理论和方法。
（4）产品材料相容性分析和配备优化技术等。

绿色设计的材料选择应遵循以下的原则。一是尽可能使用自然界可循环的材料,并将自然的循环应用到其废弃和生产过程中。二是尽可能不用或少用自然界不可循环的材料,对那些非用不可的材料,应事先设计一个再生循坏系统,在材料的废弃和再生过程中,严格控制数量,并使其处于不活泼的状态。具体地讲,在绿色设计中,材料的选择应从以下几个方面考虑。

(1) 减少所用材料种类。所用材料种类的增加,不仅会使产品结构复杂化、增加产品制造的难度和制造过程中对环境的负面影响,而且也给产品报废后的回收处理带来了诸多不便,因此减少所用的材料的种类是十分有益的。如 Whirlpool 公司的包装工程师把用于包装的材料从 20 种减少到 4 种,处理废物的成本下降了 50%以上,材料成本也减少了,性能更得到了改善。

(2) 减少在加工过程对环境产生负面影响的材料。如难加工材料会消耗大量能源;在加工过程中产生的切削、粉尘会造成环境的污染、危害操作者的身体健康。

(3) 选用易回收材料或能再生材料。选用可回收的材料不但可以减少资源的消耗,而且可以减少原材料在提炼加工过程中对环境的污染。许多材料如塑料、铝等均可以回收使用,它们在回收后的性能基本保持不变或者变化很少。如果回收的材料的性能不能满足要求,可以在其中加入一定比例的元素以改善其性能。如美国设计师利用再生材料制成的双层波纹板代替木板制成包装用的托架,与木材相比,同强度的托架其重量减少 3/4,这样不仅节约了运输成本,而且节约了木材资源,更重要的是其本身还能被再处理循环利用。

(4) 选用废弃后能自然分解并能为自然界吸收的材料。废弃产品得不到及时有效的处理会严重污染环境。国外已开始采用废弃后在光合作用或生化作用下能自然分解的塑料制造包装材料。在我国,福州塑料科学技术研究所与福建省测试技术研究所已率先成功研究出由可控光塑料复合添加剂生产的一种新型塑料薄膜技术。这种塑料薄膜在使用后的一定时间内即可分解成碎片,溶解在土壤中被微生物吃掉,从而起到净化环境的作用。这种薄膜可用于垃圾袋、包装袋等。

(5) 尽可能选用无毒、无害的材料。有毒、有害的材料的使用不仅会造成环境的污染而且会给人身心带来伤害,因此要尽量避免使用。如果在产品中一定要使用有毒、有害的材料,则必须对有毒、有害的材料进行显著的标注,且有毒材料尽可能布局在便于拆卸的地方,以便回收和继续处理。

4. 产品资源性能设计

绿色设计通过并行考虑产品生命周期的各个阶段,使产品的资源得到合理利用和配置。绿色产品的资源性能设计模型见图 2-17,其主要内容如下。

(1) 机电产品生命周期的资源消耗模型的

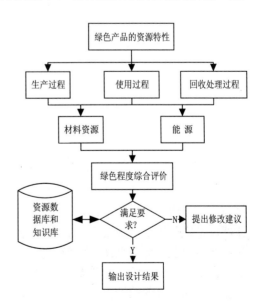

图 2-17 绿色产品的资源性能设计模型图

建立。

（2）机电产品生产过程的资源消耗特性分析。

5. 产品环境性能设计

在产品设计初期，将其环境性能作为设计目标是绿色设计区别于传统设计的主要特点之一。产品环境性能的设计模型见图 2-18。由于不同产品有不同的环境性能，设计时应根据产品特点、使用环境与要求等分别予以满足。如对电冰箱而言，其环境性能主要表现在不用氯氟氢类的制冷剂和发泡剂，减少或消除酸洗、磷化过程中产生的环境污染物，降低能耗、减小噪声、减少所用材料种类等。

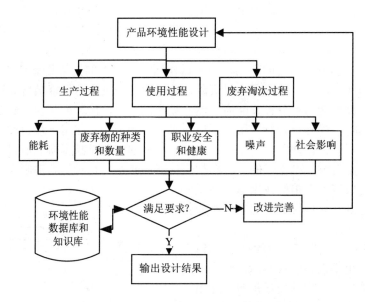

图 2-18　产品环境性能的设计模型图

6. 绿色设计评价

绿色设计的最终结果是否满足预期的需求和目标，是否还有改进的潜力，如何改进等是绿色设计中必须解决的问题。要对这些问题作出回答，必须进行绿色设计评价。绿色设计评价是绿色设计的重要环节，对指导设计过程的进行和设计方案的完善具有重要作用。其主要内容包括建立系统、完整的绿色设计评价指标体系；在对现行评价方法研究的基础上，利用层次分析法、模糊数学、神经网络等方法，建立绿色设计的综合评价模型，研究一套量化的、有效的评价方法。绿色设计是通过在传统设计基础上将环境意识和可持续发展的思想进行集成，是通过绿色设计工具与现有设计系统集成而实现的，因此集成是绿色设计研究的基础和立足点。这种集成包括上述各部分之间的集成、整个绿色设计模型与其他设计方法的集成（如耐磨损设计、可靠性设计、CAD、CAM、CAE 等）。

2.5.4 产品的可拆卸性设计

在传统的产品设计中，通常考虑产品零部件的可装配性，而很少考虑产品的可拆卸性，但这显然不利于后续的维修和产品使用后的回收处理。因此，产品的可拆卸性是产品可回收性的一个重要条件，直接影响着产品的可回收再生性。于是面向拆卸的设计（DFD，Design for Disassembly）应运而生。

1. 影响产品可拆卸性的因素

拆卸以获取某一零件或子装配体为目的。影响这一目的实现顺利与否的因素主要有两方面，拆卸所要获得的零部件的状态和拆卸过程的难易。

（1）待拆零部件数目。它决定了到底有多少零部件需要被拆解下来。数目越大，拆卸所花的时间越长。设计时可以采取将不必要的零件筛选掉、将可以合并的零件进行合并的方法尽量减少这个数目。

（2）待拆零部件在产品中所处的拆卸深度。拆卸深度与产品结构紧密相关，要拆卸零部件在产品中的位置越深，达到拆卸目的所涉及零件与连接数目越多，拆卸过程就越长。因此设计时应尽量降低产品的结构深度，将回收价值高的零部件的位置设计在容易获得的地方。

（3）拆卸过程的并行与串行。由于产品结构特征，造成产品拆卸过程可能是并行的也可能是串行的，并行的拆卸过程指在拆卸的某一时刻，可以有不同的拆卸路径供选择，各条拆卸路径之间是"或"的关系。并行拆卸过程比串行拆卸过程效率高。

（4）待拆的连接数目。连接是零部件之间产生约束的主要原因。获得零部件所需拆卸的连接数越少拆卸效率越高。

（5）连接的拆卸时间。拆卸不同的连接所需的拆卸时间不同。设计时应尽量使用易拆的连接，以减少拆卸时间。如采用滚花的螺钉，可以直接用手进行拆卸。

（6）连接的种类与拆卸所需工具数。不同的连接需要采用不同的拆卸方法，连接的种类越多，拆卸时更换工具的频度越高，拆卸成本相应越高。

（7）连接的可达性。产品设计时应尽量将连接设计于视觉、实体可达的位置，并且给装配与拆卸连接留有足够的空间，减少拆卸的辅助时间。

（8）连接在使用后的可能状态。产品在使用过程中的环境等影响着拆卸时连接的可能状态。如有些连接在使用后，被腐蚀生锈，拆卸时的难度会加大，拆卸所需时间加大。

2. 拆卸设计准则

（1）拆卸工作量最少原则。在满足使用要求的前提下尽量去掉一些不必要的功能，如零件的相似功能的合并，减少材料的种类并考虑材料之间的相容性，例如，金属和塑料不能一起回收，必须在回收前进行分离；塑料中的聚碳酸酯（PC）与丙烯腈-丁二烯-苯乙烯三元共聚物（ABC）的相容性好，如果零件不能重用，则不必进一步分离，可一起回收。

（2）结构的可拆卸准则。在选择零件间的连接方法时应考虑拆卸分离的方便性，并且紧固件的数量应尽量少。零部件连接的方法有很多，如螺纹连接、键连接、型面连接、焊接、粘接、搭扣式连接等，具体连接种类的选择除考虑连接的可靠性外，还要考虑利于拆卸和分离。通常，金属零件的连接可采用螺纹连接和键连接，其他的连接方式的拆卸力很大；塑料零件的连接可采用型面连接或搭扣式连接，拆卸时无需拆卸和损坏其他零件，同时，无杂质残留。若不想分离，可采用焊接、粘接，简化分离过程。

（3）拆卸易于操作的原则。在拆卸过程中，不仅要使拆卸动作快，而且要采用合理的结构，使拆卸易于进行，如采用快开机构；在要拆卸的零件上留有可供抓取的表面，如图 2-19 所示，轴承的定位轴肩的高度不应超过轴承座圈的厚度，以便留有适当的拆卸支撑面；图 2-20 所示的压盖上则有两个起顶螺钉，便于拆卸；图 2-21 所示的销孔则采用了通孔，也是同样的道理。对于需对零件进行拆卸、切断、切割等位置，必须做到：看得见、够得着、留有足够的操作空间，如图 2-22 所示的操作位置要使操作人员够得着，即身体的某一部位或借助于工具能够接触到拆卸部位，同时，还能看得见，即可以看得见内部的拆卸操作；如图 2-23 所示，为了加工螺纹孔，需要加工工艺孔，同时，在确定尺寸时，应考虑螺栓的长度，方便螺栓的安装和拆卸；如图 2-24 所示，在确定螺栓的位置时，应留有足够的扳手空间，便于安装和拆卸。

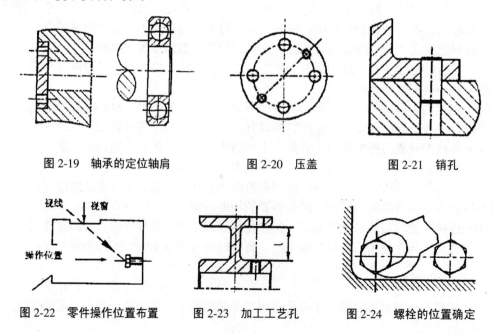

图 2-19 轴承的定位轴肩　　图 2-20 压盖　　图 2-21 销孔

图 2-22 零件操作位置布置　　图 2-23 加工工艺孔　　图 2-24 螺栓的位置确定

3. 拆卸评价体系

拆卸评价主要包括对产品的结构性评价、环境性评价及拆卸的经济性评价。通常以经济性指标（拆卸成本、回收利润或拆卸时间）为单位，定量地评价零部件拆卸的难易程度，并根据拆卸后果将设计缺陷信息反馈给设计者，使其在设计初始阶段修改方案，设计出易于拆卸的产品。零部件的拆卸性评价指标为：

$$d_t = (1 + \sum_{i=1}^{5} SW_i) \times sd_t$$

$$d_c = d_t \times c_l + c_{c2}$$

式中：d_t 为拆卸时间，d_c 为拆卸成本，c_l 为单位时间劳动力成本，c_{c2} 为所需工夹具的使用成本，SW_i 为拆卸时间的影响系数，sd_t 为标准拆卸时间，SW_1 为重量的影响系数，SW_2 为体积的影响系数，SW_3 为材料脆性的影响系数，SW_4 为零件刚柔性的影响系数，SW_5 为拆卸阻力的影响系数。

2.5.5 产品的可回收性设计

回收是一个"古老"的话题，在传统设计中存在着回收通常只停留在如材料回收的低层次回收上，同时回收意识薄弱、回收市场机制不够健全等缺点。这虽在一定程度上也满足了节约资源、减少污染的需求，但显然难以满足日益可持续发展战略的要求。

为了更大限度地利用废弃产品，提高废弃品的利用率和再生率，人们提出了回收设计（DFR，Design for Recycling and Recovering）的概念。它就是在进行产品设计的时候，充分考虑产品零部件及材料的回收可能性、回收价值大小、回收处理方法、回收处理结构工艺性等与可回收性有关的一系列问题，以达到零部件及材料资源和能源的充分有效的利用，并在回收过程中对环境污染为最小的一种设计思想和方法，其一般过程如图 2-25 所示。

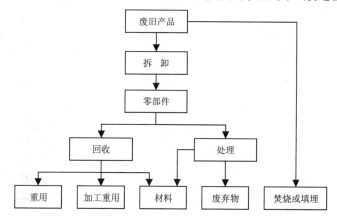

图 2-25　回收设计过程图

由此可见，这里的回收不仅考虑了传统低层次对材料的回收，而且更加关心在新产品中重用使用过的或废弃产品的零部件和材料，并对不能回收的零件或材料进行处理，是属于相对高层次的回收。研究表明：零部件的重复利用可使产品的最终成本平均下降 30%。表 2-6 列出了汽车产品的回收再生方式。

表 2-6 汽车产品回收再生方式

回收再生形式	回收再生深度	回收再生前的产品	回收再生后的产品
同化再使用	部件	发动机	作为维修用的发动机
	零件	点火器	作为配件出售的点火器
异化再使用	配件	汽车音响	改装为家用音响
	零件	蓄电池	照明用蓄电池
同化再利用	材料	车身	用再生材料再生造车身
异化再利用	材料	车身	用再生材料再生造机床零件

1. 可回收材料及其标志

产品报废后，其零部件及材料能否回收，取决于其原有的材料本身的性能的变化情况。如根据美国宝马（BMW）公司研究，由加强聚酰胺玻璃纤维制造的汽车上的进气管零件，在汽车报废后，其弹性模量和阻尼特性机会没有改变，因此可以 100% 回收重用。但一般来讲，产品零部件材料在使用过程中性能均会有所退化，这种退化有可能使产品重用性丧失。

为了识别组成产品中的零部件、材料哪些能够回收或重用，要求对产品组成的零部件材料进行标示，目前常用的方法有以下几种。

（1）产品生产时用不同的颜色表明材料的可回收性或标注专门的分类编码代号等。德国宝马汽车公司（BMW）在材料标志和识别方面已有了成功的经验。宝马生产的 3 系列汽车，所使用的材料的 80% 是可以回收的。宝马公司的设计人员，采用了一种特殊的编码系统，以便识别产品中的不同零件数量。其生产所用的 3+5 旋转模中，大多数塑料零件采用了颜色编码标志，绿色表示纯塑料，蓝色表示回收的塑料，采用这种标志的目的是减少不同塑料数量，完全避免了有毒、有害物质，要求对重量超过 100 g 的所有聚合物均作出标志。

（2）在塑性零件上做出条形码标志。具有条形码的塑料零件可采用激光扫描仪及机器人进行分类。条形码是由字母和数字组合的计算机可读码。条形码符号由条纹和空格组成（其长宽比通常是 1∶5），这些黑白相间的条纹和空格通过对扫描光束产生不同反射来读取其所包含的信息。条形码包含了所要拆卸产品的许多信息，如成分、生产年代、环境危害及添加剂等，这些信息对确定再生和回收材料的方法是非常有价值的。

2. 回收设计准则

（1）固定方法的标准化，提高拆解效率。图 2-26 为两个零件分别采用铆接、焊接、插接和螺纹连接等连接方式。从整体性来看，铆接和焊接较好；但就处理技术而言，焊接或铆接成组合件势必会造成回收困难，因此，车体采取扣件插接或螺纹连接代替其他传统的接合方法，会降低组件的拆解难度。

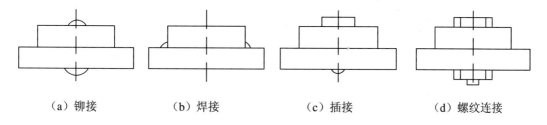

（a）铆接　　　　（b）焊接　　　　（c）插接　　　　（d）螺纹连接

图 2-26　零件的连接方式

（2）采用系列化、模块化的产品设计。在不同系列的产品中尽可能采用相同的零部件和标准件，以便于分类。

（3）尽可能地选取可重新使用的零部件或经过工艺处理后具有与同类新零件相同功能和寿命的零部件，如汽车驱动桥、变速箱的壳体等零件都可经过回收再使用。

（4）考虑零件的异化再使用方法，在全社会范围内寻找其再使用的途径，充分利用回收的零部件。如发动机回收后既可以作为汽车修理时使用，也可以作为教学实物用于教学。

（5）物质使用最小化。遵循"最少就是最好"的原则，在保证总功能的前提下，设计时应以使用物质最少作为目标。

（6）材料种类最少化。设计时应尽可能减少使用材料的种类，以便提高分类效率和回收率并降低材料的购买价格。

（7）选择理想材料。在不影响功能的前提下，尽可能使用可再循环利用材料、生物材料及回收再生材料，促使整个社会形成一个有效使用资源的良性循环。

（8）充分考虑材料的兼容性。即使这些材料构成的零部件无法拆卸，也可一起被再生利用。

3. 回收的经济性分析

回收的经济性是零部件材料能否有效回收的决定性因素。在产品设计中就应该掌握回收的经济性及支持可回收材料的市场情况，以求最经济和最大限度地使用有限的资源，使产品具有良好的环境协调性。

回收的经济性可以根据产品类型、生产方式、所有材料种类等，在设计制造实践中不断摸索，整理各有关的数据、资料并参考现行的成本预算方式，建立可回收性经济评估数学模型。

4. 拆卸成本和回收效益

拆卸回收的经济性是由拆卸成本和回收效益决定的，它决定着产品的拆卸深度。拆卸成本由拆卸操作引起，随着拆卸操作的不断进行而增加，同时它使得有用零部件和材料的回收成为可能，并带来回收效益。零部件回收效益是指回收的总价值扣除拆卸成本后所得到的效益，回收效益由 5 部分组成：重用零件的回收效益、重用部件的回收效益、材料回收的效益、焚烧和填埋处置的费用。即：

$$B_{\text{total}} = (B_r + B_m) - (C_f + C_c + C_d)$$
$$= (\sum_{i=1}^{r} P_{ri} + \sum_{i=1}^{m} P_{mi}W_{mi}) - (\sum_{i=1}^{f} P_{fi}W_{fi} + \sum_{i=1}^{c} P_{ci}W_{ci} + \sum_{i=1}^{n-1} S_d T_{di})$$

式中：B_{total} 为回收的总利润；B_r 和 $\sum_{i=1}^{r} P_{ri}U_{ri}$ 为重用零部件回收效益；B_m 和 $\sum_{i=1}^{m} P_{mi}W_{mi}$ 为材料的回收效益；C_f 和 $\sum_{i=1}^{f} P_{fi}W_{fi}$ 为焚烧处置的成本；C_c 和 $\sum_{i=1}^{c} P_{ci}W_{ci}$ 为填埋处置的成本；C_d 和 $\sum_{i=1}^{n-1} S_d T_{di}$ 为拆卸操作的总成本；r 为重用零部件的总件数；P_{ri} 为重用件 i 的回收总价格；m 为材料回收的种类；P_{mi} 为材料 m 单位重量的回收价格；W_{mi} 为材料 m 的重量；f 为填埋的废弃物总件数；P_{fi} 为废弃物单位重量的填埋处置价格；W_{fi} 为填埋处置的废弃物 i 的重量；c 为填埋的废弃物总件数；P_{ci} 为废弃物单位重量的填埋处置价格；W_{ci} 为填埋处置的废弃物 i 的重量；S_d 为单位时间的拆卸费用；T_{di} 为拆卸操作 d 花费的时间；n 为零部件总数。

5. 产品的回收效率

产品的回收效率是指零部件的净回收效益与其本身所具有的回收总效益之比，即：

$$I = B_{\text{total}} / B_r = \left[(B_r + B_m) - (C_f + C_c + C_d) / B_r \right]$$

2.5.6 绿色设计的实施策略

（1）有效的绿色设计应在并行环境下实施，其实施过程具有闭环特性。绿色设计的实施，首先要实现人员的集成，即采用绿色协同工作组（GTW，Green Team Work）的模式，这是一种先进的设计人员组织模式。由于设计目标和涉及问题的复杂性，绿色设计应由多专业，多学科（材料、设计，工艺、环境和管理等）的人员组成开发小组负责整个产品的设计，并要求设计小组内所有人员协调工作，并行交叉地进行设计。

（2）绿色设计要实现有关信息与技术集成。实现绿色设计的关键是产品的信息集成和技术方法的集成。产品生命周期全过程的各类信息的获取、表达、表现和操作工具都集成在一起并组成统一的管理系统,特别是产品信息模型和产品数据管理。产品开发过程中涉及的多学科知识以及各种技术和方法也必须集成,并形成集成的知识库和方法库,以利于并行过程的实施。这两种集成能提供绿色设计所需的分析工具和信息,并能在设计过程中尽可能早地分析设计特征的影响、规划生产过程,从而提供一个集成的工程支撑环境。

(3) 绿色设计需要有一定的支撑环境。由于绿色设计是基于并行工程的绿色设计,因此其支撑环境应包括并行工程支撑环境和绿色设计支撑环境两部分。

(4) 绿色设计可通过设计网络来实现。每个设计人员在各自的工作站上既可以像在传统的 CAD 工作站上一样进行自己的设计工作,同时又可以与其他工作站进行通信。根据设计目标的要求,既可以随时适应其他设计人员的要求修改自己的设计,也可以要求其他设计人员修改其设计以适应自己的要求。这样,多种工作就可以并行协调地进行。

(5) 实例研究是绿色设计较为可行的方法。实例研究可以有效地表达和处理绿色设计中的环境因素,可从研究实例中为绿色设计提供设计参考和设计准则并及时跟踪市场变化,获取改进设计所需的信息。

2.5.7 绿色设计的发展趋势

目前绿色设计在许多方面有待于进一步完善,主要表现在如下几点。

(1) 在绿色产品设计中,设计者必须对产品进行生命周期评价,依据评价结果,设计者才能知道产品是否与环境协调。目前在评价方法以及与之相应的评价软件工具的发展中还有不少困难亟待克服。

(2) 随着全民环境保护意识的加强,产品的使用、维护以及报废后的回收处理会越来越规范,设计者对产品设计方案的量化评价也会日趋准确。

(3) 在绿色产品设计中,设计者要减少设计对环境的影响,就得把环境方面的设计要求转换成特定的、易于应用的设计准则来具体指导设计,目前这一点还难以做到。

(4) 在绿色产品设计中,要减少产品对环境的影响,产品生命周期的每一阶段都要妥善对待。

2.6 思 考 题

1. 什么是现代设计?现代设计有哪些特征?试简述几种现代设计方法。
2. 参数化设计和变量化设计有哪些异同点?
3. 什么是特征和特征建模?简述特征建模的方法。
4. 优化设计建模三要素是什么?简述优化计算方法。

5. 什么是可靠性设计，它研究的内容有哪些？
6. 绿色设计有哪些特征？
7. 简述绿色设计过程。

第 3 章 先进制造的理念和模式

系统和模式是密切相关的。所谓模式就是模板或榜样,尤其是众多同类系统模仿的典型榜样。它全面反映系统的各个方面,决定着系统的结构和运行方式。

制造模式可以理解为客观制造系统在人脑中的主观影像,是人们设计新的制造系统或改造现有制造系统时所依据的基本概念、原则和理论,以及制造系统在运行过程中所遵循的规律。

自从 20 世纪 80 年代以来,随着市场全球化、经济一体化进程的加快,制造业的竞争越来越激烈,为了提高企业的核心竞争力,制造领域提出了一系列先进制造模式,如柔性制造、计算机集成制造、虚拟制造、敏捷制造、网络制造、绿色制造、智能制造等。而且随着社会的不断发展,制造模式也正朝着更广、更深、更智能化的方向发展。

3.1 柔性制造系统

20 世纪 30 年代—20 世纪 50 年代,当时的市场是供不应求,生产处于大批量、少品种的情况,一般采用自动流水线制作设备,包括物流设备和相对固定的加工工艺,这可以称为刚性自动化(Fixed Automation)方式。这种刚性系统的优点是生产率很高,但由于自动流水线设备的价格相当昂贵,设备固定、不灵活,因此只能加工几个指定工件。

到了 20 世纪 60 年代,大批量生产只是机械制造业的一小部分,占 15%~25%,而中、小批量生产占 75%~85%,新产品的不断涌现、产品的复杂程度不断增加、产品的市场寿命日益缩短使得中、小批量生产越来越占有重要的地位。面对这一新的挑战,必须大幅度提高制造柔性和生产效率、缩短生产周期、保证产品质量、降低产品的成本,以获取更好的经济效益,柔性制造系统就是在这种形势下应运而生的。

1963 年,美国 MAALROSE 公司制造了世界上第一条加工多种柴油机工件的数控自动线。1967 年,英国 Molin Co.公布了"系统 24"(Molins System-24),用计算机分散控制加工设备,每天工作 24 小时,使 FMS 的思想正式形成。

3.1.1 柔性制造的概念

所谓柔性制造,即指用可编程、多功能的数字控制设备更换刚性自动化设备,用易编程、易修改、易扩展、易更换的软件控制代替刚性连接的工序过程，使刚性生产线实现软性化和柔性化，从而快速响应市场的需求，多快好省地完成多品种、中小批量的生产任务。

柔性制造中的柔性具有多种含义，除了加工柔性外，还包括系统易于实现加工不同类型零件所需转变能力的设备柔性（Machine Flexibility），系统能以多种方法加工某一零件组的能力的工艺柔性（Process Flexibility），系统能处理故障并维持其连续生产能力的流程柔性（Roution Flexibility），系统在不同批量下运转有利可图的能力的批量柔性（Volume Flexibility），系统能根据需要通过模块进行重组和扩展的能力的扩展柔性（Expansion Flexibility），系统能更换零件加工工序能力的工序柔性（Operation Flexibility）及系统能生产各种零件总和的生产柔性（Production Flexibility）。

3.1.2 柔性制造的分类

按规模的大小，柔性制造（FM）可以分为 4 类。图 3-1 所示为可加工制造技术的柔性和生产率比较图。

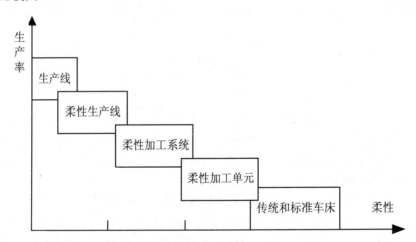

图 3-1　可加工制造技术的柔性和生产率比较图

（1）柔性制造单元（FMC，Flexible Manufacturing Cell）。FMC 是由 MC（加工中心 Machining Center）+APC（自动交换工作台装置 Automation Pallet Changer）组成，它有自动化核心的加工功能以及对这两者的协调和控制功能；同时有自动控制、维护监视等功能，假如再配有与外部输送系统连接的设置，还可以构成组成 FMS 的模块。FMC 具有夜班无人看管的功能，只要在其托盘上分别装夹好相同的工件，它便能可靠地、连续地进行加工。

（2）柔性自动线（FML，Flexible Manufacturing Line）。FML 通常是由可换主轴箱机床、通用和专用数控机床、加工中心及辅助设备等机床群和传送路线固定的工件输送装置所组成,传送装置的系统是非柔性的或柔性程度较低的、用可编程序控制器 PC 或 CNC 控制,可适应多品种、中大批量生产的一种柔性生产系统。由多台柔性加工设备及一套自动工件传送装置和控制管理计算机组成。

(3) 柔性制造系统(FMS,Flexible Manufacturing System)。FMS 是以 NC(Numerical Control)/MC 为主体的生产设备与运输路线可以改变的自动化运输装置的有机结合,是将一组数控设备连接到一个公共计算机存储器的系统,该存储器能根据需要在线地分配数控指令给数控设备的控制器,是由计算机直接数控(DNC,Direct Numerical Control)与具有内装式专用小型计算机的数控系统计算机数字控制(CNC,Computer Numerical Control)、CNC 与 CNC 或单一的 CNC 等多种不同形式的分级控制系统而形成的一个由物质流(工件和刀具)与信息流结合的完整的柔性自动生产线。

(4) 柔性制造工厂(FMF,Flexible Manufacturing Factory)。FMF 是将多条 FMS 连接起来,配以自动化立体仓库,用计算机系统进行连接,采用从订货、设计、加工、装配、检验、运送至发货的完整的 FMS。它也包括 CAD/CAM,并使得计算机集成制造系统(CIMS)投入实际使用,实现生产系统柔性化和自动化,进而实现全厂范围的生产管理、产品加工及物料储运过程的全盘自动化。FMF 是自动化生产的最高水平,反映出世界上最先进的自动化应用技术。它将制造、产品开发及经营管理的自动化连成一个整体,以信息流控制物质流的智能制造系统(IMS)为代表,其特点是实现工厂柔性化及自动化。

3.1.3 柔性制造系统的工作原理

FMS 工作过程可以这样来描述:柔性制造系统接到上一级控制系统的有关生产计划信息和技术信息后,由其信息系统进行数据信息的处理、分配,并按照所给的程序对物流系统进行控制,其模型和原理框图如图 3-2 所示。

物料库和夹具库根据生产的品种及调度计划信息提供相应品种的毛坯,选出加工所需要的夹具。毛坯的随行夹具由输送系统送出。工业机器人或自动装卸机按照系统的指令和工件、夹具的编码信息,自动识别和选择所装卸的工件及夹具,并将其安装到相应机床上。

机床的加工程序识别装置根据送来的工件及加工程序编码,选择加工所需的加工程序,并进行检验。全部加工完毕后,由装卸及运输系统送入成品库,同时把加工质量、数量等信息送到监视和记录装置,随行夹具被送回到夹具库。

当需要改变加工产品时,只要改变传输给信息系统的生产计划信息、技术信息和加工程序,整个系统即能迅速、自动地按照新要求来完成新产品的加工。

中央计算机控制着系统中物料的循环,执行进度安排、调度和传送协调等功能,它不断收集每个工位上的统计数据和其他制造信息,以便作出系统的控制决策。FMS 是在加工自动化的基础上实现物流和信息流的自动化,其"柔性"是指生产组织形式和自动化制造设备对加工任务的适应性,其工作流程如下。

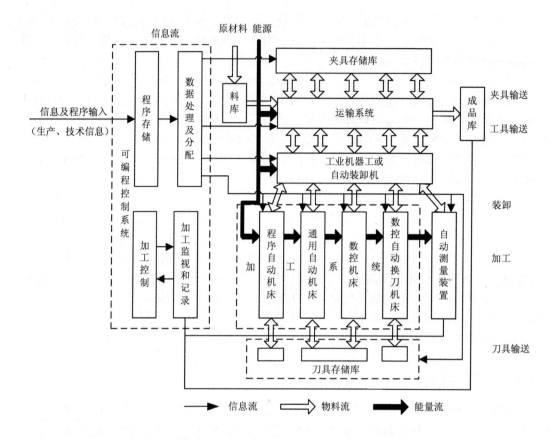

图 3-2 柔性制造系统模型及原理框图

（1）料库和夹具库根据生产的品种及调度计划信息供给相应品种的毛坯，选出加工所需要的夹具。

（2）毛坯的随行夹具由输送系统送出。

（3）工业机器人或自动装卸机按照信息系统的指令和工件及夹具的编码信息，自动识别和选择所装卸的工件和夹具，并使之装到相应的机床上。

（4）机床的加工程序识别装置根据送来的工件及加工程序编码，选择加工所需要的加工程序、刀具及切削参数，对工件进行加工。

（5）加工完毕，能按照信息系统输给的控制信息转换工序，并进行检验。

（6）全部加工完毕后，由装卸及运输系统送入成品库，同时把加工质量和数量的信息送到监视和记录装置，随行夹具被送回夹具库。

（7）当需要变更产品零件时，只要改变输给信息系统的生产计划信息、技术信息和加工程序，整个系统即能迅速、自动地按照新的要求来完成新产品的加工。

3.1.4 柔性制造系统的组成

柔性制造系统可概括为由以下 3 个基本的部分组成：多工位的数控加工系统，自动化的物料储运系统和计算机控制的信息系统，其构成框图如图 3-3 所示。

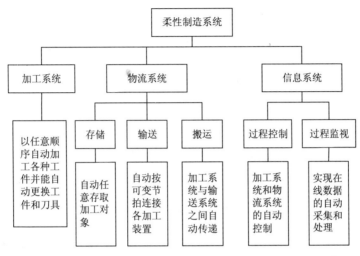

图 3-3　柔性制造系统的构成框图

1. 加工系统

加工系统的功能是以任意顺序自动加工各种工件，并能自动地更换工件和刀具。把原材料转变为最后产品的设备就是加工设备，如机床、冲孔设备、装配站、锻造设备等，它与托盘等一些部件构成了 FMS 的加工系统。加工系统中所需设备的类型、数量、尺寸等均由被加工零件的类型、尺寸范围和批量大小来决定。由于柔性制造系统加工的产品零件多种多样，且其自动化水平相差甚大，因此构成柔性制造系统的机床也是多种的：既可以是单一机床类型的，即仅由数控机床、车削加工中心（TC）或适合系统的单一类型机床构成的 FMS，这称之为基本型的系统；也可以是以数控机床、数控加工中心 MC（图 3-4 为一台典型的数控加工中心）为结构要素的 FMS；还可以用普通数控机床、数控加工中心及其他专用设备构成的多类型 FMS。

当然，柔性制造系统对集成于其中的加工设备是有一定要求的，不是任何加工设备都能纳入柔性制造系统中，它对加工机床的具体要求如下。

（1）加工工序集中

由于柔性制造系统是适应小批量、多品种加工的高度自动化制造系统，造价昂贵，这就要求加工工位的数目尽可能少，而且接近满负荷工作。根据统计，80%的现有柔性制造系统的加工工位不超过 10 个。此外，加工工位较少，还可以减轻工件流的输送负荷，所以同一机床加工工位上的加工工序集中就成为柔性制造系统中机床的主要特征。

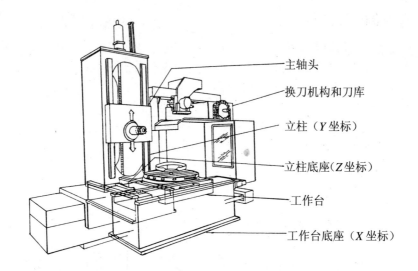

图 3-4 数控加工中心示意图

（2）控制方便

柔性制造系统所采用的机床必须适合纳入整个制造系统，因此，机床的控制系统不仅要能够实现自动加工循环，还要能够适应加工对象的改变，易于重新调整，也就是说要具有"柔性"。近年来发展起来的计算机数字控制系统（CNC）和可编程逻辑控制器（PLC），在柔性制造系统的机床和输送装置的控制中获得日益广泛的应用。

（3）兼顾柔性和生产率

柔性制造系统为了适应多品种工件加工的需要，就不能像大批量生产那样采用为某一特定工序设计的专用机床，但同时也不能像单件生产那样采用普通万能机床，它们虽然具有较大的柔性，但生产效率不高，不符合工序集中的原则。

兼顾考虑生产率和柔性的要求，并综合考虑系统的工作可靠性和机床的负荷等，可以采用两种加工机床的配置方案："互替"机床和"互补"机床。

"互替"机床指纳入系统的机床是相互可以代替的。例如，由加工中心组成的柔性制造系统，在加工中心可以完成多种工序的加工，有时一台加工中心就能完成工件的全部工序，工件可随时输送到系统中任何恰好空闲的加工工位。因此系统具有较大的和较宽的工艺范围，而且可以达到较高的时间利用率。从系统的输入和输出的角度来看，它是并联工作的，因而增加了系统的可靠性，当某台机床发生故障时，系统仍然能正常工作。

"互补"机床指纳入系统的机床是相互补充的，各自完成某些特定的工序，各机床之间不能相互取代，工件在一定程度上必须按顺序经过加工工位。它的特点是生产效率较高，机床的利用率也较高，但工艺范围较窄，柔性较低。从系统的输入和输出角度看，"互补"机床是串联环节，它减弱了系统的可靠性，即当其中的一台机床发生故障时，系统就不能再正常工作。

综合利用"互替"和"互补"机床的优缺点，现在的柔性制造系统往往都是两种类型机床的混合使用。

2. 物流系统

物流系统即物料储运系统，是柔性制造系统中的一个重要的组成部分。一个工件从毛坯到成品的整个生产过程中，只有相当少的一部分时间在机床上进行切削加工，而大部分时间是消耗在物料的储运过程中，因此合理地选择 FMS 的物料储运系统，可以大大减少物料的运送时间，提高整个制造系统的柔性和效率。

FMS 中的物流系统和传统的自动线或流水线有很大的差别，它的工件输送系统是不按固定节拍强迫运送工件的，而且也没有固定的顺序，甚至是几种工件混杂在一起输送的，也就是说，整个工件输送系统的工作状态是可以进行随时调度的，而且均设置有储料库以调节各工位上加工时间的差异。

物流系统主要有两种不同的任务：一是将工件毛坯、原材料、工具和配套件等从外界搬进系统，以及将加工好的成品及换下的工具从系统中搬走；二是对工件、工具和配套件等在系统的搬运和存储。一般情况下，前者是需要人工干预完成的，而后者可以在计算机的统一管理和控制下自动完成。为此，FMS 物流子系统又包括物料的输送与控制子系统、物料的自动存储和检索子系统及刀具流支持系统。

（1）物料的输送与控制子系统

物料的输送与控制子系统由工件装卸站、搬运机构、工件清洗站和托盘缓存站组成。

① 工件装卸站。在 FMS 中，工件装卸站就是工件进出系统的地方。在这里，装卸工作通常采用人工操作完成。FMS 如果采用托盘装夹运送工件，则工件装卸站必须有可与小车等托盘运送系统交换托盘的工位。工件装卸站的工位上安装有传感器，与 FMS 的控制管理系统连接，指示工位上是否有托盘。工件装卸站设有工件装卸站终端，也与 FMS 的控制管理系统连接，用于装卸工人在装卸结束后的信息输入，以及要求装卸工人的装卸指令输出。

② 托盘缓存站。在 FMS 中，还必须设置各种形式的缓冲储区来保证系统的柔性。因此在生产线中会出现偶然的故障，如刀具折断或机床故障。为了不至于阻塞工件向其他工位的输送，输送线路中可设置若干侧回路或多个交叉点的并行物料库以暂时存放故障工位上的工件。因此，在 FMS 中，建立适当的托盘缓冲站是非常必要的。托盘缓冲站是系统中等待下一工序系统加工服务的地方，托盘缓冲站必须有可与小车等托盘运送系统交换托盘的工位，为了节省地方，可采用高架托盘缓冲站。在托盘缓冲站的每个工位上一般需安装有传感器，直接与 FMS 的控制管理系统连接。

③ 工件清洗站。工件清洗站的主要任务是完成加工零件的自动清洗，为工件精加工和自动检测作准备。工件清洗站可采用翻转式自动门结构，并使用具有远程控制通信功能

的 PLC 控制。

④ 搬运机构。在 FMS 中，自动化物流系统执行搬运的机构目前比较实用的主要有 4 种：有轨输送系统（RGV），无轨输送系统（AGV），输送带输送系统，机器人传送系统。

- 有轨输送系统（RGV）。有轨输送系统主要是指有轨运输车（RGV，Rail Guided Vehicle），用于直线往返输送物料。一种是在铁轨上行走、有车辆上的电动机牵引；另一种是链索牵引小车，它是在小车的底盘前后各装一个导向销，在地面上布设一组固定路线的沟槽，导向销嵌入沟槽内，保证小车行进时沿着沟槽移动。这种有轨输送小车只能朝一个方向移动，所以适合简单的环形运输方式。
- 无轨输送系统（AGV）。无轨输送系统即无轨运输自动导向小车（AGV，Automatic Guided Vehicle）。图 3-5 所示为工作台可倾斜的无轨输送车（AGV）。AGV 系统是目前自动化物流系统中具有较大优势和潜力的搬运设备，是高技术密集型产品。三十多年前，当 AGV 刚问世时，人们称之为无人驾驶小车。近年来，随着电子技术的进步，AGV 系统具有了更大的柔性和功能，已真正被各种类型的用户接受，成为现代自动化物流系统中的主要搬运设备之一。

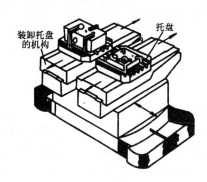

图 3-5 工作台可倾斜的无轨输送车（AGV）

- 输送带输送系统。输送带的传动装置带动工件（或随行夹具）向前，在将要达到要求位置时，减速慢行使得工件准确达到要求的位置。工件（或随行夹具）定位、夹紧完毕后，传动装置使得输送带快速复位。传动装置有机械的、液压的和气动的。输送行程较短时一般多采用机械的传动装置，行程较长时常采用液压的传动装置。由于气动的传动装置的运动速度不易控制，传动输送不够平稳，因而很少应用。输送带的传送有两种基本类型：链式传送和辊式传送。链式传送机最大载荷为 300～1000 kg，最大搬运速度为 10 m/min，链式传送机可在地面下设置，通过传动销牵引地面行走小车移动；辊式传送机靠摩擦力传送工件。图 3-6 所示为一种典型的链式传动机和辊式传送机，但其传送带是从古典的机械式自动线发展而来的，目前新设计的系统用得越来越少。

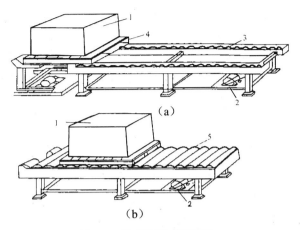

图 3-6 链式和辊式传送机

（a）链式传送机；（b）辊式传送机

1—工件　2—驱动电机　3—链　4—托板　5—辊轮

- 机器人传送系统。工业机器人是一种可以搬运物料、零件、工具或完成多种操作功能的专用机械设备；由计算机控制，是无人参与的自主自动化控制系统；是可编程、具有柔性的自动化系统，可以进行人机联系。图3-7所示为典型的工业机器人，它由机器人本体、控制系统和电气液压动力装置三部分组成。工业机器人是柔性制造系统的主要组成部分，主要用于物料、工件的装卸和储运。可用它来将工件从一个输送装置送到另一个输送装置，或将加工完的工件从一台机床再安装到另一台加工机床上去。

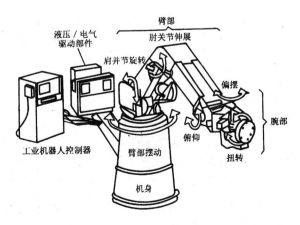

图 3-7 工业机器人

（2）自动存储与检索子系统

自动化存储与检索系统与机器人、AGV 和传送带等其他输送设备连接，以提高 FMS 的生产能力。对于大多数工件而言，可将自动化存储与检索子系统视为库房工具，用以跟踪记录材料和工件、刀具和夹具等的存储，并在必要时能随时对它们进行检索。图 3-8 所示为典型的自动化立体仓库示意图。

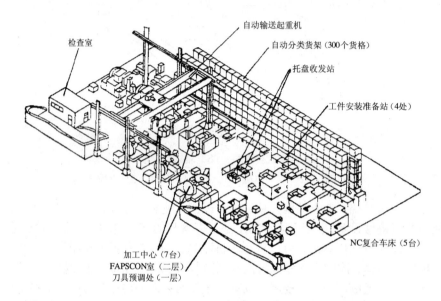

图 3-8 自动立体仓库示意图

库房由一些货架组成，货架之间留有巷道，根据需要可以有一到若干条巷道。一般情况下，入库和出库都布置在巷道的某一端，有时也可以设计成巷道的两端入库和出库。每个巷道都有自己专门的堆垛起重机。堆垛机（如图 3-9 所示）可采用有轨和无轨方式，其控制原理与运输小车相似，只是起重机比较高。巷道的长度一般有几十米。货架通常由一些尺寸一致的货格组成。进入高仓位货格存放的工件或货箱的重量一般不超过 1 t，其尺寸大小不超过 1 m^2，过大的重型工件因搬运提升困难，一般不存储入自动化仓库中。

（3）刀具流支持系统

FMS 的功能：实现 FMS 系统内刀具循环的优化管理——可以实现刀具预调，将机载刀库与中央刀库进行批交换，可以监测系统中每一把刀具的参数、磨损情况、寿命和空间位置，还可以预报下一阶段刀具的信息等。

FMS 的刀具流支持系统主要由中央刀具库、刀具室、刀具装卸站、刀具交换装置及刀具管理系统几个部分组成，如图 3-10 所示。

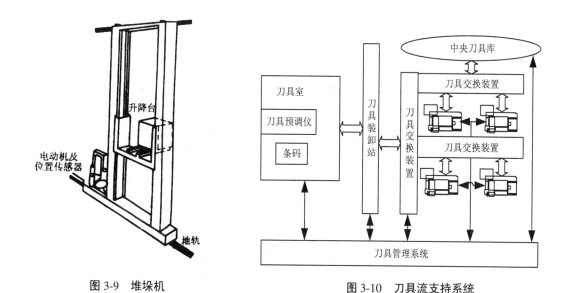

图 3-9 堆垛机　　　　　　图 3-10 刀具流支持系统

① 中央刀具库。它是刀具系统的暂存区，集中储存了 FMS 的各种刀具，并按照一定位置放置。中央刀具库通过换刀机器人或刀具传输小车为若干加工单元进行换刀服务，不同的加工单元可以共享中央刀具库的资源，提高系统的柔性程度。

② 刀具室。是进行刀具预调及刀具装卸的区域，刀具进入 FMS 之前，应先在刀具预调仪（也称对刀仪）上测出其主要参数，安装刀套，打印钢号或贴条形码标签，并进行刀具登记。然后将刀具挂到刀具装卸站的适当位置，通过刀具装卸站进入 FMS。

③ 刀具装卸站。负责将刀具进入或退出 FMS，或 FMS 内部刀具的调度，其结构多为框架式，装卸站的主要指标有刀具容量、可挂刀具的最大长度、可挂刀具的最大直径、可挂刀具的最大重量。为了保证机器人可靠地取刀和送刀，还应对刀具在装卸站上的定位精度进行一定的技术要求。

④ 刀具交换装置。一般是指换刀机器人或刀具输送小车，它们完成刀具装卸站与中央刀具库或中央刀具库与加工机床之间的刀具交换。刀具交换装置按运行轨道不同，可分为有轨和无轨的。实际系统中多采用有轨装置，因为它不仅价格较低、而且安全可靠。无轨装置一般要配有视觉系统，其灵活性大，但技术难度、造价也相应提高，安全性则相应降低。

⑤ 刀具管理系统。刀具管理系统主要包括刀具存储、运输和交换、刀具状态监控、刀具信息处理等。现在的刀具管理系统的软件系统一般由刀具数据库和刀具专家系统组成。

3. 信息流系统

要保证 FMS 的各种设备装置与物流系统能自动协调工作，并具备充分的柔性，能迅速响应系统内外部的变化，及时调整系统的运行状态，关键是要准确地规划信息流，使各个子系统之间的信息有效、合理地流动，从而保证系统的计划、管理、控制和监视功能有条不紊地进行。图 3-11 所示为柔性制造自动化信息模型。

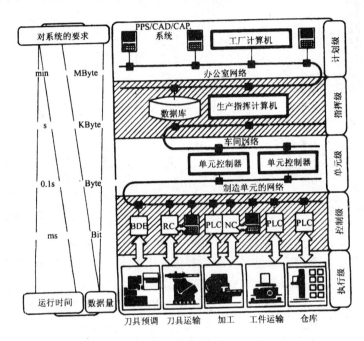

图 3-11 柔性制造自动化信息模型

（1）计划层。工厂一级，包括产品设计、工艺设计、生产计划、库存管理等。

（2）管理层。车间或系统管理级，包括作业计划、工具管理、在制品及毛坯管理、工艺系统分析等。

（3）单元层。系统控制级，各分布式数控、运输系统与加工系统的协调、工况和机床数据采集等。

（4）设备控制层。设备控制层级，机床数控、机器人控制、运输和仓储控制等。

（5）动作执行层。通过伺服系统执行控制指令而产生机械运动，或通过传感器采集数据和监视工况等。

就规划时间范围和数据量而言，从上到下的需求是逐级减少的；但就数据传送的速度而言，它们从上到下却是逐级增加的。

FMS 系统中主要有 3 种不同类型的数据，它们是基本数据、控制数据和状态数据。

（1）基本数据。是在柔性制造系统开始运行的时候建立，并在运行时逐渐补充的，它包括系统配置数据和物料基本数据，系统配置数据有机床编号、类型、存储工位号、数量等。物料基本数据包括刀具几何尺寸、类型、耐用度、托盘的基本规格、相匹配的夹具类型、尺寸等。

（2）控制数据。即有关加工工件的数据，包括工艺规程、数控程序、刀具清单、技术控制数据、加工任务单。加工任务单指明加工任务类型、批量及完成期限。

（3）状态数据。描述了资源利用的工况，它包括机床加工中心、清洗机、测量机、装卸系统和输送系统等装置的运行时间、停机时间及故障原因等的设备状态数据，表明随行夹具、刀具的寿命、破损、断裂情况及地址识别的物料状态数据和工件实际加工进度、实际加工工位、加工时间、存放时间、输送时间以及成品数、废品率的工件统计数据。

4. 运行控制子系统

运行控制系统是柔性制造系统的大脑，负责控制整个系统协调、优化、高效地运行。在大多数 FMS 中，进入系统的毛坯在装卸站装夹到夹具托盘上，然后物料传送系统（MHS）把毛坯连同夹具和托盘一起，送往将要对工件进行加工的机床旁排队等候。工件在系统中的流动由计算机控制。如果系统设计正确，待加工零件总是排队等候在机床旁，只要机床一空闲，零件就立即被送上去加工。图 3-12 为柔性制造系统所要求的控制功能范围。

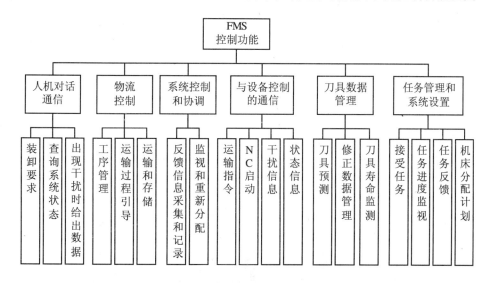

图 3-12 柔性制造系统所要求的控制功能范围

5. 检测监控子系统

FMS 是自动化的机械制造系统，对系统的稳定性与可靠性都有很高的要求。同时，FMS 的加工是一个动态的过程，为了保证加工过程的连续进行，必须对加工过程进行实时的监控。

通过对 FMS 运行状态有关的信息（如机床的运行情况、机器人的工作状态、小车的位置、托盘的空闲状态、零件的加工精度以及影响系统正常运行的其他情况）处理后传送给监控计算机，对异常情况作出相应的处理，从而保证系统的正常运行。

FMS 运行监控软件包括 4 个部分：数据采集软件、分析处理诊断软件、图形监控软件、服务管理软件。图 3-13 为检测监控软件的组成，图 3-14 为检测监控软件的结构图。

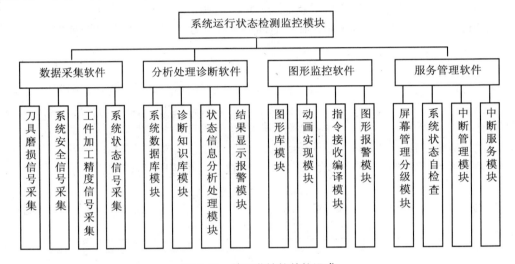

图 3-13　检测监控软件的组成

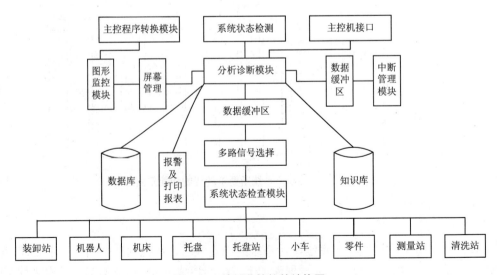

图 3-14　检测监控软件结构图

FMS 加工过程的实时监控主要包括以下这些方面的内容。

（1）运行状态监控。主要包括运行时控制系统自检、系统通信功能及状态检测、设备状态检测、循环时间检测、作业状态检测。

（2）加工设备的状态检测。主要包括通过闭路电视系统观察运行状态正常与否、主轴切削扭矩检测、主轴温升检测、切削液状态检测、排屑状态检测、机床振动与噪音检测。

（3）工件加工质量检测。主要包括利用机床所带的测量系统对工件进行在线主动检测，采用测量设备如三坐标测量机或其他检测装置在系统内进行测量。

（4）物流检测监控。主要包括工件进出站的闲、忙状态检测，工件、夹具在工件进出站的自动识别，工件（含夹具、托盘）在工件进出站、托盘缓冲站、机床托盘自动交换装置与自动小车之间的引入/引出检测，物料在自动立体仓库上的存取检测，货位状态检测，自动引导小车载荷状态检测，自动引导小车障碍物与冲突检测，刀具参数的阅读与识别，刀具进出站刀位状态（闲、忙、进、出）检测，换刀机器人运行状态与运行路径检测，换刀机器人对刀具的抓取、存放检测、刀具寿命检测、预报，刀具磨损检测。

（5）环境参数与安全监控。主要包括电网电压、电流值监测，空气的湿度、温度监测，供水、供气压力监测，火灾监测，人员进出检测，环境监测，其他监测。

3.1.5　FMS 的生产作业计划

车间下达给单元的周生产计划是零件级的作业计划，即一周内要完成加工的零件种类和数量，编制车间的作业计划时，首先要考虑的问题是保证零件的交货期。而 FMS 的日或班作业计划是工序级作业，即不仅要决定每日或班要完成的零件种类和数量，而且要决定零件进入系统的先后顺序，每个零件的加工路径以及所需的设备及其他资源。制订单元的作业计划时，着重要考虑的问题是在保证交换期的前提下，如何优化使用系统内资源。

制订单元每日或双日作业计划时首先要把周作业计划的生产任务分批，应使得每批的零件搭配均衡，也就是要均匀、有效地使用 FMS 内的各种资源，零件必须分批的主要原因是单元加工资源的限制，如有限数量的托盘和夹具、加工中心的刀具库容量等。例如生产某些零件所需的刀具比在机床上能装的还多，零件就必须分成几批，在各批之间进行刀具更换。此外，由于零件的交换日期参差不齐，只能将零件分批，由此将产生分几批，每批应包含哪些零件的问题，满足分批要求的主要标准是：加工全部零件所用的总时间最少。这个标准可以转换为下述两个条件。

（1）加工全部零件所需的批量数最少（变换批次耗用时间最少）。

（2）全部机床的平均利用率最高（加工一个批量所需的时间最短）。

在零件分批以后，还要考虑的问题就是在完成每批的生产任务中，应当优化利用系统内的各项资源，即平衡工作负荷。从经济角度而言就是不能让昂贵的机床空闲，必须将工件负荷均衡，使得各个机床都能大体上同时完成这些零件的加工任务，并能立即开始加工新的一批零件。影响给机床分配零件和刀具的典型制约因素有：刀具库容量、刀具成本、夹具的限制、工序中在制品数量、系统的工作负荷、机床的故障数。

均衡过程中应处理的两个主要问题如下。

（1）使分配给不同机床的工作量所需的加工时间差别最小。

（2）使每批所有的加工任务确已分配到系统中的各台机床上，也就是如何解决将零件的工序分配到不同设备的问题。

上述分批与均衡是很复杂的问题，人工处理将既困难又费时，但如果采用决策辅助软件就可以高效地完成这一任务。

总结应用到工厂的实际经验，单元的每日作业计划可以按以下步骤制定。

（1）根据车间下达的周生产计划和 CAPP 工艺文件，将零件分批并生成工序计划。

（2）根据工序计划和单元内设备状态信息，按照负荷均衡原则把各项作业任务分配到各加工工作站（设备），因此也确定了零件的加工路径。

（3）对各加工工作站（设备）的作业进行排序，得到零件引入系统的顺序并计算每台设备上各工序的开工和完工时间。

（4）根据车间日历以及各工序开工、完工时间生成每日作业计划。

（5）生成资源需求计划。

3.1.6　FMS 的调度

FMS 调度主要有两个方面的内容，即被加工工件的动态排序和对系统资源生产活动的实时动态调度。

在 FMS 中，众多的作业形成两种序列：从纵向来看，一个零件的制造过程是由一系列作业来完成的，每个零件对应于一个作业序列；从横向来看，一个设备有多个作业在等待，按照作业的优先级形成序列，每个设备对应一个作业序列。由于制造系统随时都会产生一些不可预见的扰动，如机床发生故障、紧急加工工件的插入等，这些扰动都可能会打乱原先单元作业计划（静态调度）所作出的零件排序和负荷平衡（即加工路径选择）的安排，这时就要根据系统的实际状态作出适当的调整，改变零件的加工顺序和工艺路径。同时在一台加工设备有多个零件排队等待加工情况下，调度系统也要根据系统的状态和预定的优化目标确定这些零件加工的先后顺序。加工工件的动态排序就是根据系统的当前状态，实时动态地调度安排零件在系统内的流动过程。

前面所述的单元作业计划中所做的零件分批（组）、负荷分配和零件引入系统的排序以及上面所述的零件动态排序都是针对工件在系统中的流动而做的，其目的在于合理调度安排被加工工件在系统中的流动。但是零件在系统内的流动和加工必须依靠系统资源的活动来实现。这些系统资源包括机床、物料输送装置、缓冲存储站、刀具、夹具、机器人以及操作人员等。它们的活动都要服从控制系统的调度安排才能和谐、高效地完成加工任务。

虽然在单元作业计划中对系统内的资源作了分配，但是这种分配并不意味着一定可以得到这些设备资源。在加工过程中系统状态千变万化，有许多情况是预先无法预测的，因此要在加工过程中对系统资源进行实时动态调度。

1. 调度决策

FMS 的调度是使系统在实时状态下能高效地运行，因此单元控制器必须在系统运行过程中随时作出各种决策，FMS 在各个时间点上可能需要作出的重要决策有如下几种。

（1）工件进入系统的决策。根据系统已完成的工件及作业计划，决策向系统输入哪类工件，可用的决策包括工件优先级、工件混合比、工件交货期、各托盘适应哪一种工件、先来先服务等。

（2）工件选择加工设备的决策。零件进入系统后，决策在能够完成工序的各台加工设备中选择哪一台更合适的加工设备，它可以确定加工设备的负荷工件的加工计划。决策策略有确定性设备、最短加工时间、最短队长、最早开始时间、加工设备优先级等。

（3）加工设备选择工件的决策。根据系统的加工负荷分配，决定某时刻加工设备应该从其队列中选择哪个工件，它可以决定各工件在加工设备上的加工顺序。决策规则包括先到先加工、后到后加工、最短加工时间、最长加工时间、宽裕时间最短、宽裕时间最长、剩余工序最少、剩余工序最多、最早交货期、最短剩余加工时间、最长剩余加工时间、最高优化级等。

（4）小车运输方式的决策。根据申请小车服务的对象的优先级或小车与服务对象的距离等因素，决定在所申请小车服务信号中响应哪个信号。决策规则包括先申请先响应、就近响应、最高优先级、加工设备空闲者等。

（5）工件选择缓冲站的决策。根据工件下一个加工设备与缓冲站的位置以及缓冲站的空闲情况，决定工件（装夹在托盘上）选择哪一个缓冲站。决策规则包括固定存放位置规则、就近存放、先空的位置先存放等。

（6）选择运输小车的决策。根据小车的空闲情况和其当前位置，决定在多辆小车的条件下，选择哪一辆小车。决策规则包括固定小车运输范围的规则、最早空闲的小车、最低利用率、最短达到时间、最高优先级等。

（7）加工设备选择刀具的决策　根据刀具的使用情况和刀具的当前位置等，决定在能够完成工序加工的刀具中选择哪一把刀具。决策规则包括刀具的利用率最低、刀具的距离最近、刀具的使用寿命最长等。

（8）刀具选择加工设备的决策。根据机床加工零件的情况和机床本身情况，决定有几台机床争用同一把刀具时，刀具去哪一台机床。决策规则包括最早申请刀具的加工设备优先、加工设备利用率最低、加工设备上零件加工时间最短、加工时间最长、剩余工序最少、剩余工序最多、剩余加工时间最短、剩余加工时间最长、优先级最高、工件交货期最早等。

（9）刀具选择中央刀库中刀位的决策。根据刀具从当前位置到中央刀库的距离或该刀具下一步应在哪台机床上使用,决定从刀具进出站或加工设备上运送到中央刀库的刀具,存放在刀库哪一刀位。决策规则包括固定位置规则、随机存放、就近存放等。

(10) 刀具机器人运刀的决策。根据申请服务对象的情况,决定在所有申请刀具机器人服务信号中响应哪个信号。决策规则包括先申请先响应、最高优先级、加工设备利用率最高、加工设备利用率最低、最早交货期、就近响应等。

2. 调度规则

由于动态调度实时性的要求,通常难以用运筹学或其他决策方法在满足生产实时性要求的情况下求得问题的最优解,因而在动态调度中,人们广泛研究和采用从具体生产管理实践中抽象提炼出来的若干经验方法和规则进行调度,即解决前面提出的需要决策的问题。常见的调度规则如下。

(1) 处理时间最短(SPT,Shortest Processing Time)。该规则使得服务台在申请服务的顾客队列中选择处理时间最短的顾客进行服务,例如,加工设备选择工件时,首先选择所需加工时间最少的工件进行加工,小车/机器人在响应服务申请时,首先响应运行时间最短的服务申请等。

(2) 处理时间最长(LPT,Longest Processing Time)。该规则使得服务台在申请服务的顾客队列中选择处理时间最长的顾客进行服务,例如,加工设备选择工件时,首先选择所需加工时间最长的工件进行加工,小车/机器人在响应服务申请时,首先响应运行时间最长的服务申请等。

(3) 剩余工序加工时间最短/长(SR/LR,Shortest/Longest Remaining Processing Time)。该规则使得服务台在申请服务的顾客队列中选择剩余工序加工时间最短/长的顾客进行服务,如加工设备首先选择剩余工序加工时间最短/长的工件进行处理。

(4) 下道工序加工时间最长(LSOPN,Longest Subsequent Operation)。该规则选择下一道工序加工时间最长的工件首先接受服务,其目的是使该工件尽早完成当前工序,以便留有充足的时间给下一道工序加工。

(5) 交付期最早(EDD,Earliest Due Date)。该规则确定交付日期最早的工件最先接受服务以期该工件尽早完成整个生产过程。

(6) 剩余工序数最少/多(FOPNR/MOPNR,Fewest/Most Operation Remaining)。该规则选择剩余工序数最多/少的工件首先接受服务,以便该工件有足够的时间完成这些剩余工序的加工,从而尽量避免工件完成期的延误。

(7) 先进先出(FIFO,First In First Out)。该规则规定先达到队列的顾客先接受服务,例如,先到达加工设备队列的工件先接受加工,先申请小车/机器人服务的设备(或工件/刀具)先接受服务等。

(8) 松弛量最小(SLACK,Least amount of Stack)。该规则选择松弛量最小的工件首先接受服务,工件松弛量=交付期-当前时刻-剩余加工时间。显然,若工件的松弛量为负,则肯定该工件已不能按期交货。

(9) 随机选择。该规则在服务中随机选择某一顾客。

(10) 单位剩余工序数的松弛时间最小(SLOPN, Least Ratio of Slack to Operation)。该规则选择每单位剩余工序数的松弛时间最小的工件首先接受服务。单位剩余工序数的松弛时间＝松弛时间÷剩余工序数。显然, SLOPN 的比率越低,则工件需要完成剩余工序加工的紧迫感越强。

(11) 下道工序服务队列最短。该规则优先选择这样的工件,完成该工件下道工序的设备的请求服务的队列最短。

(12) 下道工序服务台工作量最少。该规则优先选择这样的工件,完成该工件下道工序的设备的工作量最小。

(13) 组合规则。该规则的目标是利用 SPT 规则,但优先加工那些具有负松弛量的工件。

(14) 优先权原则。该规则设定每个工件、设备或刀具的优先等级,优先响应优先权等级较高的申请对象。

(15) 确定性规则。该规则选择的对象是指定的,如工件按指定的顺序引入系统,工件送到指定加工设备、缓冲区中的托盘站,以及选择指定刀具等。

(16) 利用率最低。该规则首先选择队列中利用率最低的服务台进行服务,如利用率最低的加工设备优先选择工件进行加工,利用率最低的刀具首先被选用等。

(17) 启发式(Look Ahead)规则。上述规则的一个共同点都是在作业决策时,均是从当前队列里选择作业。Look Ahead 规则则研究当上述提出的简单规则选择作业时,所选作业在处理过程中对另一作业的影响,可能受影响的作业是在处理所选作业过程中到达队列等待接受服务的。

3.1.7 柔性制造的发展趋势

随着高新技术的发展, FMS 已渗透、扩散到制造业的各个领域,并对生产方式产生深远的影响。当今世界动态多变的市场要求计算机集成技术(CIM)具有高度柔性。制造系统的柔性是衡量制造系统对变化中市场、技术以及生产条件适应性的重要尺度。显然,制造业的柔性是企业竞争力的一个主要动力。制造柔性是由企业的长期战略考虑而产生的一种生产与经营决策,故制造柔性便不仅是一个技术问题,而且也涉及到企业自身的具体情况和条件。就发展中国家的企业而言,以首先提高人力资源和企业结构资源的柔性为最佳。目前已为日趋增多的人认识到：高效企业的一个显著特征是,在设计和开发适用软件时,将人的因素充分考虑进去,以驱动现在的 CIM 系统。完全无人参与的自动化是不实际的,经济上也不合算的。人的创造性、判断力以及理解力都是任何一种机器所无法完全取代的。

早期的 FMS 自动化旨在降低生产成本及缩短加工周期,着眼于自动化的"量优化",

并未考虑到"质优化"（主要指"柔性"）。目前，以 CIM 为代表的新一代制造业自动化不仅考虑到"量优化"，而且更加重视"质优化"。

（1）向规模小的 FMC 发展。这是因为 FMC 的投资比 FMS 少得多，而经济效益相接近，更适用于财力有限的中小型企业。目前国外众多厂家将 FMC 列为发展的重点之一。

（2）发展效率更高的 FML。多品种、大批量的生产企业如汽车等工厂对 FML 的需求引起了 FMS 制造厂家的极大关注。采用价格低廉的专用数控机床代替通用的加工中心将是 FML 的发展趋势。

（3）朝多功能方向发展。由单纯加工型 FMS 进一步开发以焊接、装配、检验以及钣材加工乃至锻、铸等制造工序兼具的多种功能的 FMS。

（4）站在 CIMS 的高度考虑 FMS 规划设计。现在无论从理论上还是实践中都可以清楚意识到 FMS 是 CIMS 的重要组成部分，FMS 必须集成到 CIMS 大家庭，只有从整个工厂优化的角度来考虑 FMS 才能获得预期的效果。

（5）FMS 实施越来越重视组织管理和人的因素。德国 Fraunhofer 制造工程和自动化研究所强调"今天对人的投资决定明天的回报"。他们认为除了现代化的硬、软件外，人在自动化中的作用已经变得很重要，甚至比几年前任何人作出的评估还要重要。因为人的创造性、主观能动性是任何机器所无法取代的。因此要想成功实施 FMS 必须通过管理把技术、组织、人和策略集成在一起。

FMS 作为当今世界制造自动化技术发展的前沿科技，为机械制造工厂提供了一幅宏伟的蓝图，已成为机械制造的主要生产模式。

3.1.8 典型案例

1. 硬件布置

基本型 FMS 的硬件布置如图 3-15 所示。加工系统主要由 XH714 加工中心、HASS 数控车床组成；物流系统由自动导引小车即 1 辆 AGV 小车、3 个机器人、1 个装卸站、2 个缓冲站组成；计算机控制系统采用分布递阶的控制方式。

2. 系统组成

基本型 FMS 的系统由 FMS 控制系统、FMS 信息系统和底层设备系统 3 个子系统构成。整个 FMS 在网络与数据库的基础上，建成一个以计算机控制技术和通信技术为支持的、以两台数控加工设备为基础的生产单位、以集成化信息管理和控制系统为中枢的计算机控制自动化制造系统，这一系统通过计算机网络与数据库集成为一个整体，几乎概括了自动化生产车间的所有基本活动，如图 3-16 所示。

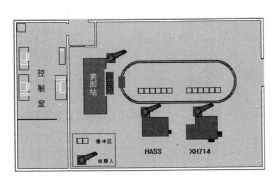
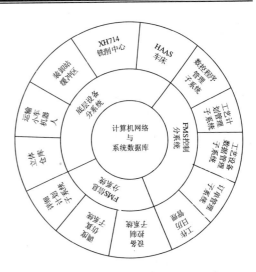

图 3-15 基本型 FMS 的硬件布置   图 3-16 基本型 FMS 的系统组成

3. FMS 控制分系统

FMS 控制分系统主要由工作日历管理、详细计划子系统、调度仿真及执行子系统和设备控制子系统组成。

（1）详细计划功能。根据上级管理系统下达至车间的订单，对生产任务和生产过程任务进行组织、分配和管理。所谓生产过程任务是指工件从被放到一台加工设备的工作台上（或夹紧站上）开始，到其加工完毕（或夹紧/松卸操作完毕），被送走之前的所有加工工序任务的总和，同时把在某一个时间区间内的生产任务，分解到基于生产系统中特定的加工设备的系统过程任务，并明确地安排系统中所有的系统过程任务的计划开始和结束时间、操作地点，相互间的顺序和优先关系，计算出各个系统过程任务的计划批量大小和工装需求，得到试行性日程-能力分配计划。

（2）调度仿真及执行。对试行性日程-能力分配计划根据系统当时的实际情况进行仿真。一旦仿真的结果可行，则此试行性计划便成为正式的日程-能力分配计划，同时调度执行生成控制各种硬件设备的动作链；如不可行，可重新进行调度和调整日程-能力分配计划。该模块应兼顾教学和生产的要求。

（3）设备控制功能。根据动作链，完成各种设备（机床、运输系统、机器人和各种终端、装卸站、缓冲区等）的上层协调控制。

4. FMS 信息分系统

FMS 信息分系统即工艺装备集成管理系统，包括订单管理子系统、数控程序管理子系统、工艺计划管理子系统、工艺装备数据管理子系统及工作日历的管理。

5. 底层设备分系统

底层设备分系统主要包括 1 台 HASS 车床、1 台 XH714 加工中心、运输小车、机器人、装卸站、缓冲区、立体仓库等必要的相关硬件设备的自动化改造，使它们能够接受上层控制系统的控制指令，组成一个协调工作的自动化制造系统。

3.2 并行工程

随着信息时代的到来，世界大大变小了，这一切极大地加速了世界市场的形成和发展；而世界市场的形成与发展又使得在世界范围内的市场竞争变得越来越激烈。竞争有利于推动社会的进步，使技术得到空前的发展；但同时，竞争也是残酷无情的，适者生存，给企业造成了严酷的生存环境。不论一个企业原来的基础如何，是处于先进、落后还是中间，都遵循着同一竞争尺度，即用户选择原则。随着竞争的激烈，竞争的焦点变为在最短的时间（Time）开发出高质量（Quality）、低成本（Cost）、环境污染最小（Environment）的产品，并提供良好的服务（Service），即所谓的企业核心竞争力 TQCSE。

传统的串行开发模式，致使设计的早期阶段不能很好地考虑生命周期的各种因素，不可避免地造成了较多的设计返工，在一定程度上影响了企业 TQCSE 目标的实现。对产品的开发成本−周期的统计分析表明，产品开发的早期阶段决定了产品开发成本的 83%以上，而这一阶段的费用则仅占产品开发费用的 7%以下。如何在产品早期阶段就考虑产品生命周期的各种因素，对企业获得最佳的 TQCSE 至关重要。

为改进由于"串行工程"带来的缺陷，1986 年，美国正式提出了"并行工程"概念。并行工程是运用新的知识，在计算机技术支持下，对产品设计及其相关过程（包括制造过程和支持过程）进行并行的、一体化的设计的系统化工作模式。这种工作模式力图使产品开发者从一开始就考虑到产品整个生命周期中的所有重要因素，诸如产品的质量、成本，以及产品的可制造性、可装配性、可靠性、可维护性。按照并行工程方法，在新产品的设计阶段及时进行仿真评价，包括产品设计及性能仿真、工艺设计及加工仿真、装配设计及装配仿真、检验设计及检验仿真等。这样将产生新产品的一个"软原型"，软原型经过评估再进入一个新的循环，对软原型进行改进。最后可以得到投放生产一次成功的最终设计。这种并行的思想保证了在产品开发过程的早期就能作出正确的决策，从而有效地减少设计的修改，缩短了产品的开发周期，降低了产品的总成本，因而受到了世界各国的高度重视，并被越来越多的企业和产品开发人员接受和采纳。

3.2.1 并行工程的概念

并行工程是对产品及其相关过程（包括制造和支持过程）进行并行、一体化设计的一种系统化的工作模式,这种模式力图使开发者从一开始就考虑到产品全生命周期中的所有因素,包括质量、成本、进度和用户需求。图 3-17 和图 3-18 所示为传统串行设计和并行设计的框图。

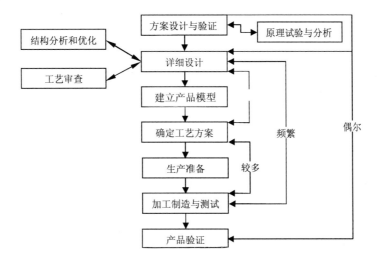

图 3-17　串行设计流程图

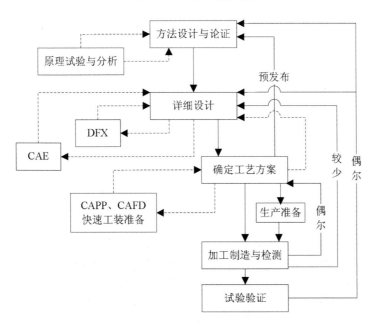

图 3-18　并行设计过程图

并行工程的主要目标是缩短产品开发周期,提高产品质量,降低产品成本,从而增强企业的核心竞争力。并行工程是对传统的串行产品开发模式的一次变革。它对传统的模式冲击主要表现在如下几个方面。

(1) 组织方面。组建多学科小组不但要克服来自传统的按功能划分部门的习惯及狭隘的局部利益等方面的阻力,还要使形成的多学科小组间便于合作,并在此组织结构下获得优化的过程模型,使得产品开发过程具有合理的信息传递关系及短的产品开发周期。

(2) 管理方面。并行工程通过结构重组,将以前不属于同一时间域的问题提前集中到设计阶段考虑,这使得在设计阶段面临了跨时域、跨功能、多目标及需要群决策等冲突。这些都要求新的合作关系及相应的管理方法和手段的支持。

(3) 技术方面。并行工程不仅包含、继承了许多传统的 CIMS 技术,而且还提出了一些新的并行工程技术,如各种并行工程使能工具(如各种 DFx 工具等)及各种集成技术等。进一步完善和发展这些技术是提高并行工程效益的根本保证。

3.2.2 并行工程的特点

采用并行工程技术进行产品开发具有以下一些特点。

(1) 在产品设计期间,并行地处理整个产品生命周期中的关系,体现了小组合作、信任及其共享的价值,因而消除了由串行过程引起的孤立、分散及其"抛过墙"综合症。

(2) 在产品开发过程中,开发人员被划分成许多小组,通过并行规划,这些小组将并行工作最大限度地集中起来作并行处理,因而缩短了产品开发周期,进而可使产品早日投放市场。

(3) 在设计一开始就考虑到影响产品质量的所有因素。可以在产品开发过程早期发现不同工程学科设计人员、功能、可制造性、可装配性及可维修性等因素之间的冲突关系,最大限度地避免设计错误,减少设计的更改和重复次数,提高质量,降低成本,使得产品开发过程接近一次成功的目标。

(4) 这种方法强调用户呼声,对用户更加负责。销售者与用户在产品设计阶段参与工作,对生产的有关要求在相当早的时期就已提出并明确下来。

大量的实践表明,并行工程能使企业取得明显的 TQCSE 效益以赢得市场竞争,典型的效益包括如下几点。

(1) 设计质量改进,使得生产中工程变更的次数减少一半以上。

(2) 产品设计及其有关过程的并行进行,使得产品开发周期缩短 40%~60%。

(3) 多专业小组一体化进行产品及其有关过程的设计,使得制造成本降低 30%~40%。

(4) 产品及其有关过程的优化,使得产品的报废及返工率下降 75%。

3.2.3 并行工程的 4 个关键要素

1. 产品开发队伍重构

并行工程首先必须将传统的部门制或专业组变成以产品为主线的多功能集成产品开发团队（IPT，Integrated Product Team）。IPT 包含 3 类人员：企业管理决策者、团队领导和团队成员。在并行工程的机构中，企业管理决策者的主要作用是提出指导路线、任务和目标，组织产品开发团队，指定团队领导并授权给他们，以及参与和支持他们的决策制定。而产品开发团队必须对他们所做的决策负责，并时刻把顾客的需求作为首先考虑的问题。团队成员的行为应该与整个团队保持一致。团队的数量和它们需要包括的学科由产品的复杂程度及其相应的过程所决定。IPT 的规模一般可以分成如下几个级别。

（1）任务级（Task）。小的单一学科的团队，运用不太复杂的过程来开发一个相当简单的产品。这种产品一般来说只有一个主要的部件，几乎没有顾客需求。一个集中的团队就能最好地完成任务。

（2）项目级（Program）。中等规模的团队，包含了一个或更多的学科，产品的开发过程由许多任务组成。虽然一个集中的团队也可能是成功的，但是一个分散的、多学科的团队可以改进产品，使之能更好地满足顾客的需求。

（3）工程级（Project）。大型的群组，包含了很多学科的成员，产品相当复杂，包含主要部件和许多采用不同工艺的零部件。每一种部件都可能需要一个独立的开发团队。一个分散的、多学科团队最适用于这种复杂的工程。

（4）企业级（Enterprise）。有一个非常庞大的人员机构，有多个工程团队，其中还可能包含外部的供应商。产品非常复杂，以至于只能以子系统的方式来描述和开发。

2. 产品开发过程重构

并行工程与传统产品开发方式的本质区别在于它把产品开发的各个活动视为一个集成的过程，从全局优化的角度出发对该集成过程进行管理和控制，并且对已有的产品开发过程进行不断的改进和提高，这种方法被称为产品开发过程重构（Product Development Process re-engineering）。并行工程产品开发的本质是过程重构。企业要实施并行工程，就要对企业现有的产品开发流程进行深入的分析，找到影响产品开发进展的根本原因，重新构造一个能为有关各方所接受的新模式。实现新的模式需要两个保证条件：一是组织上的保证；二是计算机工具和环境的支持。产品开发过程重构的基础是过程模型，并行工程过程模型是实施并行工程的重要基础。

在深入分析企业传统的串行产品开发流程中对 TQSCE 构成障碍的各种因素之后，企业决策者必须下决心对产品开发模式进行改革。它包含市场分析、确定产品开发信息流程和开发进程。过程重构按任务级、项目级、工程级和企业级分层次实施。随着团队规模的增大,过程重构的复杂程度成倍增长。过程重构应当考虑下列因素。

(1) 明确责任,划分产品开发数据流程。

(2) 产品开发过程由串行改为并行。

(3) 对 IPT 成员素质的要求。

(4) 不同层次的 IPT 对协同环境的要求。

(5) 尽量利用已有的资源。

其主要工作有如下几点。

(1) 确定任务规划树。从传统的串行产品开发流程转变到集成的、并行的产品开发过程。将设计任务逐步分解成不同层次上的子任务,形成任务树,从实现总任务的功能上划分的子任务之间存在逻辑"与"的关系,它体现了完成产品开发的串、并行工作机制集成,即并行产品开发过程存在着有序性和可并行性。

(2) 制定信息流。根据确定的任务规划树,可制订出并行产品开发过程中的信息流程图,以改进过程,使得信息流动与共享的效率更高。

3. 数字化产品定义

其工作内容包括服务于产品整个生命周期诸进程的数字化产品模型和产品生命周期数据管理以及数据化工具集成和信息集成。

(1) 产品数据定义与管理。建立和使用产品数据库是设计过程中的一个关键工作,这些数据库将工作、任务、工具和人员集成到一起。产品数据库中单个元件的规格和说明可以随时提供所有的工具和人员。产品数据管理系统(PDM)已成为一种重要的支持系统。

(2) 工具集成和信息集成。要实现产品并行开发,必须采用各种先进的计算机辅助工具,即广义的 CAX/DFX 数字化工具集,如质量功能配置(QFD,Quality Function Deployment)、面向制造的设计(DFM,Design For Manufacturing)、面向装配的设计(DFA,Design For Assembly)、计算机辅助工装设计(CAFD,Computer Aided Fixture Design)这些工具通过统一的产品数字化模型定义,在 PDM 技术的支持下,实现各团队之间的协同工作及各阶段部门之间的过程集成和信息集成。

4. 协同工作环境

协同工作环境是用于支持 IPT 协同工作的网络与计算机平台。它必须支持用于产品开发的特定信息类型和信息容量,把正确的信息在正确的时间以正确的方式传递给正确的人。在一般情况下,任务、工具和人员越多,数据就越是多样化,对通信技术的要求就越高。对不同规模的团队,可以建立不同层次的支持环境。电子邮件系统可以使得集中于任务的每一位团队成员随时得知任务的进展情况。

对于规模较大一些的项目团队,一个有调查和报告能力的数据库将成为通信基本设施的重要组成部分。团队成员和他们的设计工具都应该可以使用这个数据库。这些系统能够将有关设计的信息编译成各种可用的形式。

交互式浏览功能的数据库管理系统（DBMS）将有利于工程级并行工程群组进行信息交换。这个系统应该被团队成员和他们的设计工具用来实现快速、交互的信息存取。比较理想的是，DBMS 应该能够从各个不同的学科所维护的不同的数据库中存取与设计相关的数据。对设计数据的管理应该包含正在使用的和不使用的数据。

包含了设计知识库的、功能非常强的通信基本设施将支持企业范围的并行工程团队。知识库对进行中的产品开发过程提供自动的、交互的决策支持。这种通信设施可以支持团队在任何地方进行设计。

3.2.4 并行工程的研究现状

国内外在并行工程支持系统上均有许多出色的工作，许多研究工作已走出了实验室，在工程实践中发挥了重要的作用。

1. MIT 的 DICE

MIT 的智能工程系统实验室开发的分布集成开发环境（DICE，Distributed and Integrated for Computer aided Engineering）提供了一个基于计算机的协同设计支持工具集。它包括一个面向对象的全局数据库（黑板）、一个控制机制和几个知识模块。黑板分为 3 个区：结果区、谈判区、协同区，其中谈判区记录不同设计人员的谈判过程，协同区保存不同的知识模块协同工作所需的信息。DICE 提供了一个用来发现和解决代理人之间冲突的协商及约束管理模块和一个用来记录在设计期间产生的设计原理和意图的设计记录模块。这些模块均起到协调的作用，支持了并行工程的实现。

2. CERC 的项目协调板

美国西弗吉尼亚大学的（CERC，Concurrent Engineering Research Center）开发了一个项目协调板（Project Coordination Board），为并行工程项目提供了一种通用的产品开发过程项目协调工具，解决了活动和数据的公共可视区、活动的规划和调度，给多学科小组成员下更改单和约束管理等问题。项目协调板的各功能模块如下。

（1）公共可视工作区。
（2）模型化小组（Modeling Teams）。
（3）工作流管理。
（4）约束管理。
（5）设计评估。
（6）质量功能部署。
（7）群体决策。

通过以上功能，项目协调板为并行工程项目提供有效的协调服务，有效地发挥多学科小组的功能，为小组决策的制定以及在异地网络上协商问题提供了计算机支持。

3. CERC 的过程管理系统

CERC 研究开发的设计过程监控工具是并行工程过程管理系统中较为成功的产品。该工具通过对设计过程信息，包括产品数据、相关约束以及要执行的任务的访问、选择、解释和显示，使得项目负责人能跟踪设计结果，并可根据各种需求和约束，如用户需求、安全规则以及各种标准等，进行设计评估，其主要特点是对设计结果的监控。

3.2.5 典型案例

南京金城集团在实施第二期 CIMS 重点示范工程中实施了并行工程，取得了阶段性的重大成果，简要介绍如下。

并行工程项目建成基于 Intranet/Internet 技术和并行工程集成框架的摩托车产品并行设计与制造系统。在开发过程重组的基础上，实现产品的并行设计过程管理，同时利用 Web 技术建立从市场响应到产品整个设计过程的查询和项目管理。通过产品建模、装配工艺分析、制造工艺分析、模具分析等实现各领域人员专家的协同和并行工作，以完善产品设计，减少更改量。通过产品功能分析、产品结构分析及分类编码等技术，完成对摩托车产品族的定义和产品可重用积木块的定义，优化产品零部件数量，实现产品的简化，并更好地支持并行设计、制造。最终实现快速响应市场的摩托车产品中部分零部件的并行设计与制造、模具的设计与制造。

并行工程项目包括以下几个子项目。
（1）面向并行工程的合理化设计体系的构造。
（2）产品数据管理（PDM）系统。
（3）并行制造执行系统（CEMS）。
（4）开发典型零件 CAPP 系统。
（5）FMS 控制与管理集成系统。

并行工程集成主线的集成主要体现在两个层次意义上。一是技术层，即网络集成、信息集成和功能集成：初步达到了设计所内部的集成，也即建成了基于网络的协同设计平台；分厂内部的集成，也即车间控制器、单元控制器和 DNC 接口控制器之间的信息集成；分厂车间底层的管理与控制软件与产品研制分系统之间的集成：实现了设计信息共享、网络计划调度管理、工艺信息提取、NC 代码自动生成和传递。二是过程集成，并行工程最重要的是对产品开发过程重组，对整个产品的开发过程进行了重新优化组合，去掉不增值的开发活动；开发了 PDM 软件，并以此为支撑采用 TEAM WORK 的工作方式，辅以信息预发布的手段，使得能够并行进行的活动尽量并行进行。

金城并行工程结合金城特色的同时加强提高底层柔性自动化,建立基于 Intranet 和 Oracle 数据库基础之上跨平台的并行工程集成软件体系,建立反应市场变化的摩托产品设计、变形及研制体系,缩短产品开发周期,降低开发成本,提高企业在国内国际市场的综合竞争实力,使金城集团的产品研发能力在国内处于领导地位。金城有众多的国内协作企业(近百家),此系统的应用将影响整个行业的应用水平。同时金城并行工程的应用在与国外大企业合作中起着决定性的推动作用(现与美国、德国、意大利、日本等国外许多公司建立了战略合作伙伴关系,签订了近 1 亿美元的合同)。

3.3 计算机集成制造(CIMS)

20 世纪 70 年代以来,随着市场的逐步全球化,市场竞争日益激烈,这给企业带来了巨大的压力,迫使企业纷纷寻找有效的方法,以便以最短的时间开发最高质量的低价格产品,并迅速地响应市场需求。

与此同时,计算机在产品设计、制造、管理领域中不断深化应用,出现了许多单一目标的计算机辅助自动化应用,如计算机辅助设计与制造(CAD/CAM)、计算机辅助工艺(CAPP)、计算机辅助生产管理(CAPM,Computer Aided Production Management)、计算机辅助质量管理(CAQ,Computer Aided Quality System)和柔性制造系统(FMS,Flexible Manufacturing System)等。它们一般都是在企业生产过程中按部门需求逐个建立起来的,从改进单项目标上体现局部效益。由于缺少整体规划,这些单项应用相对而言都是独立的,各单项之间的信息数据不能共享,往往还会产生诸如数据不一致之类的矛盾和冲突,特别是因功能耦合关系不紧密而导致其整体效益不能体现。为此,人们把这些单项应用形象化地称为"自动化孤岛"。十分明显,这种孤岛现象必须改变,只有把孤立的应用通过计算机网络和系统集成技术连接成一个整体,才能消除企业内部信息和数据的矛盾和冗余。

计算机集成制造就是在这种市场需求和推动下产生和发展起来的。目前,世界各国十分重视 CIM 等制造系统集成技术的研究与开发,欧美等发达国家将 CIM 技术列入其高技术研究发展战略计划,给予重点支持。我国 CIMS 的最主要的特点是:用"系统论"指导 CIMS 的研究与发展,强调集成与优化,多学科协同发展,理论与实践紧密结合,并已在深度和广度上拓宽了传统 CIM 的内涵,形成了具有中国特色的 CIM 理论体系,并提出了现代集成制造系统的概念。

3.3.1 CIM/CIMS 的基本概念

CIM 是英文 Computer Integrated Manufacturing 的缩写,译为计算机集成制造。这一概念最早由美国的约瑟夫·哈林顿(J.Harrington)博士于 1973 年提出。哈林顿认为,企业的生产组织和管理应该强调两个观点：企业的各种生产经营活动是不可分割的，需要统一考虑；整个生产制造过程实质上是信息的采集、传递和加工处理的过程。

哈林顿强调的一是整体观点或系统观点，即认为企业生产活动是一个不可分割的整体，各个环节彼此紧密联系；二是信息观点，即就其本质而言，整个生产活动是一个数据采集、传递和加工处理的过程，最终形成的产品可以理解为"数据"的物质表现。二者都是信息时代组织、管理生产最基本和最重要的观点。

CIM这一概念的产生反映了人们开始从一个深刻的层次来分析和认识"制造"的内涵。即制造应包括产品全生命周期的各类活动——市场需求分析、产品概念模型设计、详细设计、生产、支持（包括质量、销售、采购、发送、服务）以及产品的最后报废、环境处理等全过程的一切活动；另一方面，制造的过程不仅是一个从原料加工、装配到产品的物料转换的过程，还是一个复杂的信息转换过程，在制造中发生的相关活动都是信息处理整体中的一部分。

对于CIM和CIMS，至今还没有一个公认的定义。不同的国家在不同时期对CIMS有各自的认识和理解。1991年日本能源协会提出：CIMS是以信息为媒介，用计算机把企业活动中多种业务领域及其职能集成起来，追求整体效益的新型生产系统。前欧共体CIM/OSA研究组认为：CIM是信息技术和生产技术的综合应用，旨在提高制造型企业的生产率和响应能力，由此，企业的所有功能、信息和组织管理都是集成进来的整体的各个部分。1992年，ISO TC184/SC5/WG1提出：CIM是把人、经营知识和能力与信息技术、制造技术综合应用，以提高制造企业的生产率和灵活性，将企业所有的人员、功能、信息和组织诸方面集成为一个整体的系统。美国SME于1993年提出CIM的新版轮图，如图3-19所示。该轮图将顾客作为制造业一切活动的核心，强调了人、组织和协同工作，以及基于制造基础设施、资源和企业责任之下的组织及管理生产的全面考虑。

我国的863/CIMS主题结合国际先进制造技术的发展，特别是基于该主题中上万名人员的十余年的努力和实践，提出了"现代集成制造"（Contemporary Integrated Manufacturing）的理念，它在广度和深度上拓宽了传统的CIM的内涵。863/CIMS主题指出：

"CIM是一种组织、管理和运行现代制造类企业的理念。它将传统的制造技术和现代信息技术、管理技术、自动化技术、系统工程技

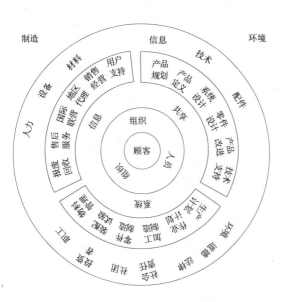

图 3-19 CIMS 基本结构轮图

术等有机结合,使企业产品全生命周期各个阶段活动中有关的人/组织、经营管理和技术三要素及其信息流、物流和价值流三流有机集成并优化运行,以达到产品(P)上市快(T)、高质(Q)、低耗(C)、服务好(S)、环境清洁(E)的要求,进而提高企业的柔性、健壮性、敏捷性,使企业赢得市场竞争。"由此可以这样认识 CIM:用计算机通过信息集成实现现代化的生产制造,求得企业的总体效益,其哲理的核心为信息的"集成"。

可以说,CIM 是信息时代组织、管理企业生产的一种哲理,是信息时代新型企业的一种生产模式。而基于这一哲理和技术构成的具体实现便是计算机集成制造系统(CIMS,Computer Integrated Manufacturing Systems)。于是可以这样定义 CIMS:CIMS 是基于 CIM 理念构成的优化运行的企业制造系统。图 3-20 是一个典型的 CIMS。

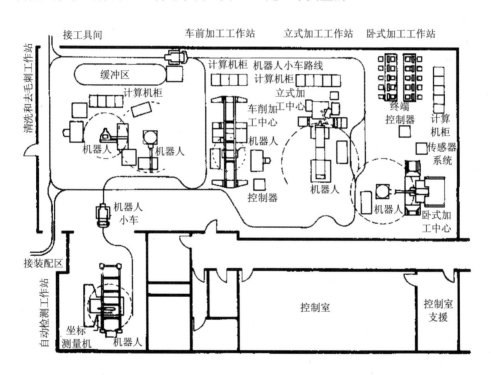

图 3-20 典型的 CIMS

CIM 原理只有一个,但 CIMS 则由于企业的类型、规模、需求、目标和环境的不同而有很大的差别。例如,在类型上,企业有单件生产和多品种、中小批量生产或大批量生产的区别;在生产过程中,企业有离散型(如汽车)、流程型(如钢铁、石化)和混合型(如造纸)的分类,如此诸多因素使得实现 CIMS 的过程与结果必然不同。但就技术而言,CIMS 的许多相关技术具有共性,按 CIM 概念改造企业,整个实施过程的方法和规范也应是一致的。

由此,技术发展到今天这样的水平,CIM 的要领也随之不断丰富和发展。可以进一步理解到:CIM 是运用系统工程的整体化观点,将现代化的信息技术和生产技术结合起来综合应用,通过计算机网络和数据库把生产的全过程连接起来,有效地协调和提高企业内部对市场需求的响应能力和劳动生产率,取得最大的经济效益,以保持企业生产的不断发展和生存能力的增强。总的来说,CIM 是一种组织现代化生产的"制造哲理",而 CIMS 则可以看成是一种工程技术系统,是 CIM 的具体实施,可以把 CIMS 看成是未来生产自动化系统的一种模式,但同时它又不是一种单纯的技术上的"自动化",它所强调的是用集成来提高企业竞争力。

3.3.2 CIMS 的发展阶段

实施 CIMS 的关键在于集成。企业实施 CIMS 的目的在于取得总体效益,而企业能否获得最大的效益,又取决于企业各种功能的协调。一般来说,企业集成的程度越高,这些功能就越协调,竞争取胜的机会也就越大。因为只有各种功能有机地集成在一起才可能共享信息,才能在较短的时间里做出高质量的经营决策,才能提高产品质量、降低成本、缩短交货期、提高企业的竞争能力。信息集成和过程集成代表了集成的两种不同的水平,是集成发展的阶段性标志。

系统集成优化是 CIMS 技术与应用的核心技术,因此可将 CIMS 技术从系统集成的角度划分为 3 个阶段:信息集成、过程集成和企业间集成,如图 3-21 所示。

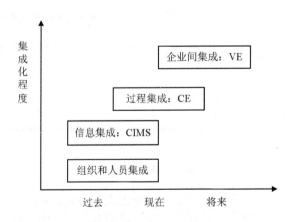

图 3-21 CIMS 发展阶段示意图

1. 信息集成优化

针对在设计、管理和加工制造中大量存在的自动化孤岛,保证其信息正确、高效地共享和交换,是改善企业技术和管理水平必须首先解决的。信息集成是改善企业 TQCSE 核心竞争力所必需的,其主要内容有以下几点。

(1) 企业建模,系统设计方法、软件工具和规范。

(2) 异构环境中的信息集成。

所谓异构环境是指系统中包含了不同的操作系统、控制系统、数据库及应用软件。如果各部分的信息不能自动地进行交换,则很难保证信息的传递和交换的效率和质量。

早期的信息集成的实现主要是通过局域网和数据库来实现的。近年来采用了企业网、外联网、产品数据管理(PDM)、集成平台和框架技术来实施。值得一提的是,基于面向对象技术、软构件技术和 Web 技术的集成框架已成为系统信息集成的重要支撑工具。

2. 过程集成优化

传统的串行作业的设计、开发过程往往造成了产品开发过程经常反复,这无疑使得产品开发周期变长、成本增加。为了提高企业的核心竞争力,企业必须对过程进行重构(Process Reengineering),即将产品开发设计的各个串行过程尽可能地转变为并行过程,将孤立的应用过程集成起来形成一个协调的企业 CIMS 运行系统,在设计过程中考虑可制造性、可装配性、质量等以减少反复、缩短产品的开发周期。过程集成是指高效、实时地实现 CIMS 应用间的数据、资源的共享和应用间的协同工作。

3. 企业间集成优化

为了面对全球经济、全球制造的新形势,充分利用全球的制造资源,更好、更快、更省地响应市场,企业不能走以前的"大而全"、"小而全"的道路,而必须建立企业动态联盟(即所谓的虚拟企业)。

企业间集成的关键技术包括信息集成技术、并行工程的关键技术、虚拟制造、支持敏捷工程的使能技术、基于网络(如 Internet、Intranet、Extranet)的敏捷制造,以及资源优化(如 ERP、供应链、电子商务)。

3.3.3 CIMS 的功能构成

从功能上看,CIMS 包括了一个制造企业中的设计、制造、经营管理和质量保证等主要功能,并运用信息集成技术和支撑环境使以上功能有效地集成。

CIMS 通常由 4 个功能分系统和 2 个支撑分系统组成,其模式和逻辑关系见图 3-22。这六大分系统各自有其特有的结构、功能和目标。

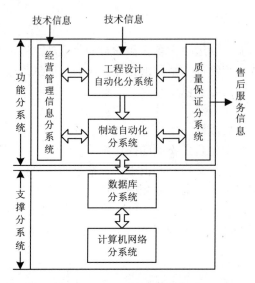

图 3-22　CIMS 功能结构图

1．经营管理信息分系统（MIS，Management Information System）

它是 CIMS 的神经中枢，将各个分系统有机结合起来，通过各种信息集成，达到缩短产品周期、降低流动资金占用、提高企业应变能力的目的。整个管理结构形成多目标综合平衡、管理层横向协调两种功能。如图 3-23 所示为 CIMS/MIS 的基本结构图。

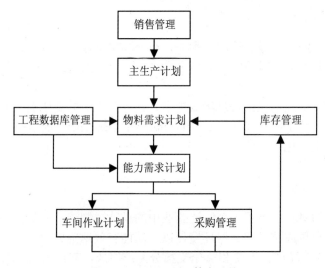

图 3-23　CIMS/MIS 基本结构

2. 工程设计集成分系统（EDIS，Engineering Design Integrated System）

它是用计算机来辅助产品设计、制造准备及产品性能测试等阶段的工作，使产品开发活动更有效、更优质、更自动地进行。它在 CIMS 信息流程中的位置如图 3-24 所示。

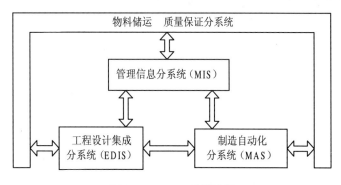

图 3-24　CIMS 信息流程

3. 制造自动化分系统（MAS，Manufacturing Automation System）

它是 CIMS 中信息流和物料流的结合点与最终产生经济效益的聚集地。其目标可归纳为：实现多品种、中小批量产品制造的柔性自动化；实现优质、低耗、短周期、高效率生产；提高企业竞争能力，并为工作人员提供舒适、安全的工作环境。

4. 质量保证分系统（CAQ，Computer Aided Quality System）

它由质量计划、质量检测、质量评价、质量信息综合管理与反馈控制等功能体系构成。它们之间相互协调，覆盖产品生命周期的各个阶段，从而将用户的要求在实际生产和各个环节得到实现，使用户需求得到保证。图 3-25 所示为 CAQ 系统结构。

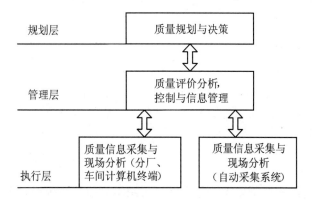

图 3-25　CAQ 分系统结构

5. 数据库分系统（DBS，DataBase System）

它支持 CIMS 各分系统，是覆盖企业全部信息的数据库系统。通常 CIMS 数据库系统采用集中与分布相结合的数据管理系统、分布数据管理系统、数据控制系统的 3 层递阶控制体系结构，以保证数据的安全性、一致性、易维护性，以实现企业数据的共享和信息的集成。

6. 计算机网络分系统（NETS，NETwork System）

它是支持 CIMS 各分系统的开放型网络通信系统，采用国际标准和工业标准规定的网络协议，可以实现异种机互联、异构局部网络及多种网络的互联，以分布为手段满足各应用分系统对网络支持服务的不同需求，支持资源共享、分布处理、分布数据库、分层递阶和实时控制。图 3-26 为一般企业常见的 CIMS 的 4 层结构和相应的数据流关系。

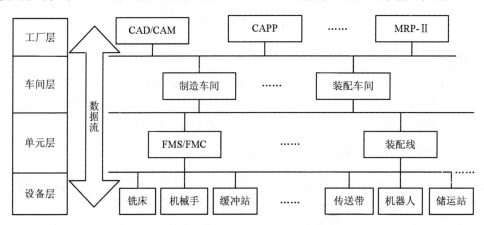

图 3-26 CIMS 层次结构及数据流

3.3.4 CIMS 的体系结构

由于 CIM 系统的复杂性，要正确全面地理解这一系统的整体，必须从各个不同方面、不同阶段进行建模分析。最有代表性的 CIM 系统体系结构当属前欧共体 ESPRIT 计划中的 CIM-OSA 的三维结构，此外，还有法国的 GRAI、前欧共体的 IMPACS 和美国的普渡企业参考体系结构（PERA）等。

1. CIMS 的递阶控制系统

由于 CIMS 的功能和控制要求十分复杂，采用常规控制系统很难实现。所谓递阶控制（Hierarchical Control），是一种把所需完成的任务按层次分级的层状或树状的命令/反馈控制方式。高一级装置控制次一级的装置，次一级的功能更具体，而最后一级就是完成要求的最具体的最后一道任务。美国国家标准局提出了著名的 5 级递阶控制模型，如图 3-27 所示，这 5 级分别是：工厂层、车间层、单元层、工作站层和设备层。

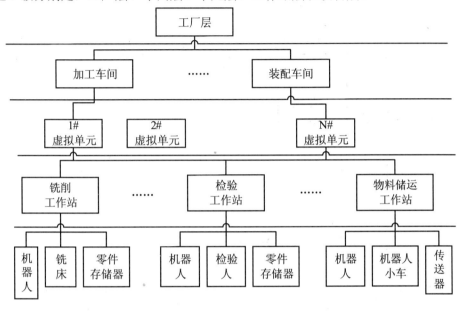

图 3-27　CIMS 的递阶控制体系

（1）工厂层控制系统。这是最高一级的控制，履行"厂部"职能。完整的功能包括市场预测、制定生产计划、确定生产资源需求、制定资源规划、制定产品开发及工艺过程规划、厂级经营管理。

（2）车间层控制系统。这一层控制系统主要根据工厂层生产计划，负责协调车间的生产和辅助性工作以及这些工作的资源配置，车间层控制主要有两个模块：作业管理、资源分配。

（3）单元层控制系统。这一层控制系统安排零件通过工作站的分批顺序和管理物料储运、检验及其他有关辅助性工作。具体工作内容是完成任务分解、资源需求分析。

（4）工作站层控制系统。这一层主要负责指挥和协调车间中一个设备小组的活动。一个典型的加工工作站由一台机器人、一台机床、一个物料储运器和一台控制计算机组成，它负责处理由物料储运系统送来的零件托盘、工件调整控制、工件夹紧、切削加工、切屑清除、加工检验、拆卸工件以及清理工作等设备级各子系统。

（5）设备控制系统。这一层是"前沿"系统，是各种设备的控制器。采用这种设备控制装置，是为了扩大现有设备的功能，并使它们符合标准部门规定的控制和检测计量方法。

我国建设在清华大学的国家 CIMS 工程技术研究中心 CIMS ERC 的总体结构则采用 4

层递阶控制体系结构,其功能模型如图3-28所示。

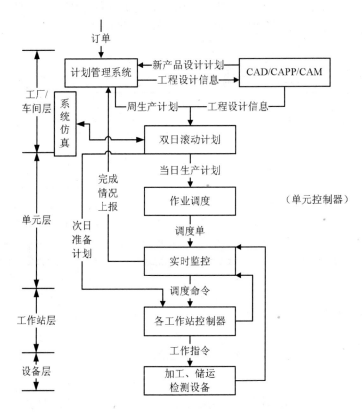

图3-28 CIMS ERC的4层递阶控制功能模型

图中各部分如下。

(1)工厂/车间层。它可根据订单的要求编制指令性计划,最终输出周生产计划。

(2)单元层。根据周生产计划、工程设计信息和车间的实际生产能力及生产完成情况生成双日滚动计划;然后通过仿真软件进行仿真和适当调整;最后由调度软件根据计算机辅助工艺过程计划(CAPP)制定的工艺规划对当日要加工的零件进行排序,产生调度单,并完成对各工作站的实时调度与监控。

(3)工作站层。它根据单元层中的单元控制器下达的生产作业调度单去调用数控NC代码,对各设备进行控制并协调各种设备动作,实现对当日生产零件的加工,同时还将设备状态实时地反馈给单元控制器。

(4)设备层。即生产线上的制造设备。若制造设备发生故障,则根据故障的性质将由单元控制器、工作站控制器分别加以处理,以保证整个生产线仍然正常运行。

2. 面向集成平台的 CIMS 体系结构

目前，计算机厂家提出了便于实现集成的面向集成平台的开放型 CIMS 体系结构，如 IBM 公司提出的 3 层 CIMS 体系结构，3 层包括：硬件、操作系统层，通用服务层，应用层。前欧共体专门研究的面向全生命周期的 CIMS OSA 三维体系结构，三维包括通用程度维、企业视图维、生命周期维。

DEC 公司提出了 5 层 CIMS 体系结构，它的战略是将"应用要求"、"企业服务"、"计算基础" 3 者集成以赢得竞争。其中，"应用要求"包括用户接口要求、系统存取要求、信息和资源共享要求、企业通信要求等；"企业服务"包括销售/市场、财务分析、制造管理、外购、工程、监控、质量、分配等诸方面；"计算基础"要考虑到多厂商计算机软硬件的兼容，分布的信息存放，车间、用户、供应商、公司等多种应用的集成及符合各种标准等方面的需求。而上述诸方面的最佳集成将减少成本、缩短产品进入市场的时间、提高产品质量、增加柔性，从而在竞争中取胜。基于这种思想，DEC 公司提出了网络应用支持（NAS，Network Application Support）平台，如图 3-29 所示。

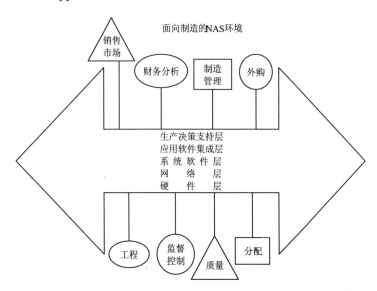

图 3-29 DEC 公司的 CIMS 体系结构

NAS 平台共分如下 5 层。

（1）硬件层。它考虑到工厂车间的各种设备装置：VAX 机、RISC 机、Macintoch、PS/2、IBM/PC 及各种终端等的联合运行。

（2）网络层。它考虑到通过 DECNET/OSI、TCP/IP、PCSA、DECCOMUNI 和 BASESTAR 等协议软件使有关硬软件系统实现通信。

(3) 系统软件层。它考虑到 VMS、ULTRIX/OSF、VAXLEN、UNIX、MS DOS 及 OS/2 等操作系统的联合运行。

(4) 应用软件集成层。包括用户接口(窗口、图像、表格、终端仿真)、系统服务存放(各种操作系统接口)、信息和资源分享(文档、数据库定义/存取、企业指南、文件共享、目录/命名、打印)、企业通信(电子邮件、车间层通信、报告)等。对于以上功能，DEC 公司都有相应的标准和工具作支持。

(5) 生产决策支持层。它包括应用开发(有工具软件 COHESION、ACMS、BASESTAR、EDCSII)、系统/网络管理(有工具软件 EMA、DECMCC)、决策支持(有工具软件 DEC WRITE、DECSION、DECVIEW 3D)等。基于上述 5 层结构及其相应的平台开发工具软件，为实现符合企业各种要求的 CIMS 开发工作提供了方便。

3.3.5 CIMS 的发展趋势

CIMS 技术的发展趋势可以概括为集成化、智能化、全球化、虚拟化、柔性化和绿色化。

1. 集成化

CIMS 的"集成"已经从原先的企业内部的信息集成和功能集成，发展到当前的以并行工程为代表的过程集成，并正在向以敏捷制造为代表的企业间集成发展。以下是几个关键的信息集成系统。

(1) ERP(企业资源规划)系统。国外有名的系统有 SAP、Oracle 等，ERP 系统集成了企业中的生产管理、财务、人事、采购、销售等子系统。ERP 系统涉及面广，十分庞大，对人员素质、数据和流程规范性要求高，因此实施难度大，成功率不高。

(2) CAD/CAPP/CAM 一体化。虽然目前有些 CAD 系统可以支持 CAD/CAPP/CAM 一体化，但主要针对采用数控加工的零件。由于不同产品中的零件差别很大，每个企业的加工条件和水平也不相同，因此复杂零件的 CAD/CAPP/CAM 一体化还没有通用的系统。

(3) PDM(产品数据管理)系统。被用于管理和控制由 CAx 系统(CAD、CAPP、CAE、CAM 等的系统)所形成的大量的信息，避免花费很多时间去寻找唾手可得的信息。PDM 是设计自动化技术系统的核心，在产品的整个生命周期内管理全部的产品知识和信息，并为产品开发过程中的各个应用系统提供所需的数据，为不同应用系统提供集成平台。PDM 系统以产品数据库为底层支持，以 BOM 为组织核心，实现产品数据的组织、控制和管理。PDM 系统一般是由 CAD 软件开发商所开发的，因此，同一软件公司的 CAD 系统和 PDM 系统能很好地无缝集成，而来自不同软件公司的 CAD 系统和 PDM 系统间的集成性就差多了。PDM 系统的实施难度比 CAD 系统要大，因为前者涉及管理、组织等问题。

(4) 工作流管理系统。主要用于办公自动化，是企业管理层的信息集成系统。目前工作流管理系统与知识管理系统紧密结合起来，使得企业的知识得以共享和保存。

2. 智能化

智能化是制造系统在柔性化的和集成化的基础上进一步的发展和延伸,目前已广泛开展对具有自律、分布、智能、仿生和分形等特点的下一代制造系统的研究。

3. 网络化和全球化

以因特网为代表的网络技术正在制造业中产生越来越大的影响。人类正在进入一个新的时代——网络经济时代,在制造业中,也正在出现一种新的制造模式——网络化制造模式。在网络化制造中,新的网络空间与传统的物理空间紧密结合,产生出各种新的思想、观念、方法、系统。制造企业将利用因特网进行产品的协同设计和制造;通过因特网,企业将与顾客直接联系,顾客将参与产品设计,或直接下订单给企业进行定制生产,企业将产品直接销售给顾客;由于因特网无所不在,市场全球化和制造全球化将是企业发展战略的重要组成部分;由于在因特网上信息传递的快捷性,并由于制造环境变化的激烈性,企业间的合作越来越频繁,企业的资源将得到更加充分和合理的利用。企业内联网(Intranet)/外联网(Extranet)也将极大地改变企业内的组织和管理模式,将有效地促进企业员工的信息和知识交流与共享。

4. 虚拟化

在数字化基础上,虚拟化技术的研究正在迅速发展。它主要包括虚拟现实(VR)、虚拟产品开发(VPD)、虚拟制造(VM)和虚拟企业(VE)等。

5. 柔性化

人们正积极研究发展企业间动态联盟技术、敏捷设计生产技术、柔性可重组机器技术等,以实现敏捷制造。

6. 绿色化

绿色制造、面向环境的设计与制造、生态工厂、清洁化工厂等概念是全球可持续发展战略在制造技术中的体现,是摆在现代制造业面前的一个新课题。

7. 敏捷化

一方面,进入21世纪,企业将面对日益激烈的国际化竞争的挑战;另一方面,企业可以利用制造全球化的机遇,专注发展自己有优势的核心能力及业务,而将其他任务外包和外协。企业将变得更加敏捷,对市场的变化将有更快的反应能力。但这些需要新的信息技术的支持,如供应链管理系统,促进企业供应链反应敏捷、运行高效,因为企业间的竞争将变成企业供应链之间的竞争;又如客户关系管理系统,使得企业为客户提供更好的服务,对客户的需求做出更快的响应。

3.3.6 典型案例

长安汽车有限责任公司（以下简称长安公司或公司）是兵器工业总公司所属的特大型机械制造类骨干企业，它由具有 130 多年历史的原长安机器制造厂和具有 60 多年历史的原江陵机器厂于 1994 年联合组建而成。公司总的特点是历史悠久、规模大、管理水平较高、技术和经济力量雄厚。但也存在许多问题，主要表现在如下几个方面：信息标准化、规范化、代码化程度低；信息的及时性和准确性差；信息收集多、分析少；信息分散、流动不畅、共享性差；新产品开发和设计能力差；生产能力存在薄弱环节，制造柔性差；质量保证手段落后。

1. CA-CIMS 的总体结构

CA-CIMS 的总体结构由 4 层组成，即硬件设备层、操作系统层、系统管理层和应用层，如图 3-30 所示。

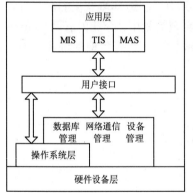

图 3-30 CA-CIMS 的总体结构图

2. CA-CIMS/MIS 应用分系统结构

图 3-31 给出了 CA-CIMS 的总体功能模型树。可以看出，CA-CIMS 由 3 个应用分系统和 2 个支撑分系统组成，3 个应用分系统分别是管理信息分系统（MIS）、技术信息分系统（TIS）和制造自动化分系统 MAS，质量信息管理部分纳入 MIS 分系统中；2 个支撑分系统为网络通信分系统（NES）和联邦分布式数据库分系统（DBS），这 2 个分系统的作用是为 3 个应用分系统的内部集成和它们之间的集成提供软硬件支持。

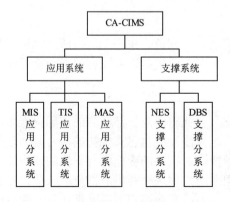

图 3-31 CA-CIMS 总体功能模型树

3. CA-CIMS/TIS 分系统结构

公司是个生产多种产品的企业。主要产品可以归纳为三大类,即第一工厂的弹药系列,第二工厂的火炮系列和第三工厂的汽车及发动机系列。技术信息分系统的任务是为公司的生产经营提供技术信息,并实现与 MIS 分系统和 MAS 分系统的信息共享。技术信息分系统覆盖产品从设计到加工制造准备的全部技术活动,它包括产品设计、工艺设计、工装设计、数控程序编制、技术信息管理等几大部分。根据长安公司 3 个工厂之间技术信息交换量不大的具体情况,将 TIS 分系统划分为 4 个子系统,即公司总部 TIS 子系统,第一工厂的弹药系列产品 TIS 子系统,第二工厂的火炮及猎枪产品 TIS 子系统和第三工厂的汽车及发动机产品 TIS 子系统。图 3-32 为 CA-CIMS/TIS 分系统结构图。

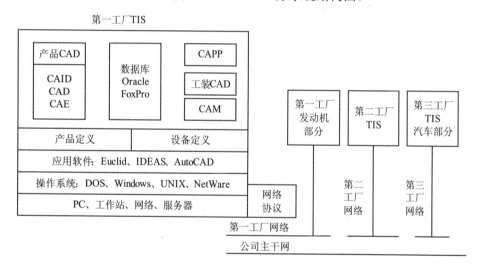

图 3-32　CA-CIMS/TIS 分系统结构图

4. CA-CIMS/MAS 分系统结构

CA-CIMS/MAS 分系统的任务是实现制造系统生产和管理的自动化,实现柔性化的生产,并提高产品质量。它由炮箱类零件 P-FMS1 和发动机零件试制生产线 P-FMS2 组成,这两条生产线分别隶属于第二工厂的炮箱类零件生产车间和第三工厂的发动机技术处。它们分别位于两个地理位置相距较远的厂区内,它们之间分工明确,相对独立,基本上不产生横向联系。这两个子系统的共同特点是没有自动物料储运系统,物流和刀具流以人工干预为主,只是在数控机床侧增设专用刀库,在物流通道增设一个半自动小车,在 P-FMS1 中,还有一个立体仓库直接连接在车间控制器上。在两条半自动生产线成功运行的基础上,再考虑增加清洗机、运行状态的监控系统和三坐标测量机等装置。在条件成熟时,还计划在 P-FMS1 上增加一个中央立体仓库。其原因是未来的军品生产车间是两层，区域又小，不用立体仓库无法储存毛坯、半成品和成品，也不便于上下两层交换半成品。车间控制器和单元控制器尽量采用 863 提供的目标产品，如果没有合适的产品，则必须自行开发。CA-CIMS/MAS 分系统的结构如图 3-33 所示。

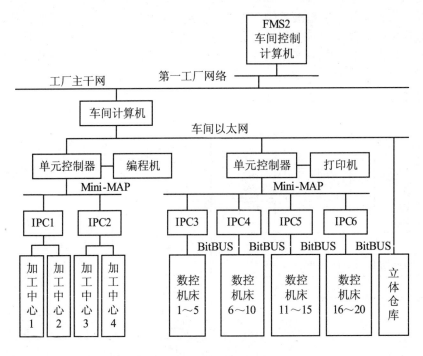

图 3-33　CA-CIMS/MAS 分系统的结构图

5. CA-CIMS/NES 分系统的结构

　　网络系统的主要任务是为各应用分系统内部信息集成和各应用分系统之间的信息集成以及为公司与国内外各有关单位交换信息提供网络支持，为联邦分布式数据库的管理提供网络支持。一句话，网络系统就是用各种信息传输介质，采用各种不同的连接方式，将全公司的各种硬件设备连接起来，在网络通信协议和网络操作系统的控制下实现设备之间的数据通信。网络系统提供的服务主要有文件传输、虚拟终端、电子邮件、进程间的通信服务等。网络系统除提供公司内部的信息集成外，还需要与数字数据网（CHINADDN）和 Internet 网（CHINANET）实现互联，以实现与公司外的单位（供货商、分销商、顾客、配套商、上级单位等）进行通信，也可以充分利用 Internet 的巨大信息资源。网络系统的方案可参见网络分系统详细设计和初步设计报告。

6. CA-CIMS/DBS 分系统的结构

数据库系统是 CA-CIMS 应用工程信息集成的主要支撑环境之一，是为满足 CA-CIMS 在未来环境下，全公司从经营决策、产品销售、生产管理、产品研制、设计到制造集成的需求，并提供全公司范围内信息集成的联邦分布式数据管理系统，能够接纳各种不同的数据库管理系统，能在不同的机种上运行，能提供客户/服务器运行模式，支持 CA-CIMS 的不同应用系统的开发和运行，提供多种灵活的用户接口，提供系统升级的扩充能力。为了满足上述要求，CA-CIMS/DBS 的设计原则如下。

（1）基于应用系统的集成原则，以满足不同应用系统之间和系统内部信息交换、共享、集成的要求。

（2）充分考虑应用系统开发及运行环境的需求，选择在相应的软件、硬件及网络环境下，功能强、效率高、便于集成的数据库管理系统，能充分利用它所基于的硬软件及网络资源，提供实用、高效、可靠的集成支持。

（3）要体现系统的经济性和可靠性、实用性和先进性相结合的原则。

（4）充分考虑在市场经济模式下，全公司两级管理的原则，必要时为提高系统的效率，采用复制备份的策略，以空间换取可靠性和效率。

（5）根据 CA-CIMS 信息集成的要求，CA-CIMS/DBS 的结构应为分层、分级式的体系结构，要处理好全局数据、局部数据和私有数据的关系。

3.4 虚拟制造

20 世纪 90 年代，全球知识经济的兴起标志着产品已经由传统的价格竞争转化为技术含量的竞争，高科技产品成为市场的主流和企业成功的关键，客户更加注重产品的个性化，这使得多品种、小批量的生产方式重新成为主导的生产形式。这些使得原来的制造系统与新的市场需求不相适应，主要表现在：系统投资大，周期长，在系统建立和运行前，难以对风险和效益进行切实有效的评估；当开发一个新产品时，在大量投入人力、物力前，无法准确确定其开发价值；在进行产品设计时，难以兼顾下游开发过程的因素，如成本多少、装配难易等，从而很难在较短的时间内实现全局最优；系统组织模式固定，无法根据市场需求进行动态调整。面对这些严峻的挑战，将信息技术更加深入全面地应用到传统的制造业并对之进行改造，从而提高对动态多变市场的响应能力成为企业发展的关键所在。

近十几年来，虚拟现实（VR，Virtual Reality）技术的迅猛发展，促进了虚拟制造（VM，Virtual Manufacturing）的形成和发展，工程技术人员利用它对制造业进行了改造，为机械产品的设计、加工、分析以及生产的组织和管理等提供了一个虚拟的仿真环境，从而在计算机上"组织"和"实现"生产,在实际投产前对产品的可制性和可生产性等方面进行评估,从而保证一次就能成功生产,从而降低生产成本、减少上市时间、快速响应市场和实现清洁生产,由此提高企业的竞争力。

3.4.1 虚拟制造的定义

由于"虚拟制造"概念出现才几年时间,目前还缺乏从产品生产全过程的高度开展虚拟制造技术的系统研究。例如,虚拟制造的内涵是什么?它包含哪些关键技术?如何建立集产品研究、设计、工艺、制造、标准、资源共享、技术共享、信息传递、市场需求、系统控制于一体的虚拟制造环境?这些仍然是世界各国研究人员正在研究和探讨的问题。

佛罗里达大学的 Gloria J.Wiens 等人认为虚拟制造是这样的一个概念:它与实际一样,在计算机上执行制造过程,其中虚拟模型是在实际制造之前用于对产品的功能及可制造性的潜在问题进行预测。

马里兰大学的 Edward Lin 等人的定义是:虚拟制造是一个利用计算机模型和仿真技术来增强产品与过程设计、工艺规划、生产规划和车间控制等各级决策与控制水平的一体化的、综合性的制造环境。

大阪大学的 Onosato 教授则认为:虚拟制造是采用模型来代替实际制造中的对象、过程和活动,与实际制造系统具有信息上的兼容性和结构上的相似性。

综上所述,虚拟制造是指利用计算机模型和仿真来实现产品的设计和生产的技术,它以信息技术、仿真技术、虚拟现实技术和高性能的计算机、高速网络为支持,在计算机上群组协同工作,实现产品的设计、工艺规划、加工制造、性能分析、质量检验以及企业各级过程管理与控制等产品制造的本质过程。它在产品设计或制造系统的物理实现之前,就能通过模型来模拟和预估未来产品的形态、功能、性能及可加工性等各方面可能存在的问题,从而可以做出前瞻性的决策和优化实施方案,从而实现制造技术走出仅仅依赖经验的狭小天地,发展到全方位预报阶段。

3.4.2 实际制造和虚拟制造的关系

如图 3-34 所示,实际生产系统具有对"物质"、"信息"、"能源"进行转换的功能,即投入原材料、生产、信息电力等能源,制造出所需要的产品及与产品相关的信息,并排放出作为副产品的余热等能源。通常把在生产系统内进行的上述转换活动称为制造。由此,VM 可以理解为将实际生产中的"物质"和"能源"信息化,针对实际生产系统中的信息及被信息化的"物质"和"能源"实现与实际生产在信息上的等价转换,这样的转换形式称为虚拟制造,即 VM 过程虽然没有制造出实际产品,但却生成了有关产品的信息及制造产品所需的信息。

图 3-35 进一步表明了实际生产与虚拟制造的关系。R1、R2 表示真实生产实施前后的

状态，V1 是将 R1 信息化处理后的模型，V2 是拟实制造系统仿真后的结果。R2 与 V2 在信息上应是等价的。

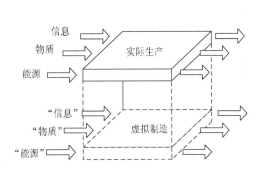

图 3-34　实际生产与虚拟制造的定义

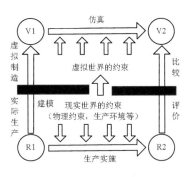

图 3-35　实际生产的信息化与仿真

3.4.3　虚拟制造的特征

与真实制造系统过程相比，虚拟制造具有以下的特征。

1. 虚拟性

虚拟制造并不是真实的制造过程，它不产生真实的产品、不消耗真实的材料和能量等。但它也不等同于虚幻、虚无，它是指通过数字化手段来对真实制造过程进行动态的模拟以实现制造的本质过程。

2. 基于数字化模型的集成

虚拟制造离不开对模型的依赖，涉及到的模型有产品模型、过程模型、活动模型和资源模型。产品模型是产品信息在计算机上的表示，是产品信息的载体；过程模型是产品开发过程的计算机表示，包括设计过程、工艺规划过程、加工制造过程、装配过程、性能分析过程等；产品设计过程模型和制造过程的仿真成为其中的研究热点；活动模型主要是针对企业生产组织与经营活动建立的模型；资源模型是对企业的人力物力等信息的描述。通过这些数字化模型在计算机上的集成，工程人员可以对其进行设计、制造、测试、装配等操作，而不再依赖于传统的原型样机的反复修改。

3. 支持敏捷制造

开发的产品（部件）如果可存放在计算机里，不但大大节省仓储费用，更能根据用户需求或市场变化快速改型设计，快速投入批量生产，从而能大幅度压缩新产品的开发时间，提高质量，降低成本。

4. 分布合作

虚拟制造可使分布在不同地点、不同部门的不同专业人员在同一个产品模型上同时工作，相互交流，信息共享，减少大量的文档生成及其传递的时间和误差，从而使产品开发快捷、优质、低耗地响应市场变化。

5. 仿真结果的高可信度

虚拟制造的目标就是通过仿真技术来检验设计出的产品或制定出的生产规划等，使得产品开发或生产组织一次成功，这就要求它能真实地反映实际对象，这主要是靠模型的验证、校验和致效技术，即 VVA 技术（Verification，Validation and Accreditation）。

3.4.4 虚拟制造的分类

虚拟制造既涉及到与产品开发制造有关的工程活动，又包含与企业组织经营有关的管理活动。根据所涉及的范围不同和工程活动类型将虚拟制造分成 3 类，即以设计为核心的虚拟制造、以生产为核心的虚拟制造和以控制为核心的虚拟制造，参见图 3-36。

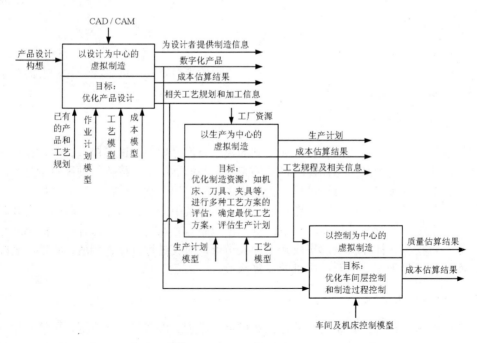

图 3-36　虚拟制造参考图

1. 以设计为核心的虚拟制造

以设计为核心的虚拟制造将制造信息引入设计过程，利用仿真来优化产品设计，从而在设计阶段就可以对零件甚至整机进行可制造性分析，包括加工工艺分析、铸造过程热力学分析、运动学分析和动力学分析等。它主要解决"设计出来的产品是什么样"的问题。近期目标是针对设计阶段的某个关注点（如可装配性）进行仿真和评估，长远目标是对整个产品的各方面性能进行仿真和评估。

2. 以生产为核心的虚拟制造

以生产为核心的虚拟制造将仿真技术溶入生产过程模型，以此来评估和优化生产过程，以便以低费用快速评价不同的工艺方案、资源需求计划、生产计划等。它主要是解决"这样组织生产是否合理"的问题。其主要目标是评价可生产性；近期目标是针对生产中的某个关注点，如生产调度计划进行仿真；长远目标是能够对整个生产过程进行仿真，对各个生产计划进行评估。

3. 以控制为核心的虚拟制造

以控制为核心的虚拟制造将仿真技术加到控制模型和实际处理中，实现基于仿真的最优控制。其中虚拟仪器是当前研究的热点之一，它利用计算机软硬件的强大功能将传统的各种控制仪表、检测仪表的功能数字化，并可灵活地进行各种功能的组合，对生产线或车间的优化等生产组织和管理活动进行仿真。它主要是解决"应如何去控制"的问题。

3.4.5 虚拟制造系统的体系结构

虚拟制造系统（VMS，Virtual Manufacturing System）是在一定的体系上构建和运行的，体系结构的优劣直接关系到虚拟制造技术实施的成败。一个合理的虚拟制造体系结构，不仅能把虚拟产品开发过程的设计、制造、装配、生产调度、质量管理等环节有机地集成起来，实现产品开发全过程的信息、功能和过程集成，实施产品开发活动的并行运作，还要充分体现人在生产活动中的能动性，达到人、组织、管理、技术的协同工作，同时也要支持生产经营活动或生产资源的分布式特性，它应能提供一个开放性的技术框架，并能理顺其单元技术的关联机理。该体系应能具有层次化的控制方法和"即插即用"的开放式结构，同时支持异地分布制造环境下产品开发活动的动态并行运作。

在不同的应用目标和应用环境下，虚拟制造系统的体系结构各有所不同，下面介绍几种有代表性的典型虚拟制造系统的体系结构：国家 CIMS 中的体系结构、Iwata 体系结构、虚拟产品开发的体系结构、基于"虚拟总线"的虚拟制造系统体系结构。

1. 国家 CIMS 中的体系结构

从企业生产的全过程来看，"虚拟制造"应包括产品的"可制造性"、"可生产性"和

"可合作性"的支持。所谓"可制造性"是指所设计的产品（包括零件、部件和整机）的可加工性（铸造、冲压、焊接、切削等）和可装配性；而"可生产性"是指在企业已有资源（广义资源，如设备、人力、原材料等）的约束条件下，如何优化生产计划和调度，以满足市场或顾客的要求；考虑到制造技术的发展，虚拟制造还应对被喻为 21 世纪的制造模式——"敏捷制造"提供支持，即为企业动态联盟（VE，Virtual Enterprise）的"可合作性"提供支持。而且，上述 3 个方面对一个企业来说是相互关联的，应该形成一个集成的环境。因此，应从 3 个层次，即"虚拟制造"、"虚拟生产"、"虚拟企业"，开展产品全过程的虚拟制造技术及其集成的虚拟制造环境的研究，包括产品全信息模型、支持各层次虚拟制造的技术并开发相应的支撑平台，以及支持 3 个平台及其集成的产品数据管理（PDM）技术。基于上述思想，国家 CIMS 工程技术研究中心根据先进制造技术发展的要求，建立了以下虚拟制造技术体系结构，如图 3-37 所示。

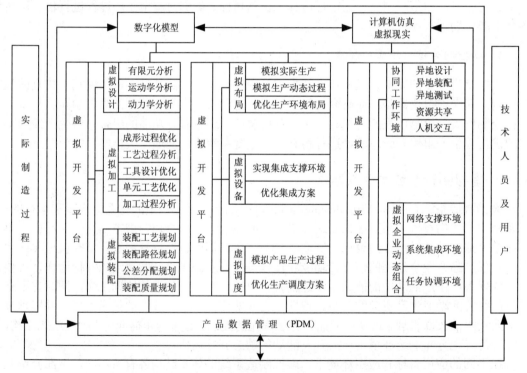

图 3-37 国家 CIMS 工程研究中心的虚拟制造技术体系结构

对于该体系结构的说明如下。
（1）虚拟加工平台
该平台支持产品的并行设计、工艺规划、加工、装配及维修等过程，进行可制造性

（Manufacturability）分析（包括性能分析、费用估计、工时估计等）。它是以全信息模型为基础的众多仿真分析软件的集成，包括力学、热力学、运动学、动力学等可制造性分析，具有以下研究环境。

① 基于产品技术复合化的产品设计与分析。除了几何造型与特征造型等环境外，还包括运动学、动力学、热力学模型分析环境等。

② 基于仿真的零部件制造设计与分析。包括工艺生成优化、工具设计优化、刀位轨迹优化、控制代码优化等。

③ 基于仿真的制造过程碰撞干涉检验及运动轨迹检验——虚拟加工、虚拟机器人等。

④ 材料加工成形仿真。包括产品设计，加工成形过程温度场、应力场、流动场的分析，加工工艺优化等。

⑤ 产品虚拟装配。即根据产品设计的形状特征、精度特征，三维真实地模拟产品的装配过程，并允许用户以交互方式控制产品的三维真实地模拟装配过程，以检验产品的可装配性。

（2）虚拟生产平台

该平台将支持生产环境的布局设计及设备集成、产品远程虚拟测试、企业生产计划及调度的优化，进行可生产性（Producibility）分析。

① 虚拟生产环境布局。根据产品的工艺特征、生产场地、加工设备等信息，三维真实地模拟生产环境，并允许用户交互地修改有关布局，对生产动态过程进行模拟，统计相应评价参数，对生产环境的布局进行优化。

② 虚拟设备集成。为不同厂家制造的生产设备实现集成提供支撑环境，对不同集成方案进行比较。

③ 虚拟计划与调度。根据产品的工艺特征、生产环境布局，模拟产品的生产过程，并允许用户以交互方式修改生产排程和进行动态调度，统计有关评价参数，以找出最满意的生产作业计划与调度方案。

（3）虚拟企业平台

被预言为 21 世纪制造模式的敏捷制造，利用虚拟企业的形式，以实现劳动力、资源、资本、技术、管理和信息等的最优配置，这给企业的运行带来了一系列新的技术要求。虚拟企业平台为敏捷制造提供可合作性（Corporatability）分析支持。

虚拟企业协同工作环境支持异地设计、异地装配、异地测试的环境，特别是基于广域网的三维图形的异地快速传送、过程控制、人机交互等环境。虚拟企业动态组合及运行支持环境，特别是 Internet 与 Intranet 下的系统集成与任务协调环境。

（4）基于 PDM 的虚拟制造平台集成

虚拟制造平台应具有统一的框架、统一的数据模型，并具有开放的体系结构。

① 支持虚拟制造的产品数据模型。提供虚拟制造环境下产品全局数据模型定义的规范，多种产品信息（设计信息、几何信息、加工信息、装配信息等）的一致组织方式的研究环境。

② 基于产品数据管理（PDM，Product Data Management）的虚拟制造集成技术。提供在 PDM 环境下，"零件/部件虚拟制造平台"、"虚拟生产平台"、"虚拟企业平台"的集成技术研究环境。

③ 基于 PDM 的产品开发过程集成。提供研究 PDM 应用接口技术及过程管理技术，实现虚拟制造环境下产品开发全生命周期的过程集成。

2. Iwata 体系结构

Iwata 等认为现实制造系统由真实物理系统（RPS，Real Physical System）和真实信息系统（RIS，Real Information System）组成，而虚拟制造系统由虚拟物理系统（VPS，Virtual Physical System）和虚拟信息系统（VIS，Virtual Information System）组成。故 VMS 的体系应该具有以下的特性：应用独立性，VPS、VIS 与 RIS 的相互独立，使得 VPS 可应用于不同的 VIS 或 RIS；结构相似性，即虚拟制造系统的结构应与其所映射的真实制造系统相似。该体系（如图 3-38 所示）较全面地分析了一个企业或车间内的制造活动和数据/模型，集成性强，但忽略了 VM 的活动/数据/控制行为的分布性。

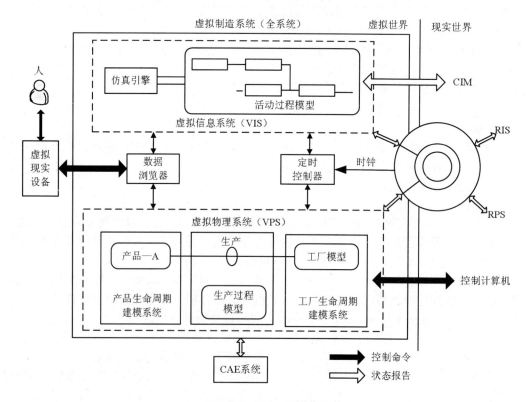

图 3-38 Iwata 体系结构

3. 虚拟产品开发的体系结构

面向产品开发的虚拟制造，又称虚拟产品开发，以领域知识和虚拟实际数等关键技术为支撑，定义虚拟产品开发的"三要素"：产品定义数据、环境定义数据、产品与环境的交互作用规律，以揭示产品及其开发过程各个阶段特定的静、动环境相互作用下产品特性的演变过程。

虚拟产品开发意味着用数字模型替代物理模型来进行产品设计中的分析和评价。它以产品的计算机辅助设计（CAD）模型为基础，应用不同的分析方法检验并改进设计结果。计算机辅助工程（CAE）系统，如有限单元方法（FEM）、动力学和运动学仿真能提供有关产品性能的详细信息，将动画和虚拟现实技术与建模和仿真方法结合，即所谓的虚拟产品设计和开发（类似的词语有虚拟/数字样机技术、数字化工程分析），为产品开发提供新的可能方法，使不同的设计方案可被快速评价。与物理模型相比，虚拟原型生成快，能直接操作和修改，且数据可重用。应用虚拟产品开发技术可以大大减少对真实模型的需求数量，加快产品开发，这意味着既降低了产品的开发成本，也缩短了产品的开发周期，缩短了产品的上市时间。

然而，新产品和工艺的开发涉及来自不同学科的开发者，这要求对所有相关人员有一个综合、合作的环境，即要求虚拟产品开发项目如欲在一个团队中获得更大的成功，其中团队的各个小组分别工作在一个产品不同部件的部门。图 3-39 为虚拟产品开发的体系结构。它包括了从概念设计、详细设计到数字样机支持下的各种性能分析和仿真，以及在虚拟样机支持下的各种仿真分析，并在各种技术的支撑下，实现产品开发的各个阶段在计算机上的虚拟化。

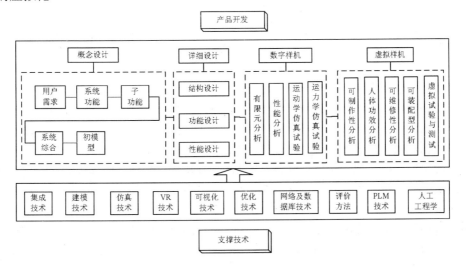

图 3-39　虚拟产品开发的体系结构

4. 基于"虚拟总线"的虚拟制造系统体系结构

基于"虚拟总线"的虚拟制造系统体系结构,是由上海交通大学在国家自然科学基金的支持下提出的基于"虚拟总线"的虚拟制造系统体系结构。该体系是由界面层、控制层、应用层、活动层和数据层组成的 5 层体系结构,如图 3-40 所示。

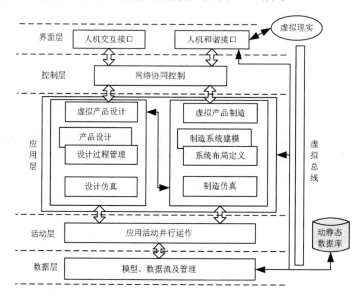

图 3-40 基于"虚拟总线"的虚拟制造系统体系结构

(1) 界面层。产品开发人员可以用文本、图形、超文本、超媒体等方式,通过统一的图形人机交互界面,向虚拟制造系统请求服务以便进行开发活动,或从系统获取信息以进行多目标决策和群组决策。

(2) 控制层。基于网络协议将界面层传来的服务请求等工作指令转化为控制数据,以激发本地或远程应用系统服务。该层同时对分布式的系统内多用户进程的并发控制等进行管理,该层也记录 VM 系统中现场的状态信息。

(3) 应用层。由虚拟产品设计(包括 CAD、DFX、FEA 设计仿真等)、虚拟产品制造(包括制造系统建模、系统布局定义、制造仿真等)两部分组成,并对产品开发过程的应用功能模块进行管理。

(4) 活动层。实现应用层中的各种应用过程的逐步分解,使其由标准的活动组成,并以类似进程的思想执行这些活动。活动可以用统一的 W4H (When, What, Who, Where, How) 形式描述。

各层之间的信息运作是通过"虚拟总线"以统一的协议进行的。

3.4.6 虚拟制造的研究任务

虚拟制造所涉及到的内容非常广泛，其中某些技术和软件可以借用，但大量的技术需要研究和攻关，如支持产品设计与开发的数字化产品模型定义、异构模型的集成与重用、模型的检验与验效、面向产品及零件模型的建立、高精度测量方法与数据处理、虚拟加工、虚拟装配工艺、虚拟装配公差分配等，这些技术涉及的学科广泛，覆盖机械设计与工程、自动控制理论与工程、计算机网络与数据库等学科领域，需要多学科联合攻关研究才能取得期望的成果。目前国内外对虚拟制造的研究主要集中在下列方面。

（1）虚拟产品建模技术研究。它包括基于元（META）建模的模型集成、重用、"衍生"等技术，支持概念设计的产品功能模型，开放式建模框架与体系结构。

（2）产品创新设计支撑技术研究。主要有正向设计，基于 QFD 的产品方案设计技术，三级递进模式的概念设计技术，逆向设计，面向实物样机的机理反求技术，带有随机误差的测量数据处理技术，基于光顺样条方法和神经元网络技术的曲线、曲面拟合技术，残缺数据修复技术，计算机辅助工业设计，制定试验条件和试验规范，选择和完善试验台及相应测试仪表及精度。

（3）产品样机数字化技术研究。它主要包括以下内容：支持虚拟产品开发（VPD, Virtual Product Development）全过程的产品数字模型的数据组织与管理技术，面向设计、装配、生产的产品数字模型的映射技术，基于 META 模型的产品结构及性能优化技术，建立基于 PDM 的产品样机数字化支持系统，开发剑杆织机数字化样机。

（4）虚拟产品制造过程的仿真技术研究。集成化刀位轨迹检查、NC 代码验证、碰撞干涉检验系统；基于表面质量分析的切削参数选择技术；基于应力的加工质量评价技术；装配信息建模、工艺过程规划与仿真、公差分析与综合技术；虚拟测量技术，包括虚拟仪器、测量过程仿真、测试数据管理等；开发集成化仿真分析平台，实现剑杆织机的一体化仿真。

（5）建立支持虚拟产品开发全过程的集成化 VPD 系统。基于 PDM 的虚拟产品创新设计系统，产品样机数字化支持系统，集成化仿真分析平台的集成技术，VPD 系统与实际产品开发的集成化 3C 系统的集成。

3.4.7 虚拟产品的支撑技术

1. 虚拟现实技术

虚拟现实（VR, Virtual Reality）又称虚拟环境（VE, Virtual Environment），是美国 Jaron Lanier 在 1989 年首次提出的，其含义是：在计算机产生的三维交互环境中，用户获得融入这个环境的体验。但 VR 技术的形成源于计算机图形仿真器（如飞行仿真器）。美国学者 Ivan Sutherland 于 1968 年在哈佛大学提出了"头盔显示器"的概念，但受当时软、硬件技术水平的限制,直到20世纪80年代中期VR技术才开始逐步兴起。

虚拟现实技术是20世纪90年代最重要的成就之一,被称为"放大智慧的工具",也有人认为"21世纪的计算机是VR计算机",VR技术推动了虚拟制造技术的发展,成为虚拟制造技术的重要支撑之一。

所谓虚拟现实技术就是由计算机直接把视觉、听觉和触觉等多种信息合成,并提示给人的感觉器官,在人的周围生成一个三维的虚拟环境,从而把人、现实世界和虚拟空间结合起来,融为一体,相互间进行信息的交流和反馈。人在虚拟环境中,可以以最自然的形态实时地进行操作和行动,犹如自身处在真实环境中。虚拟现实技术或由它构筑的系统,最重要的特征在于沉浸感(Immersion)、交互性(Interaction)和构想性(Imagination),即虚拟现实三要素。沉浸感即VR系统可以使用户产生身临其境的感觉,交互性即用户可以对虚拟现实中的物体直接操作,构想性即虚拟现实系统能使人在沉浸的环境中产生新的灵感和构想。虚拟现实系统由以下几个部分组成。

(1)人机接口。VR系统的人机接口是指向操作者显示信息,并接收操作者控制机器的行动与反应的所有设备。由于操作者沉浸于虚拟环境之中,因而接口覆盖了人类感知世界的多重信息通道,包括视觉、听觉、触觉等。另外,接口还包括位置跟踪、运动接口、语言交流以及生理反应等多种系统。目前,人们投入较大力量进行研究的主要领域包括视觉、听觉、触觉、位置跟踪等接口系统。

(2)软件技术。软件技术是创建高度交互的、实时的、逼真的虚拟环境所需的关键技术。在进行软件开发时,要考虑虚拟环境的建模以及所建环境的可交互性、可漫游性等。虚拟环境建模是指对要创建的虚拟环境及其中的虚拟物体的外观、形状、物理特性进行描述,并将相应的接口设备映射到仿真环境之中。要实现与虚拟环境的交互性,VR软件应能利用人机控制设备(如位置跟踪器、鼠标、键盘、操纵杆与语音识别等系统)的输出来修改虚拟环境。漫游功能指的是当用户在虚拟环境中行走或转动头部时,所见到的场景应随之发生变化。

(3)虚拟现实计算平台。计算平台是指在VR系统中综合处理各种输入信息并产生作用于用户的交互性输出结果的计算机系统。由于VR系统的信息加工是实时的,虚拟环境的建模、I/O工具的快速存取以及真实的视觉动态效果等需要大量的计算开销。在虚拟环境的创建过程中,虚拟物体的物理、运动学等性能建模以及I/O工具的快速存取一般由CPU进行处理,而真实的视觉动态效果则需要由专门的图形加速设备来实现,这是因为真实的视觉效果对VR系统的沉浸性至关重要。目前,VR计算系统的性能还远未满足VR实际应用的要求,高度并行的计算结构及分布式的系统是两个主要的研究发展方向。高度并行的计算结构采用多个图形处理器并联及高速的总线装置来提高性能,目前这种结构正处于原型研究阶段。分布式系统是将计算载荷分配到局域网或以太网上的多个工作站中,这种系统的特点是可以利用现有的资源完成复杂的图形计算,同时还可以实现多用户参与并提供"远程参与"的感觉。

2. CAX/DFX 技术

CAx 技术主要是指一系列的计算机辅助技术，包括计算机辅助设计（CAD，Computer Aided Design）、计算机辅助工程（CAE，Computer Aided Engineering）、计算机辅助制造（CAM，Computer Aided Manufacturing）、计算机辅助工艺规划（CAPP，Computer Aided Process Planning）等，技术的发展使得 CAD、CAE、CAPP、CAM 各自孤立的"孤岛"技术进行集成，在计算机内实现各应用程序所需要的信息处理和变换，形成连续的、协调的、科学的信息流。这些技术在很多专业领域（如机械、电子、热能、化工……）都开发出相应的软件，特别是在当今计算机集成制造系统（CIMS）大力发展时，形成了一批 CAx 的软硬件系统，它们是并行工程实施中非常重要的工具。

DFx 强调的重要问题之一是要在产品设计中尽早考虑其下游的制造、装配、检测、维修等各个方面，为此形成了一系列的技术。

（1）可制造性设计（DFM，Design for Manufacturing）。该技术是在设计过程中考虑如何适应企业现有的制造条件和限制。目前已有研究者在计算机上开发这方面的软件系统，它能根据存储在计算机中有关企业车间加工条件的数据库，自动对初步的产品设计进行可制造性检验，把检验结果反馈给设计人员，从而能够不断调整和修改设计，使其满足制造条件的要求。

（2）可装配型设计（DFA，Design for Assembly）。它与 DFM 相似，DFA 主要考虑的是设计出来的各种零部件能否在现有技术设备条件下进行装配。现在也有研究人员开发出了相应的软件系统，能自动检测各个零部件之间是否可装配和易于装配。

（3）可检测性设计（DFT，Design for Testing）。产品制造、装配完了以后，对其性能进行各项检测是十分必要的。DFT 就是采用一系列的方法和技术来评价该设计能否在现有的设备条件下进行检测。

（4）可维修性设计。该技术是为了满足用户在使用中的要求，在产品设计中就要考虑产品是否便于维修。

（5）可操作性设计。该技术主要是人机工程技术，它指产品不仅要满足其主要性能要求，还要便于人的操作方便，做到可靠、舒适、经济、安全。

3. 建模/仿真/优化技术

虚拟制造系统应当建立一个健壮的信息体系结构，包括产品模型、生产系统模型等 VM 环境下的信息模型。

（1）产品模型。对于虚拟制造系统来说，要使产品实施过程中的全部活动融于一体，就必须具有完备的产品模型，以支持上述活动的全集成。所以，VM 下产品模型不再是单一的静态特征模型，它能通过映射、抽象等方法提取产品实施中各活动所需的模型。

（2）生产系统模型。生产系统模型可以归纳为两个重要方面：一是静态描述，即系统生产能力和生产特性的描述；二是动态描述，即系统动态行为和状态的描述。静态描述的重要性在于：它能描述特定制造系统下特定产品设计方案的可行性；对于系统生产能力和特性（包括生产周、存储水平）的了解，有助于将这些能力和设计方案下的生产需求与制造系统有关的工艺制造能力进行比较。动态描述能在已知系统状态和需求特性的基础上预测产品生产的全过程。

3.4.8 虚拟制造技术现状分析

尽管虚拟制造发展迅速，但是目前还缺乏从产品设计全过程的高度开展 VM 研究。这表现在如下几个方面。

1. 基于集成的数字化产品模型技术尚处于概念阶段

VM 要求基于集成的数字化产品模型开展研究工作，但是，这方面的研究工作刚刚开始，很多有关的技术尚处于概念阶段，有待于进一步研究，具体包括以下几点。

（1）CAD 模型中的产品信息含量太低。CAD 模型是在产品的设计过程中形成的，而人们在产品设计阶段有大量的产品信息（几何的与非几何的）需要记录在 CAD 模型中，它是重要的产品数据源。虚拟制造中的很多分析模型都需要从 CAD 模型抽取相应的信息。可是目前的 CAD 模型主要是从几何实体的角度描述产品，尽管一些 CAD 模型加入了"形状特征"和"材料"及公差等信息，但还远不能全面地描述产品，能够共享的产品信息还是太少。

（2）现有的 CAD 模型无法支持产品的概念设计。产品的全新设计要经过概念设计、详细设计及产品工艺规划和制造几个过程，而目前的 CAD 模型只能支持产品的详细设计。

（3）缺乏良好的产品信息重用机制。目前各应用软件间的产品数据交换主要是通过专用的"接口"来实现的，而这种转换必须是同一问题域（如几何）数据的简单映射，这势必增加了虚拟产品开发系统的复杂度，而且无法实现模型间数据的自动转换和衍生。事实上，由于各软件系统所描述的信息所在问题域的不同，在数据转换时有时要做适当的演绎推理，对所描述的数据对象做适当的转换。以一个滚子从动件的凸轮机构为例，产品设计过程中很自然地会用一个销子把滚轮和滚轮座连起来，而且滚轮是可以转动的，以便减少摩擦。如果直接把这种描述转换到运动学分析模型，则必然会出现欠约束的情况而导致无法求解，更何况目前的 CAD 模型还无法提供机构运动学描述信息。

2. 产品创新支持工具尚不充分

目前产品创新支持技术有了一定的进展，有了部分支持工具，例如 UGII 的 WAVE、Pro/Engineering 的 layout，但是离 VM 对产品创新支持技术的要求还有一定的距离，主要表现在如下几点。

(1) 缺少创新设计支持系统。VM 的环境为创新设计提供了很好的运行机制,但如何实现创新设计,还需要组织开发创新设计支持系统。例如,从市场需求综合出产品功能的需求,由功能的需求产生新的结构方案,最后产生创新的解答方案,这些都需要新产品设计以市场的需求为目标,利用新技术、新材料、新工艺的支持。产品的创新设计是一门综合性科学,目的是综合用户需求,结合现有的资源、技术、人才寻求设计的共性规律,提高新产品的设计质量和速度。

(2) 缺乏将知识与 VM 结合的工具。创新产品更加注重知识,知识可以创造革新产品和新技术。由于知识表达与组织的重要性和它的复杂性,所以其受到了国内外的普遍重视,特别是在信息技术、计算机技术和数据库网络技术飞速发展的今天,创新设计支持系统获得了新的探索空间。如何将知识与 VM 的数字产品结合起来是一个亟待解决的难题。

(3) 缺少交互式外形设计技术与虚拟制造的集成工具。虚拟制造技术被证明是支持产品创新的最具有发展前景的技术,如何将解决产品整体定位和外观质量的、以工业设计为核心的产品交互式外形设计技术引入虚拟制造并有机地集成起来尚待研究。

(4) 缺少支持逆向设计的工具。逆向设计亦称为反求设计,在许多情况下,它也具有创新设计内涵,虽然它不是全新设计。目前逆向设计中仍然有大量未能克服的难题,如具有随机测量误差的测量数据处理技术、残缺数据的修复技术等尚需改进与完善。

3. 产品数字化技术

(1) PDM 与其他应用软件的集成问题。产品数字化的核心是如何采用 PDM 技术,虽然 PDM 技术受到学术界和企业界的青睐已有近十年的历史,各种版本的 PDM 软件也竞相问世,在实施方面也取得了一定的经验,但 PDM 系统缺乏标准,这也就造成了 PDM 软件与其他应用系统(例如 MRPII、CAD、Web 浏览器等)的集成问题。在虚拟环境下,各专业、各部门人员基于同一产品模型协同工作,必须解决 PDM 与其他应用软件的集成问题。

(2) 虚拟产品开发的产品数据组织体系。虚拟产品开发方式生成的产品数字样机的产品结构树不仅要反映产品设计阶段的构造层次结构,而且还要反映产品的装配顺序,制造部门可以直接根据产品数字样机进行制造,而不必再去构造新的 BOM。如果将零部件的加工时间、工位信息等考虑在零部件的对象模型内部,在产品结构树上再增加一些虚设结点,则采用虚拟产品开发方式产生的产品数字样机的产品结构树又可以反映生产流程。所以研究适合虚拟产品开发的产品数据组织体系是切实必要的。

(3) 与数字化产品模型相关数据的组织和管理。产品的数字化不但包括建立产品数字模型,还包括该数字模型的性能指标,主要包括结构分析、运动学分析、动力学分析、热力学分析的结果,为产品的定型提供理论依据,并对产品性能进行改进,从而提高产品的开发时间和开发质量。如何有效解决相关数据的组织和管理,使之有效适合 VM 的需要是目前国际研究的热点。

4. 制造过程仿真建模方法和技术

基于物理学模型的制造过程仿真技术尽管已经得到了广泛的应用,但其建模方法及建模技术仍未有突破性的进展,在虚拟加工、虚拟装配、虚拟测试方面分别体现在以下几点。

(1) 虚拟加工分析工具尚不丰富。尽管目前已有不少商品化软件可以进行"可加工性"评价,但 VM 还需研究开发大量的虚拟加工分析工具,如具有切削力分析功能的加工过程仿真系统,切削工艺对产品质量的影响(包括残余应力、切削温度场等),以及零件制造费用的估算方法还在研究之中。

(2) O-O 方法装配建模的研究。国际上关于虚拟装配的研究虽不少见,但在装配建模方面,采用 O-O 方法是装配建模的一种潮流。先粗后精,由抽象到具体,符合人们 Top-Down 式的自然思维习惯。集成化是装配建模的必然趋势。信息模型应能支持 VM 环境下与装配相关的各阶段活动。

(3) 装配工艺规划的进一步研究。装配工艺规划虽日趋成熟,但目前尚处于研究阶段,局限性主要表现在 4 个方面:组合爆炸或大量的交互问答,限制了目标产品的元件个数;仅考虑沿坐标轴方向的平移,装配运动方式过于简单;偏重于几何计算,工程语义知识的利用有待加强;装配顺序的选择标准不够广泛和统一。

(4) 虚拟装配的基础理论研究。VM 对虚拟装配中的公差分析与综合技术还缺乏理论基础。近几年,国际上已有许多公差分析和综合的软件包,例如 VSA(Variation System Analysis)、Vector Lo、Valisys、TI/Tol 3D 等,但在模型的生成以及对 ISO 公差标准的支持、对形位公差的支持方面还有很多问题,迫切需要进行攻关研究。

(5) 虚拟测试技术研究。虚拟测试是成功运用"虚拟产品开发"技术的关键环节,因为在现有的技术条件下对于单元模型不论是产品、工艺还是系统,测试和校验环节是不可缺少的,如:波音 777 飞机作为第一架无图纸的飞机,但几乎它的每一个关键部件和工艺都要经过严格的实验测试和校验。测试和校验环节还会对"虚拟产品开发"的效率产生重要影响,因为当所有环节都计算机化后,测试和校验环节就成为影响效率的重要因素。

3.4.9 虚拟制造的应用范例

以下是一些虚拟制造技术应用的成功例子。

波音 777 全面应用 VM 技术,其整机设计、部件测试、整机装配以及各种环境下的试飞均是在计算机上完成的,使其开发周期从过去 8 年时间缩短到 5 年,甚至在一架样机未生产的情况下就获得了订单。

欧洲空中客车一改过去的传统产品研制及开发方法,采用虚拟制造及仿真技术,把空中客车试制周期从 4 年缩短为 2.5 年,不仅提前投放市场,而且显著降低了研制费用及生产成本,大大增强了全球竞争能力。

Perot System Team 利用 Deneb Robotics 开发的 QUEST 及 IGRIP 设计与实施一条生产线,在所有设备订货之前,对生产线的运动学、动力学、加工能力等各方面进行了分析与比较,使生产线的实施周期从传统的 24 个月缩短到 9.5 个月。

Ford 公司和 Chrysler 公司与 IBM 合作开发的虚拟制造环境用于其新型车的研制,在样车生产之前,发现其定位系统的控制及其他许多设计缺陷,缩短了研制周期。由于实施了虚拟产品开发策略,Ford 和 Chrysler 将它们新型汽车的开发周期由 36 个月缩短至 24 个月。

波音-西科斯基公司在设计制造 RAH-66 直升机时,使用了全任务仿真的方法进行设计和验证,通过使用数字样机和多种仿真技术,花费 4590 小时仿真测试时间,却省却了 11590 小时的飞行时间,节约经费总计 6.73 亿美元,获得了巨大收益。同时,数字式设计使得所需的人力减到最少,在 CH-53E 型直升机设计中,38 名绘图员花费 6 个月绘制飞机外形生产轮廓图;而在 RAH-66 中,1 名工程师用 1 个月就完成了。

通用电动机车部(EMD,General Motors Electro Motive Division)在 1997 年,利用 UGII 软件,建成了第一个完全数字化的机车样机模型,并围绕这个数字模型并行地进行产品设计、分析、制造、夹模具工装设计和可维修性设计。

日本日产汽车公司在 1998 年与 SDRC 公司签订总额超过 1 亿美元的特大合同,购买软件、服务与实施,主要用于面向 21 世纪的新车型——数字样车的开发。日产汽车公司计划在贯穿汽车生产的全过程中,利用概念设计支持工具、包装设计软件、覆盖件设计、整车仿真分析、数字样机及物理样机的生产等。

3.5 敏 捷 制 造

当今,世界市场日趋多变,制造业面临的新形势是:知识—技术—产品的更新周期越来越短,产品的批量越来越小,顾客对新产品性能和质量的要求越来越高,有能力参与竞争的企业越来越多等。于是如何利用高知识含量的产品开发技术,快速开发新产品、重组资源、组织生产、满足用户"个性化产品"的需求,成为企业能否赢得竞争、不断发展的关键。而缩短产品开发周期是新产品的一个最基本的要求,缩短产品的制造周期则是缩短产品开发周期中的重要部分,制造业如何敏捷、柔性地响应新产品的开发乃至市场的需求,将成为本世纪初制造领域备受关注的焦点之一。它要求企业有很强的自适应能力,根据市场变化迅速自我调整,可以迅速和合作者结成新的合作关系,迅速把新技术转化为市场需要的产品。同时,它还应有较强的新技术开发能力,不仅能被动地适应市场的变化,而且能不断提供新技术和新产品去开拓新的市场和机遇。

敏捷制造认为,以信息技术为基础,在全球一体化或地区一体化的金融和政治环境中,通过临时联合那些能适应环境变化的企业,组成动态联盟、共同承担风险、分担义务、共享成果、迅速开发新产品、响应市场需求、随着市场全球化、全球网络化的进程，网络制造已成为敏捷制造的一种实现形式。敏捷制造的基本组织形式就是虚拟企业，即由盟主企业联合其他资源互补的合作伙伴，为及时响应市场机遇而结成动态联盟，通过计算机网络进行生产经营业务活动各个环节的合作，以实现企业间的资源共享和优化组合，实现异地制造，在最短的时间内生产出满足用户需求的产品。

自敏捷制造的概念提出后，欧美的许多公司在不同程度上应用敏捷制造和动态联盟的思想，进展很快。我国一些企业也自发地应用了敏捷制造的基本规律，并取得了很大的成功。

3.5.1 敏捷制造的概念和特征

随着工业化的发展，尤其是计算机技术的发展，制造业发生了巨大变化。20世纪80年代，美国产品在世界市场所占份额的急剧下降使得美国人清楚地认识到：制造业是一个国家国民经济的支柱，不能保持世界水平的制造能力，必然危及国家在国内外市场的竞争力。为了保持美国的领导地位，美国应重振其制造业的竞争力。1988年由美国通用汽车公司（GM）与美国里海（Lehigh）大学工业工程系共同提出了敏捷制造的概念。1991年美国政府批准了由国防部、工业界和学术界联合撰写的《21世纪制造企业发展战略报告》，在报告中进一步明确了敏捷制造的概念。

敏捷制造（AM，Agile Manufacturing）的基本思想就是通过把灵活的动态联盟、先进的柔性制造技术和高素质的人员进行全面集成，从而使得企业能够从容应付快速的和不可预测的市场需求，获得企业的长期经济效益。敏捷制造的基本含义如下：在先进柔性生产技术的基础下，通过企业的多功能项目组（团队）与企业外部多功能项目组（团队）组成虚拟企业这个动态多变的动态组织机构，把全球范围内的各种资源，包括人的资源集成在一起，实现技术、管理和人的集成，从而能够在整个产品生命周期内最大限度地满足用户的需求，提高企业的竞争能力，获取企业的长期效益。

敏捷制造是企业在无法预测的持续及快速变化的竞争环境中生存、发展、扩大竞争优势的一种新的经营管理和生产组织模式。它强调通过联合来赢得竞争；强调通过产品制造、信息处理和现代通信技术的集成，来实现人、知识、资金和设备（包括企业内部的和分布在全球各地合作企业的）集中管理和优化利用。

敏捷制造有以下特点。
（1）重视发挥人的作用，将人作为企业一切活动的中心。
（2）根据用户需求、个性化设定和市场变化，能全方位做出快速响应。
（3）通过动态联盟形成虚拟企业，建立可重组的企业群体经营决策环境和组织形式，在企业和供应商之间形成敏捷供应链，在企业和用户之间形成快速畅通的分销网。
（4）在结盟企业间形成快速有效的协调工作机制，增强企业外部敏捷性。
（5）推行并行工程技术和虚拟制造技术，保证产品开发一次成功，从而快速推出新产品。
（6）建立敏捷制造企业，以用户满意产品为经营目标，充分利用可重组、可重用和可扩充思想准则，实现经营生产全过程的敏捷化的管理、设计和制造，实现全面集成和整体优化。

3.5.2 敏捷制造研究内容和现状

随着敏捷制造这一哲理体系的不断发展和完善，其研究领域和使能技术的覆盖面也更为广泛，目前敏捷制造的研究大致从以下4个方面展开：策略、技术、系统和人。

1. 策略

为适应快速变化的市场和顾客化的产品需求，制造业的新策略不断涌现。敏捷制造本身就是一种策略，而且它已成为一种更为广义的策略，使之可以囊括许多成熟的、正被广泛研究的、正显示生命力的制造业策略。典型的代表是敏捷虚拟企业、供应链和并行工程。

（1）虚拟企业。虚拟企业是一个临时的企业联盟，是成员企业核心能力的集成虚体。为响应某个特定的市场机遇，拥有不同核心能力的企业联合起来，共享技能和资源。其特点是：成员间的合作以计算机网络和信息技术为支持。

（2）供应链管理。供应链是一个产品或服务的全球传送网络，它覆盖从原材料到最终用户的全过程，供应链管理的重点在于整个供应链上的经营过程及其优化。

（3）并行工程。并行工程是跨专业的开发团队，是跨越整个产品研发周期的产品开发哲理。并行工程要求制造企业能够快速、准确地开发或二次开发出顾客化的产品。

2. 技术

信息技术对敏捷制造起到重要的支持作用。数字制造技术，包括机器人系统、自动导引系统、数控技术、CAD/CAM、快速成型都是敏捷制造的重要使能技术。

（1）硬件——仪器和工具。管理和系统固然重要，敏捷制造系统中的先进制造设备和工具则是提供高质量产品和服务的重要技术指标。敏捷制造面对的是多样化的、顾客化的生产，制造单元中的高精度设备（如机器手、传送设备、夹具），以及整个制造系统的快速重构就显得举足轻重了。还可以用智能传感器、虚拟现实技术（如虚拟机床、虚拟检测）来代替工业时代由人来完成的许多工作。

（2）信息技术。信息技术在制造系统中得到了广泛的应用，代表性的有CAD/CAM、PDM、MRP、ERP、EDI/EC等。而Internet/Intranet技术又使得这些技术有机地集成起来。这些技术的成功应用又取决于对制造决策的理解和贯彻。

3. 系统

这里讨论的系统是指敏捷制造系统中的一些设计、制造、管理、规划和控制方法，前面讨论的信息技术是它们的具体实现。

（1）设计系统。为了快速地响应市场变化和向新产品转型，敏捷制造的一个重要的前提就是新产品的快速设计能力。其特点是重组企业的产品和资源，减少非增值活动，高效满足市场需求。计算机支持的协同工作（CSCW，Computer Supported Coorperative Work）是敏捷设计的信息技术支持。

（2）生产技术和控制系统。敏捷制造环境下的生产计划和控制系统有如下特点：并行的、渐进式的和客户参与的产品开发过程的建模，虚拟企业生产过程的实时监控，适应市场变化的动态柔性生产过程，自适应性的生产调度方法，生产控制系统的建模等。

（3）数据管理和系统集成。敏捷企业必须能够在短时间内迅速重构数据和信息系统，包括与伙伴企业的生产模型和信息系统的集成。它们依赖于传统的制造系统方法和基于网络的系统集成技术。

4．人

作为敏捷制造系统中的人，必须是掌握先进知识的知识型工人（Knowledge Worker），如计算机操作员、制图员、设计工程师、制造工程师、管理工程师。接受特定领域的继续教育和培训是向知识型工人转变的有效途径。敏捷制造系统的研究大多集中在策略、系统和使能技术方面，对人的因素的研究还很有限，但人在敏捷制造系统中扮演着极其重要的角色。

3.5.3　敏捷制造的组织形式——敏捷虚拟企业

敏捷制造环境下，单一的市场竞争形式正发生变化，取而代之的是全球的合作竞争趋势。顾客需求的个性化和多样化使得越来越多的企业无法快速、独立地胜任稍纵即逝的市场机遇。敏捷制造系统的组织形式——虚拟企业（VE，Virtual Enterprises）的概念由此产生。

虚拟企业是由许多独立企业（供应商、制造商、开发商、客户）组成的临时性（即为了响应特定的市场机遇而迅速组建，并在完成任务后迅速解体）网络，通过信息技术的连接进行技术、成本、市场的共享。每个企业提供自身的核心竞争能力。该网络没有或者只有松散的、临时的、围绕价值链组织的层次关系。外部，虚拟企业由一个代表核心竞争力的成员或者信息/网络代理表示；内部，虚拟企业可以由任何管理形式组织：领导企业、信息代理、委员会、信息技术（如工作流系统、组件技术、执行信息系统）。

虚拟企业思想最重要的部分是适应市场迅速变化的敏捷企业的组织与经营管理模式。因此，虚拟企业的建立并不意味着改变所有企业的原有生产过程和结构，而是强调利用企业的原有生产系统，在企业间进行优势互补，构成新的临时机构，以适应市场需求。因此，要求企业的生产系统与生产过程能够做到可重构（Re-configurable）、可重用（Re-usable）、可伸缩（Scalable），换句话说，就是虚拟企业系统本身有着敏捷性要求。

与传统企业相比，虚拟企业有以下基本特征。

（1）组织结构的扁平性。传统的企业组织结构是金字塔式的、多层次的、阶梯控制的组织结构，虚拟企业组织的构成单位从专业化的职能部门演变为随着市场机遇产生而成立的扁平化组织。这种组织要素在与外界环境要素互动关系的基础上，以提高顾客满意度和自身竞争实力为宗旨，并随企业战略调整和产品方向转移而不断地重新界定和动态演化，以求快速适应市场变化。

（2）合作性。虚拟企业往往由一个核心企业与几个非核心企业组成，其存在的出发点是某一共同的市场机会，基点是各企业的专长及其整合效应以实现"双赢"，因此，虚拟企业是一个由核心单元（企业）与非核心单元（企业）组成的伙伴性合作企业联盟。核心企业往往集中力量发现新的市场机会，开展有市场远景的新产品设计及其制造研究；非核心企业则根据核心企业的要求进行生产与销售，并及时提出改进意见，从而缩短新产品上市的时间，降低整个服务过程的成本，所以虚拟企业从产生到死亡，整个生命过程都充满了合作。而大部分传统企业在建立时强调法人资产的专有性，尽量把市场功能内部化，实现研发、生产、销售、售后服务的控制，合作在一定的程度上受到自身框架的限制。

（3）虚拟性。虚拟企业往往没有传统企业所拥有的固定的经营场所、办公人员，而是通过信息网络和契约关系把分散在不同地方的资源（包括人力资源）整合而成；虚拟企业只保留和执行本身的关键功能，把其他功能委托给外部企业来实现，所以只见虚拟企业的品牌与信誉（研发与策划职能），不见其工厂、运输与销售（当然，生产、运输与销售职能只是被分割而已）。

（4）动态性。虚拟企业往往是为了某一具体的市场机会通过签订契约而组成的企业联盟，合作的对象往往是分别在各自从事的活动方面最具核心能力的企业，所以虚拟企业是经济活动在企业层次上能力分工的结果，各合作成员随着各市场机会的更迭及生产过程的变化而进入与退出，甚至整个企业因合作使命的完成而消亡。所以从一段时间来看，虚拟企业具有动态性。传统企业则强调自身有形组织的发展和壮大，即使某一次合作使命完成也会继续存在下去。

（5）全球性。根据供应链管理理论，虚拟企业基于全球供应链并以价值链的整体实现为目标，强调以互联网为基础的全球性的信息开放、共享与集成，整合全球资源。虚拟企业把企业系统的空间扩展到全球，通过信息高速公路，从全球供应链上有条件地选择合作伙伴组成动态公司，进行企业的大组合。因此，虚拟企业的经营要素不仅包括资本、人力、技术、信息，其管理还具有全球性，其组织形式也是全球化的。而大部分传统企业在建立时往往基于局部或区域的需求，只有当企业发展到一定的规模和阶段后才开发国际市场，寻求国际间的资源整合。

（6）市场机遇的快速应变性。虚拟企业能够快速地聚集实现市场机遇所需的资源，从而抓住市场的机遇。这种快速应变性使虚拟企业不仅能适应可以预见的市场变化，也可以适应未来不可预知的市场环境。

（7）企业文化的多元性。组成虚拟企业的成员企业可能是来自世界各地，每一个企业都有自己独特的价值观念和行为方式。这些成员企业之间，并没有资本的直接参与和控制，不存在一个成员对另一个成员强制支配的纵向从属关系。它们是一个为着共同目标而平等合作的非命令型联盟组织,所以在合作过程中,只有充分了解和尊重各成员企业的文化差异,在相互沟通、理解、协调的基础上求同存异,努力形成一个共同认可的、目标一致的联盟文化,从而消除成员之间的习惯性防卫心理和行为,才能建立良好的信赖合作关系。

3.6 智能制造

20世纪是科学发展最迅速的一个世纪。在这个世纪,机械科学发展的最大特征是自动化,特别是20世纪后半叶的计算机科学与机械科学的有机结合,使机械领域发生了一场革命,自动化与智能化成为机械领域的新的重要特征。

世界市场的激烈竞争是推动制造技术向更高层次发展的直接动力。20世纪90年代以来,制造业变成了一个统一的大市场,现代化生产在全球规模展开。同时,制造业对地球生态和环境的影响也日益引起重视,人们要求在生产和消费过程中更加注意生态和环境方面的相容性和友善性,需要考虑产品全生命周期,包括产品的使用环境、产品的再循环、节能等清洁生产技术。因而全球产业界已进入了结构大调整的重要时期,制造业的全球化与一体化的格局已然形成,制造技术的发展必须与此相适应。随着社会需求的个性化和多样化,人们对产品的要求不仅在于物质功能,而且附加了非物质的如文化、艺术、行销方式等方面的需求,未来的制造产品趋向于"客户化、变品种变批量、快速交货",产品的内涵已变为满足消费需求的解。市场的动态多变性迫使制造企业改变竞争策略,把市场响应速度提高到首位。此外,随着制造技术的进步,制造过程中人的体力劳动获得了很大的解放,而脑力劳动却有增无减。制造业未来发展的"瓶颈"就是"制造智能"和制造技术的"智能化"。人工智能(专家系统)、神经网络、模糊逻辑等计算机智能技术的应用,使制造知识的获取、表示、存储和推理成为可能,这就促使许多有识之士利用各学科的最新研究成果,发展一种新型的制造模式——智能制造。

3.6.1 智能制造的含义和特征

智能制造技术(IMT,Intelligent Manufacturing)是指利用计算机模拟制造业人类专家的分析、判断、推理、构思和决策等智能活动,并将这些智能活动与智能机器有机地融合起来,将其贯穿应用于整个制造企业的各个子系统(经营决策、采购、产品设计、生产计划、制造装配、质量保证和市场销售等),以实现整个制造企业经营运作的高度柔性化和高度集成化,从而取代或延伸制造环境中人类专家的部分脑力劳动,并对制造业人类专家的智能信息进行搜集、存储、完善、共享、继承与发展。

智能制造系统(IMS,Intelligent Manufacturing System)是一种智能化的制造系统,是由智能机器和人类专家结合而成的人机一体化的智能系统,它将智能技术融合进制造系统的各个环节，通过模拟人类的智能活动，取代人类专家的部分智能活动，使系统具有智能特征。

IMS 具有以下的特征。

（1）自组织能力。IMS 中的各种智能机器能够按照工作任务的要求，自行集结成一种最合适的结构，并按照最优的方式运行。自组织能力是 IMS 的一个重要标志。

（2）自律能力。IMS 能根据周围环境和自身作业状况的信息进行监测和处理，并根据处理结果自行调整控制策略，以采用最佳行动方案。这种自律能力使整个制造系统具备抗干扰、自适应和容错等能力。

（3）自学习和自维护能力。IMS 能以原有的专家知识为基础，在实践中不断进行学习，完善系统知识库，并删除库中有误的知识，使知识库趋向最优。同时，还能对系统故障进行自我诊断、排除和修复。

（4）整个制造系统的智能集成。IMS 在强调各子系统智能化的同时，更注重整个制造系统的智能集成。它包括了经营决策、采购、产品设计、生产计划、制造装配、质量保证和市场销售等各个子系统，并把它们集成为一个整体，实现整体的智能化。

3.6.2 智能制造的关键技术

人类发展过程中，起先脑力劳动不为社会所认可。当人类认识到知识的重要性时，许多历史的经验已被人们所忘却，致使许多的历史遗迹至今无法解释。计算机技术的发展，尤其是其强大的计算能力，完全可以代替人们进行分析与比较。

鉴于上述情况，智能制造系统的关键技术应包括以下内容。

（1）知识库的建立。人类的发展过程是知识发展和积累的过程，几千年的发展有很多经验和教训，整理归纳后可建立较完整的知识库，从而使人们在生产中少走许多弯路，使决策更加准确。

（2）智能设计。工程设计中，概念设计和工艺设计是大量专家的创造性思维，需要分析、判断和决策。大量的经验总结、分析，如果靠人们手工来进行，将需要很长的时间。把专家系统引入设计领域，将使人们从繁重的劳动中解脱出来。目前在 CAD/CAPP/CAM 领域中，应用专家系统已取得了一定进展，但仍未发挥出其全部能力。

（3）智能机器人。机器人技术虽然已经过许多年的发展，但仍然仅限于代替人们的劳动技能。一种是固定式机器人，可用于焊接、装配、喷漆、上下料，它其实就是一种机械手；另一种是可以自由移动的机器人，但仍需人们的操作和控制。智能机器人应具备以下功能特性：视觉功能，机器人能借助其自身所带的工业摄像机，像"人眼"一样观察；听觉功能，机器人的听觉功能实际上是话筒，能将人们发出的指令，变成计算机接收的电信号，从而控制机器人的动作；触觉功能，就是机器人带有各种传感器；语音功能，就是机器人可以和人们对话；分析判断功能（理解功能），机器人在接收指令后，可以通过对知识库中的资料进行分析、判断、推理，自动找出最佳的工作方案，做出正确的决策。

(4) 智能诊断。除了计算机的自诊断功能（包括开机诊断和在线诊断）外，还可以进行故障分析、原因查找和故障的自动排除，保证系统在无人的状态下正常工作。

(5) 自适应功能。制造系统在工作过程中，由于影响因素很多，如材料的材质、加工余量的不均匀、环境的变化等，都会对加工带来影响。由于目前人们仍是依靠经验来控制系统，所以加工时就不可能达到最佳状态，产品的质量就很难提高。要实现自适应功能，在线的自动检测和自动调整是关键技术。

(6) 智能管理系统。加工过程仅是企业运行的一部分，产品的发展规划、市场调研分析、生产过程的平衡、材料的采购、产品的销售、售后服务，甚至整个产品的生命周期，都属于管理的范畴。需求趋向于个性化、多样化，市场小批量、多品种占主导地位，因此，智能管理系统应具备对生产过程的自动调度，具有信息的收集、整理与反馈能力以及具有企业的各种情况的资料库等。

总之，人工智能是不可避免的发展趋势，有着非常广阔的发展前景。

3.6.3 智能制造的发展趋势

日、美、欧都将智能制造视为 21 世纪的制造技术和尖端科学，并认为它是国际制造业科技竞争的制高点，且有着巨大的利益。所以它们在该领域的科技协作频繁，参与研究计划的各国制造业力量庞大，主宰着未来智能制造的发展趋势。

智能制造技术着重研究制造过程中的智能决策、基于多代理（Multi-agent）的智能协作求解、智能并行设计、物流传输的智能自动化、智能加工系统和智能机器等问题。

智能制造系统主要研究：部分替代人的智能活动和技能；使用智能计算机技术来集成设计制造过程，以虚拟现实技术实现虚拟制造；通过卫星、Internet 和数字电话网络实现全球制造；并行智能化和自律化的智能加工系统以及智能化 CNC、智能机器人；应用分布式人工智能技术，实现自律协作控制等难题。

智能制造的发展核心是"智能化"和"集成化"，集成是智能的基础，智能促使进一步集成。增强专家系统、模糊技术、神经网络技术、基因算法优化控制及其他优化技术等智能技术自身优势的发挥，实施智能技术的集成，实现智能技术的协作与融合，必将成为今后智能机器提高智能化深度的有效途径。通过网络计算机将人的智能活动与智能机器有机融合，进而实现整个制造过程的最优化、智能化和自动化，达到智能制造的研究目标。

总之，智能制造是 21 世纪的制造模式，作为其特征的 I2（Integration and Intelligence），将是 21 世纪制造业赖以并进的基本轨道。从更深层的意义上讲，智能制造是从现代信息化时代走向未来智能化时代面临的第一亟待解决的课题。

3.6.4 典型案例

IMS 的本质特征是个体制造单元的"自主性"与系统整体的"自组织能力"，其基本格局是分布式多自主体智能系统。基于这一认识,并考虑到基于 Internet 的全球制造网络环境,提出基于 Agent 的分布式网络化 IMS 的基本构想,见图 3-41。

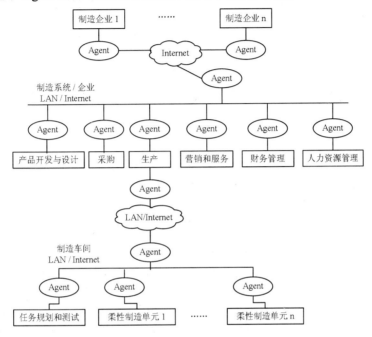

图 3-41 分布式网络化 IMS 的基本构想

一方面,通过 Agent 赋予各制造单元以自主权,使其成为功能完善、自治独立的实体;另一方面,通过 Agent 之间的协同与合作,赋予系统自组织能力。

多 Agent 系统的实现模式使系统易于设计、实现和维护,降低系统的复杂性,增强系统的可重组性、可扩展性和可靠性,以及提高系统的柔性、适应性和敏捷性等。

1. 原型系统

基于上述构想,以数控加工系统为背景,开发了一个分布式网络化 IMS 原型系统,见图 3-42。该系统由系统经理、任务规划、设计和生产者 4 个结点组成。

系统经理结点包括两个部分:数据库服务器和系统 Agent。数据库服务器负责管理一个全局数据库,该全局数据库可供原型系统中获得权限的结点进行数

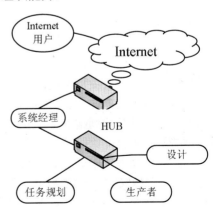

图 3-42 分布式网络化 IMS 原型系统

据的查询、读取、存储和检索等操作，并为各结点进行数据交换与共享提供一个公共场所；系统 Agent 则负责该原型系统在网络上与外部的交互，通过 Web 服务器在 Internet 上发布该原型系统的主页，网上用户可通过访问该主页获得该系统的有关信息，并根据自己的需求，决定是否由该原型系统来满足这些需求。系统 Agent 还负责监视该原型系统上各个结点间的交互活动，如记录和实时显示结点间发送和接收消息的情况、任务的执行情况等。

任务规划结点的主要功能是对从网上获取的订单（任务）进行规划，分解成若干子任务，并通过招标—投标的方式将这些子任务分配给各个结点。该结点由任务经理和它的代理——任务经理 Agent 组成。

设计结点是一个计算机辅助设计系统，它提供一个良好的人机界面以使设计人员能有效地和计算机进行交互，共同完成设计任务。该结点由 CAD 工具和它的代理——设计 Agent 组成。CAD 工具是一个软件包，用于帮助设计人员根据用户要求进行产品设计；而设计 Agent 则负责网络注册、取消注册、数据库管理、与其他结点的交互，决定是否接受设计任务和向任务发放者提交任务等事务。

生产者结点实际上是本项目研究开发的 IMC 原型系统，包括加工中心和它的网络代理——机床 Agent。该加工中心不同于普通加工中心，主要表现如下。

（1）配置有在华中I型数控系统的基础上开发的智能自适应数控系统，该数控系统通过智能控制器控制加工过程，以充分发挥自动化加工设备的加工潜力，提高加工效率。

（2）具有一定的自诊断和自修复能力，以提高加工设备运行的可靠性和安全性。

（3）具有与外部环境进行交互的能力。

（4）具有开放式的体系结构以支持系统集成和扩展。

2. 原型系统的运作

该系统中的每个结点必须通过网络注册，才能成为该原型系统的正式成员，以获得相应的权限，才能与系统中的其他结点进行协作，共同完成系统任务。整个原型系统的运作过程如下。

（1）任一网络用户都可以通过访问该原型系统的主页获得该系统的相关信息，还可通过填写和提交系统主页所提供的用户订单登记表来向该系统发出订单。

（2）如果接到并接受网络用户的订单，系统 Agent 就将其存入全局数据库，从全局数据库那里，任务规划结点可以取出该订单，进行任务规划，将该任务分解成若干子任务，将这些子任务分配给原型系统上获得权限的结点。

（3）产品设计子任务被分配给设计结点，该结点通过良好的人机交互完成产品设计子任务，生成相应的 CAD/CAPP 数据和文档以及数控代码，并将这些数据和文档存入全局数据库，最后向任务规划结点提交该子任务。

（4）加工子任务被分配给生产者，一旦该子任务被生产者结点接收，机床 Agent 将被允许从全局数据库读取必要的数据，并将这些数据传送给加工中心，加工中心则根据这些数据和命令完成加工子任务，并将运行状态信息传送给机床 Agent，机床 Agent 向任务规划结点返回结果，提交该子任务。

（5）在系统的整个运行期间，系统 Agent 都对系统中各个结点间的交互活动进行记录，如消息的收发，对全局数据库数据的读写，查询各结点的名字、类型、地址、能力及任务完成情况等。

（6）网络客户可以了解订单执行情况和结果。

3.7　绿　色　制　造

环境问题已成为当今人类社会面临的三大主要问题之一，其主要表现为资源枯竭、生态恶化和环境污染。资源枯竭削弱了工业的物质基础，威胁到人类的可持续发展。生态恶化增加了农业生产投入，减少了产出，同时降低了人类的生存质量。环境污染导致生物物种灭绝，加剧了生态恶化，同时通过食物链危害人类。因此，人与自然的和谐发展问题已成为众多领域、部门所关注的焦点。

制造业是将可用资源（包括能源）通过制造过程，转化为可供人们使用和利用的工业品或生活消费品的产业，它涉及到国民经济的大量行业，如机械、电子、化工、食品、军工等，是创造人类财富的支柱产业。长期以来，由于人们追求的目标都集中在降低成本、提高产量或获取最大利润上，很少考虑生产活动对自然环境产生的影响和破坏作用，致使制造业在将制造资源转变为产品的制造过程中以及产品的使用和处理过程中，产生了大量的废弃物，对环境造成了严重的污染。如切削加工时工作现场的声、热、振动、粉尘、有毒气体等影响工作环境，加工过程中使用的冷却液、热处理和表面处理时排出的废液废渣、产生的大量切屑和粉尘等固体废弃物影响自然环境等，产品的包装和运输所用材料几乎全部成为垃圾，产品使用过程中可能产生的有害物、产品的报废处理形成的固体垃圾等影响人类的生存环境。

据统计，造成环境污染的排放物有 70% 以上来自制造业。在我国，由此而带来的环境问题更为突出，主要原因如下。

（1）我国人口众多，人均资源占有量少，造成资源过度开采。

（2）我国正处在工业化的发展时期，对自然资源的需求强度日益增大。

（3）我国制造业水平落后，资源利用率低，废弃物排放量大。

（4）我国资源回收利用率低，造成废弃物大量堆积。

制造业在造成环境污染的同时，自然环境的恶化也对制造业的发展产生了强烈的制约作用，以多种途径制约着经济的发展，威胁着人类的生存。如何使制造业尽可能少地产生环境污染是当前制造科学面临的重大问题。制造业必须朝着资源利用合理化，废弃物产生少量化,对环境无污染、少污染的方向发展。

为了解决环境问题,人类需要超越现代技术,寻求一种新的技术体系,以实现人类的可持续发展。在此背景下,绿色技术应运而生。所谓绿色技术,是指能减少污染、降低消耗、治理污染或改善生态的技术体系。绿色制造则是这一技术体系的重要支撑。

为了迎接来自资源、环境和国际社会的挑战,除了采取传统的环保措施和对污染的末端治理以外,应着力做好以下两方面的工作:一方面,努力开发新材料、新能源,以解决水、煤炭、石油、矿物质等资源趋于贫乏枯竭的问题;另一方面,要逐步形成一种良性的、可持续发展的生产消费模式,从污染产生和资源浪费的源头解决问题,推行绿色设计、绿色制造、绿色消费的技术和理念,使资源、能源得以充分的循环利用,以实现经济、社会、环境和人类的可持续发展。

毫无疑问,采用绿色设计与制造是制造业实施可持续发展战略、解决环境问题、实现新的腾飞的必由之路。图 3-43 描述了实行绿色制造的驱动力来源。

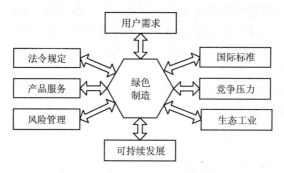

图 3-43　绿色制造驱动力来源

3.7.1　绿色制造的含义和特点

绿色制造(GM,Green Manufacturing)又称环境意识制造(Environmentally Conscious Manufacturing)、面向环境的制造(MFE)等。自从 1996 年美国制造工程师协会(SEM)发表了绿色制造的专门蓝皮书《Green Manufacturing》以来,绿色制造的研究在世界各地兴起。国内不少高校和科研机构对绿色制造的理论体系、专题技术等都进行了大量的研究。绿色制造是一种综合考虑环境负影响和资源利用的现代制造模式,其目标是使产品从设计、制造、包装、运输、使用到报废处理的整个生命周期中,对环境的影响最小,资源利用最优。

由此看出,绿色制造具有广义的内涵。它首先有 2 个实现目标,一是保护环境,一是最有效地利用有限的资源。还包括 2 个层次的全过程控制,一是在集体的制造过程即物料转化过程中,充分利用资源,减少环境污染,实现具体绿色制造的过程;另一是指在构思、设计、制造、装配、运输、销售、售后服务及产品报废后回收的整个产品周期中,每个环节均充分考虑资源和环境问题,以实现最大限度地优化利用资源和减少环境污染的广义绿色制造过程。还应该包括 3 项具体内容:绿色生产过程、绿色产品和绿色资源。

绿色制造的"制造"涉及产品的整个生命周期,是一个"大制造"的概念,是在产品生命周期的每一个阶段并行地、全面地考虑资源因素和环境因素,即保护环境和资源优化利用。涉及到多学科的交叉和集成,体现了现代制造科学的"大制造、大过程、学科交叉"的特点。它所涉及的领域包括 3 个方面:制造领域,包括产品生命周期全过程;环境领域;)资源领域。而绿色制造就是这三大领域内容的交叉集成。

从绿色制造的概念可知,当前国际上提出的清洁生产应是绿色制造的组成部分,因为前者仅仅是产品生命周期中的具体制造过程或加工过程,而后者指的是商品的整个生命周期。

3.7.2 绿色制造的研究内容体系

总结国内外已有的研究工作,可建立绿色制造的研究内容体系,如图 3-44 所示。

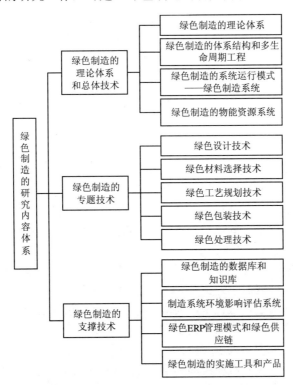

图 3-44 绿色制造的研究内容体系结构

1. 绿色制造的理论体系和总体技术

绿色制造的理论体系和总体技术是从系统的角度，从全局和集成的角度，研究绿色制造的理论体系、共性关键技术和系统集成技术。

(1) 绿色制造的理论体系。包括绿色制造的资源属性、建模理论、运行特性、可持续发展战略，以及绿色制造的系统特性和集成特性等。

(2) 绿色制造的体系结构和多生命周期工程。它包括绿色制造的目标体系、功能体系、过程体系、信息结构、运行模式等。绿色制造涉及产品整个生命周期中的绿色性问题，其中大量资源的循环使用或再生，又涉及产品多生命周期工程这一新概念。

(3) 绿色制造的系统运行模式——绿色制造系统。只有从系统集成的角度，才可能真正有效地实施绿色制造。为此需要考虑绿色制造的系统运行模式——绿色制造系统。绿色制造系统将企业各项活动中的人、技术、经营管理、物能资源、生态环境，以及信息流、物料流、能量流和资金流有机集成，并实现企业和生态环境的整体优化，达到产品上市快、质量高、成本低、服务好、有利于环境，并赢得竞争的目的。绿色制造系统的集成运行模式主要涉及绿色设计、产品生命周期及其物流过程、产品生命周期的外延及其相关环境等。

(4) 绿色制造的物能资源系统。鉴于资源消耗问题在绿色制造中的特殊地位，且涉及绿色制造全过程，因此应建立绿色制造的物能资源系统，并研究制造系统的物能资源消耗规律、面向环境的产品材料选择、物能资源的优化利用技术、面向产品生命周期和多生命周期的物流和能源的管理与控制等问题。在综合考虑绿色制造的内涵和制造系统中资源消耗状态的影响因素的基础上，构造了一种绿色制造系统的物能资源流模型。

2. 绿色制造的专题技术

(1) 绿色设计技术。它是指在产品及其生命周期全过程的设计中，充分考虑对资源和环境的影响，在充分考虑产品的功能、质量、开发周期和成本的同时，优化各有关设计因素，使得产品及其制造过程对环境的总体影响和资源消耗减到最小。

(2) 绿色材料选择技术。绿色材料选择技术是一个系统性和综合性很强的复杂问题。一是绿色材料尚无明确界限，实际中选用很难处理。二是选用材料，不能仅考虑其绿色性，还必须考虑产品的功能、质量、成本等多方面的要求，这些更增添了面向环境的产品材料选择的复杂性。美国卡奈基梅龙大学 Rosy 提出了基于成本分析的绿色产品材料选择方法，它将环境因素融入材料的选择过程中，要求在满足工程（包括功能、几何、材料特性等方面的要求）和环境等需求的基础上，使零件的成本最低。

(3) 绿色工艺规划技术。大量的研究和实践表明，产品制造过程的工艺方案不一样，物料和能源的消耗将不一样，对环境的影响也不一样。绿色工艺规划就是要根据制造系统的实际，尽量研究和采用物料及能源消耗少、废弃物少、对环境污染小的工艺方案和工艺路线。Bekerley 大学的 Sheng.P 等人提出了一种环境友好性的零件工艺规划方法，这种工艺规划方法分为 2 个层次。

① 基于单个特征的微规划，包括环境性微规划和制造微规划。

② 基于零件的宏规划，包括环境性宏规划和制造宏规划。

应用基于 Internet 的平台对从零件设计到生成工艺文件中的规划问题进行集成。在这种工艺规划方法中，对环境规划模块和传统的制造模块进行同等考虑，通过两者之间的平衡协调，得出优化的加工参数。

（4）绿色包装技术。它是从环境保护的角度，优化产品包装方案，使得资源消耗和废弃物产生最少。目前这方面的研究很广泛，但大致可以分为包装材料、包装结构和包装废弃物回收处理 3 个方面。当今世界主要工业国要求包装应做到 3R1D（减量化 Reduce、回收重用 Reuse、循环再生 Recycle 和可降解 Degradable）原则。我国包装行业"九五"至 2010 年发展的基本任务和目标中提出包装制品向绿色包装技术方向发展，实施绿色包装工程，并把绿色包装技术作为"九五"包装工业发展的重点，发展纸包装制品，开发各种代替塑料薄膜的防潮、保鲜的纸包装制品，适当发展易回收利用的金属包装及高强度薄壁轻量玻璃包装，研究开发塑料的回收再生工艺和产品。

（5）绿色处理技术。产品生命周期终结后，若不回收处理，将造成资源浪费并导致环境污染。目前的研究认为，面向环境的产品回收处理是个系统工程，从产品设计开始就要充分考虑这个问题，并做系统分类处理。产品寿命终结后，可以有多种不同的处理方案，如再使用、再利用、废弃等，各种方案的处理成本和回收价值都不一样，需要对其进行分析与评估，确定出最佳的回收处理方案，从而以最少的成本代价，获得最高的回收价值，即进行绿色产品回收处理方案设计。评价产品回收处理方案设计主要考察 3 方面：效益最大化、重新利用的零部件尽可能多、废弃部分尽可能少。

3. 绿色制造的支撑技术

（1）绿色制造的数据库和知识库。研究绿色制造的数据库和知识库，为绿色设计、绿色材料选择、绿色工艺规划和回收处理方案设计提供数据支撑和知识支撑。绿色设计的目标就是如何将环境需求与其他需求有机地结合在一起。比较理想的方法是将 CAD 和环境信息集成起来，以便设计人员在设计过程中，像在传统设计中获得有关技术信息与成本信息一样，能够获得所有有关的环境数据，这是绿色设计的前提条件。只有这样，设计人员才能根据环境需求设计开发产品，获取设计决策所造成的环境影响的具体情况，并可将设计结果与给定的需求比较，对设计方案进行评价。由此可见，为了满足绿色设计需求，必须建立相应的绿色设计数据库与知识库，并对其进行管理和维护。

（2）制造系统环境影响评估系统。环境影响评估系统要对产品生命周期中的资源消耗和环境影响的情况进行评估，评估的主要内容如下：制造过程物料的消耗状况、制造过程能源的消耗状况、制造过程对环境的污染状况、产品使用过程对环境的污染状况、产品寿命终结后对环境的污染状况等。制造系统中资源种类繁多，消耗情况复杂，因而制造过程对环境的污染状况多样、程度不一、极其复杂。如何测算和评估这些状况,如何评估绿色制造实施的状况和程度是一个十分复杂的问题。因此,研究绿色制造的评估体系和评估系统是当前绿色制造研究和实施急需解决的问题。当然此问题涉及面广,又非常复杂,有待于做专门的系统研究。

(3) 绿色 ERP 管理模式和绿色供应链。在绿色制造的企业中,企业的经营和生产管理必须考虑资源消耗和环境影响及其相应的资源成本和环境处理成本,以提高企业的经济效益和环境效益。其中,面向绿色制造的整个(多个)产品生命周期的绿色 MRPII/ERP 管理模式及其绿色供应链是重要研究内容。

(4) 绿色制造的实施工具和产品。研究绿色制造的支撑软件,包括计算机辅助绿色设计、绿色工艺规划系统、绿色制造的决策支持系统、ISO14000 国际认证的支撑系统等。

3.7.3 绿色制造的发展趋势

1. 全球化——绿色制造的研究和应用将愈来愈体现全球化的特征和趋势

制造业对环境的影响往往是超越空间的,人类需要团结起来,保护我们共同拥有的唯一的地球。ISO14000 系列标准的陆续出台为绿色制造的全球化研究和应用奠定了很好的基础,但一些标准尚需进一步完善,许多标准还有待于研究和制定。

近年来,许多国家对进口产品要进行绿色性认定,要有"绿色标志"。特别是有些国家以保护本国环境为由,制定了极为苛刻的产品环境指标来限制国际产品进入本国市场,即设置"绿色贸易壁垒"。绿色制造将为我国企业提高产品绿色性提供技术手段,从而为我国企业消除国际贸易壁垒进入国际市场提供有力的支撑,这也从另外一个角度说明了全球化的特点。

2. 社会化——绿色制造的社会支撑系统需要形成

绿色制造的研究和实施需要全社会的共同努力和参与,以建立绿色制造所必需的社会支撑系统。

绿色制造涉及的社会支撑系统首先是立法和行政规定问题。当前,这方面的法律和行政规定对绿色制造行为还不能形成有力的支持,对相反行为的惩罚力度不够。立法问题现在已愈来愈受到各个国家的重视。

其次,政府可制定经济政策,用市场经济的机制对绿色制造实施导向。例如,制定有效的资源价格政策,利用经济手段对不可再生资源和虽可再生资源但开采后会对环境产生影响的资源(如树木)严加控制,使得企业和人们不得不尽可能减少直接使用这类资源,转而寻求开发替代资源。又如,城市的汽车废气污染是一个十分严重的问题,政府可以在对每辆汽车年检时,测定废气排放水平,收取高额的污染废气排放费,这样,废气排放量大的汽车自然没有销路,市场机制将迫使汽车制造厂生产绿色汽车。

企业要真正有效地实施绿色制造,必须考虑产品寿命终结后的处理,这就可能导致企业、产品、用户三者之间的新型集成关系的形成。例如,有人建议,需要回收处理的主要产品,如汽车、冰箱、空调、电视机等,用户只买了使用权,而企业拥有所有权,企业有责任进行产品报废后的回收处理。

无论是绿色制造涉及的立法和行政规定以及需要制定的经济政策,还是绿色制造所需要建立的企业、产品、用户三者之间新型的集成关系,均是十分复杂的问题,其中又包含大量的相关技术问题,均有待于深入研究,以形成绿色制造所需要的社会支撑系统。

3. 集成化——将更加注重系统技术和集成技术的研究

要真正有效地实施绿色制造,必须从系统的角度和集成的角度来考虑和研究绿色制造中的有关问题。

当前,绿色制造的集成功能目标体系、产品和工艺设计与材料选择系统的集成、用户需求与产品使用的集成、绿色制造的问题领域集成、绿色制造系统中的信息集成、绿色制造的过程集成等集成技术的研究将成为绿色制造的重要研究内容。

4. 并行化——绿色并行工程将可能成为绿色产品开发的有效模式

绿色设计今后仍将是绿色制造中的关键技术。绿色设计今后的一个重要趋势就是与并行工程的结合,从而形成一种新的产品设计和开发模式——绿色并行工程。

绿色并行工程又称为绿色并行设计,是现代绿色产品设计和开发的新模式。它是一个系统方法,以集成的、并行的方式设计产品及其生命周期全过程,力求使产品开发人员在设计一开始就考虑到产品整个生命周期中从概念形成到产品报废处理的所有因素,包括质量、成本、进度计划、用户要求、环境影响、资源消耗状况等。

绿色并行工程涉及一系列关键技术,包括绿色并行工程的协同组织模式、协同支撑平台、绿色设计的数据库和知识库、设计过程的评价技术和方法、绿色并行设计的决策支持系统等,许多技术有待于今后的深入研究。

5. 智能化——人工智能和智能制造技术将在绿色制造研究中发挥重要作用

绿色制造的决策目标体系是现有制造系统 TQCS(即产品上市时间 T、产品质量 Q、产品成本 C 和为用户提供的服务 S)、目标体系与环境影响 E 和资源消耗 R 的集成,即形成了 TQCSRE 的决策目标体系。要优化这些目标,是一个难于用一般数学方法处理的十分复杂的多目标优化问题,需要用人工智能方法来支撑处理。另外,绿色产品评估指标体系及评估专家系统,均需要人工智能和智能制造技术。

基于知识系统、模糊系统和神经网络等的人工智能技术将在绿色制造研究开发中起到重要作用,如在制造过程中应用专家系统识别和量化产品设计、材料消耗和废弃物产生之间的关系，运用这些关系来比较产品的设计和制造对环境的影响，使用基于知识的原则来选择实用的材料等。

6. 产业化——绿色制造的实施将导致一批新兴产业的形成

除大家已注意到的废弃物回收处理装备制造业和废弃物回收处理的服务产业外，另有两大类产业值得特别注意。

（1）绿色产品制造业。制造业不断研究、设计和开发各种绿色产品，以取代传统的资源消耗较多和对环境负面影响较大的产品，将使这方面的产业持续兴旺发展。

（2）实施绿色制造的软件产业。企业实施绿色制造，需要大量实施工具和软件产品，如计算机辅助绿色产品设计系统、绿色工艺规划系统、绿色制造决策系统、产品生命周期评估系统、ISO14000 国际认证支撑系统等，将会推动新兴软件产业的形成。

3.8 网络制造

网络制造和其他制造模式的产生和应用背景一样，也是需求和技术双轮驱动的结构。一方面，经济全球化使得制造业面临的是全球性的市场、资源、技术和人员的竞争，制造再也不是传统意义上的小制造，而是一个跨国界、全球的大制造；另一方面，信息技术和网络技术，特别是因特网（Internet）的迅速发展和广泛应用为现代制造业跨地区、跨行业，实现信息和技术的实时传递与交换提供了必要的条件。

3.8.1 网络制造的内涵和特征

网络制造是企业为了应对知识经济和制造全球化的挑战，实施的以快速响应市场需求和提高企业（企业群体）竞争力为主要目标的一种先进制造模式。通过采用先进的网络技术（包括因特网、企业内联网、企业外联网技术）、制造技术及其他相关技术，构建面向企业特定需求的基于网络的制造系统，并在系统的支持下，突破空间、地域对企业生产经营范围和方式的约束，开展覆盖产品整个生命周期全部或部分环节的企业业务活动（如产品设计、制造、销售、采购、管理等），实现企业间的协同（包括设计协同、制造协同、供应链协同和商务协同）和各种社会资源（包括制造资源、智力资源和环境资源）的共享与集成，高速度、高质量、低成本地为市场提供所需的产品和服务。它具有以下的特征。

（1）网络制造是基于网络技术的先进制造模式，它是在因特网和企业内外网环境下，企业组织和管理其生产经营过程的理论和方法。

（2）它覆盖了企业生产经营的所有活动和产品全生命周期的各个环节，并可以用来支持展开企业生产经营的所有活动。

（3）它以快速响应市场为实施的主要目标之一，通过网络化制造提高企业的市场响应速度，进而提高企业的竞争能力。

（4）它突破了地域限制，通过网络突破地理空间上的差距给企业的生产经营和企业间协同造成的障碍。

（5）它强调企业间的协作与社会范围内的资源共享，通过企业间的协作和资源共享，提高了企业的产品创新能力和制造能力，缩短了产品开发周期，实现产品设计制造的低成本和高速度，进而提高了企业对市场的敏捷性。

3.8.2 网络化制造功能模块的组成

网络化制造技术是指应用因特网（Internet）作为信息传递与共享的主要载体，解决企业在分布式设计和制造环境下完成设计和制造的过程。通常网络化制造技术由下列几个功能模块组成。

1. 基于网络的分布式 CAD 系统

分布式设计环境将不再是一个单一的 CAD 系统，由一些可以被其他应用系统共享的分布式工具组成。从当前的 CAD 系统向分布式的 CAD 系统转变，需要如下一些步骤。

（1）与当前传统的 CAD 系统协同工作。一种方式是通过采用设计数据标准格式（如 STEP 格式），实现与传统的 CAD 系统之间进行设计数据的共享和交互。另一种是采用标准应用接口界面（如 API 函数），实现与传统 CAD 系统内部交互信息操作。

（2）开发新的与传统 CAD 系统集成的 CAD 工具。将现代新的技术集成到当前的 CAD 系统中。例如，将基于特征设计的技术集成到传统的基于几何造型的 CAD 系统中，可以形成一个更加先进的面向并行工程的 CAD 系统。另一个方法应用 WWW 技术集成当前的 CAD 系统，实现分布式实时设计信息共享和协同设计。

（3）基于网络的 CAD 重构系统。想象将来的 CAD 系统是基于网络化的可重构的系统，依据不同的设计目的，系统从网络环境中获取不同的系统功能模块，动态地改变其功能结构组成一个新的设计系统，为了达到这个目的，必须将传统的 CAD 系统离散成一个个的功能模块。一般地，一个机械 CAD 系统典型的功能模块包括实体模型、图形显示以及一些其他功能模块，比如有限元分析功能模块、动态机械仿真模块和其他一些分析模块，这些系统功能模块通过重构成为面向网络集成环境的小型便携式 CAD 系统，这种依据用户要求重构的 CAD 系统将具有更高的柔性和更强的设计能力。

2. 基于网络的工艺设计系统

CAPP 是联系设计和制造的桥梁和纽带，不仅是制造企业准备工作的首要步骤，而且是企业各部门的信息交汇的重要环节，所以网络化制造的实施必须获得工艺设计理论及其应用系统的支持。因此研究和开发适用于网络环境的 CAPP 系统是实施网络化制造的一项关键使能技术。

网络环境下的 CAPP 系统将不再是面向固定制造环境的工艺规程设计，它面对的是动态变化的制造资源及加工对象。因此，在网络环境下建立 CAPP 系统，需要充分考虑变化与柔性的要求对于 CAPP 系统体系结构和功能模型的影响，相应的 CAPP 系统应具有的新特点包括如下内容。

（1）CAPP 系统对动态变化制造环境的适应性，即设备库、工艺知识库、工装库、加工参数库等应具有适应动态变化的能力。

（2）CAPP 系统零件信息获取方法应具有较高的柔性和领域范围的适应性。

（3）CAPP 系统工艺设计决策逻辑的广泛适应性。

为了满足网络环境下的 CAPP 系统新的要求，以网络和数据库理论为基础，将以标准化、模块化思想为指导设计的面向不同零件类型和制造环境的工艺设计子系统驻留在服务器上，并建立相应的系统结构描述库，工艺设计时系统依据客户端要求，通过系统的结构描述库加载相应的功能模块，做到"即插即用"，形成新的满足用户要求的 CAPP 系统。研究中涉及的关键技术如下。

（1）Internet 技术支持。依据 Internet 技术，通过 TCP/IP 协议实现通信，传递工艺设计和过程信息。

（2）STEP 技术支持。信息建模和信息交换技术是 CAPP 系统实现信息交互和信息共享的关键使能技术。STEP 标准提供了一个实现集成的统一标准，而基于统一标准建立的 CAPP 模型是实现系统快速重构、提高敏捷性的基础。依据 Express 语言描述的 CAPP 系统模型，采用面向对象的设计方法，将模型分解为一个个具有独立功能的对象类。这些具有独立功能的对象类按其相互关系存储于系统的结构描述库中，成为系统的"即插即用"组件。

（3）基于数据库、知识库的模块化、可重构插件技术。在 CAPP 系统设计中，将与工艺决策有关的决策因数转化为数据库、知识库的形式，实现决策程序与支撑数据库、知识库相分离的推理机制，为实现满足网络化制造要求的通用化 CAPP 奠定了基础。

（4）ActiveX 控件技术。应用 ActiveX 服务器控件（ActiveX Server components）来扩充 ASP 的功能，满足工艺设计过程中的特殊要求。

3. 开放结构的智能化加工中心

一旦零件设计完成，零件的相应加工工艺方案也就完成，一个动态的加工代码就送到智能化加工中心。这种智能化加工中心应是一种具有开放结构控制器的新型 CNC 机床，用一个新的开放结构的控制器替代机床最初的 CNC 控制器，与 Internet 进行连接。与机床制造厂家提供的 G 代码和 M 代码不同的是，控制器由 C++程序编写，且系统的软件结构是开放的,如果需要任何额外的功能,用户可以编写相应的C++程序,重新编译。

开放结构控制器还应该具有对加工设备控制器的底层信息进行操作的能力。这样,程序员可以调整标准加工速度的值,或者产生用户化的电机控制方式,通过从不同的感应器输入它的输出电压直接控制电机进给,这样大大增强了CNC系统的柔性。

3.8.3 典型案例

重庆华陶瓷业有限公司(简称"重庆华陶")是我国日用陶瓷生产企业之一。企业长期以来主要采用传统的以实物为主的营销模式。在日益激烈的市场竞争下,这种营销模式使企业很难有更大的发展。为此,重庆华陶和重庆大学制造工程研究所开发了"陶瓷产品网络销售和定制系统",并取得了较好的应用效果。

1. 陶瓷产品网络化销售和定制系统的总体结构

该系统采用了3层体系结构,在应用服务器、数据库服务器和各种数据库的支持下,提供网络化销售、客户管理、订单查询及管理、个性化设计、虚拟产品及设计资源管理等功能,如图3-45所示。利用本系统,全球网络用户可以通过Internet进行网上订购陶瓷产品和参与个性化陶瓷产品设计;企业销售或管理人员可通过输入密码,在任何客户端查询订单是否已付款、是否需要配送、个性化产品是否已经设计完成、个性化产品是否已生产完成等系统信息,实现对各种订单处理状态的监控。

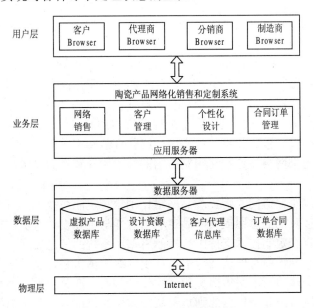

图3-45 系统功能与业务流程

2. 系统运行模式

图 3-46 所示为陶瓷产品网络化销售和定制系统的运行模式，它主要涉及 5 个部分：制造企业、区域性分销商、全球性代理商、用户及网络化销售和定制技术支持中心。

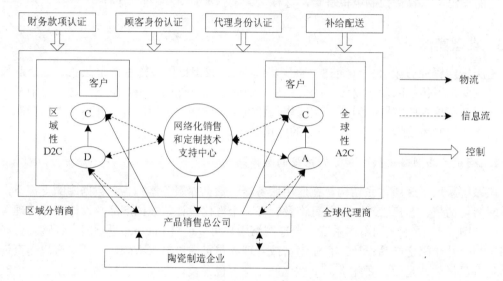

图 3-46　陶瓷产品网络化销售和定制系统的运行模式

（1）制造企业向区域性分销商提供产品和制定指导性销售策略，并响应用户的定制要求。

（2）区域性分销商（Distributor）指制造企业在各地区设置的销售公司。它们拥有较好的网络设备和丰富的库存，能及时从制造商处补给各种常见品种的配送存货。其主要职责是制定地区性的销售策略，接受来自用户和全球性代理商的订单，并组织产品配送。

（3）全球性代理商（Agent）指分布于全球范围内的网络化经销服务点。它们配备有计算机、打印机、扫描仪、数码相机等可实现网络化订购和定制的设备，具有上网条件，其主要职责是为用户提供网络化订购和定制所需的技术指导和有关设备，或为用户代行网络化订购和定制。

（4）用户通过浏览器访问"陶瓷产品网络化销售和定制系统"，可以直接提交订单信息或订购意向，可按自己的意愿提交产品定制信息并与企业设计人员进行设计交流。

（5）网络化销售和定制技术支持中心控制着整个系统的信息流通，所有地区的订单处理、顾客身份认证、分销商身份认证等信息都受网络化销售和定制技术支持中心监控。该中心还将全国乃至全球的网上销售情况和个性化订购意向汇总起来，便于制造企业及其销售总部作出决策。制造企业销售总部则负责从厂方到各代理商、分销商的物流控制，并接受来自代理商和分销商的反馈信息，总体协调各种日常网络化销售事务。

3. 应用效果

陶瓷产品网络化销售和定制系统使用户在家里或任何地方都可以买到企业生产的所有产品，可以提交个性化定制意向并参与设计过程，大大方便了用户，提高了企业的市场开拓能力。

由于该系统可使用户参与产品设计，使更多的人为设计出谋划策，企业的新产品开发能力大大增强，产品设计周期由原来的 20～30 天缩短为 10～15 天。由于采用了用户意见，新产品开发能准确把握市场。

由于 CIMS 应用工程的实施及陶瓷产品网络化销售和定制系统的开发应用，企业有了与国外合作的支撑平台，近两年出口创汇连年翻番。

3.9 思考题

1. 简述柔性制造的工作原理。
2. 柔性制造系统主要由哪几部分组成？
3. 什么是并行工程？它与传统的产品开发模式有什么异同？
4. 什么是 CIMS？它经历了哪几个发展阶段？
5. 简述 CIMS 的功能构成。
6. 虚拟制造与实际制造的关系如何？
7. 虚拟现实技术的三要素是什么？
8. 什么是敏捷制造？敏捷企业相对于传统企业有什么异同？
9. 简述智能制造、绿色制造、网络制造的内涵。

第4章 新一代制造技术

制造业是发展国家经济和创造社会财富的基本手段,也是将知识与技术的创新转变为有市场竞争力优势的产品和服务的最重要、最基本的途径。反过来,科技的进步也同时推动着制造技术不断创新进步,从手工制造到机器制造,从切削加工到成形制造,从去除材料成形到堆积材料成形,从宏观领域制造到微观领域制造……加工制造的方法可以说无穷无尽。

4.1 MEMS 与微制造

MEMS 技术被誉为 21 世纪带有革命性的高新技术,它的诞生和发展是"需求牵引"和"技术推动"双重作用的结果。

一方面,随着人类社会全面向信息化迈进,信息系统的微型化、多功能化和智能化是人们不断追求的目标,也是电子整机部门的迫切需求。信息系统的微型化不仅使系统体积大大减小、功能大大提高,同时也使性能、可靠性大幅度上升,功耗和价格却大幅度降低。

另一方面,微电子、微机械、微光学、新型材料、信息与控制,以及物理、化学、生物等多种学科,集约了当今科学技术的许多高新技术成果的发展,推动了 MEMS 的形成和发展。推动力可归纳为以下 3 点。

(1)以集成电路(IC,Integrated Grcuit)为中心的微电子学的飞跃进步提供了基础技术。在过去的近 40 年中,集成电路的发展遵循摩尔定律,即按每 3 年特征尺寸减小 0.7 倍,集成度每 3 年翻一番的规律发展。据分析,IC 特征尺寸的指数减小规律还将继续 10~20 年。目前,IC 工艺已进入超深亚微米阶段,并可望到 2012 年达到 0.05μm(即进入纳米)阶段,研制生产巨大规模集成电路(GSI 集成度大于 109)和单片系统集成(SOAC,Systemonachip)。IC 的发展为研制生产 MEMS 提供了坚实的技术基础。

(2)微电子和微机械的巧妙结合。MEMS 的基础技术主要包括:硅各向异性腐蚀技术、硅/硅键合技术、表面微机械技术、LIGA 技术(包括 X 射线深度光刻、微电铸和微塑铸等工艺)等,已成为研制生产 MEMS 必不可少的核心技术。尤其是 20 世纪 90 年代开发的 LIGA 技术,成功地解决了大深宽比光刻技术的难题,为研制开发三维微结构的加速度传感器、微型陀螺以及各类微执行器、微型构件(如微马达、微泵、微推进器、微振子、微电极、微流量计等）奠定了工艺技术基础。

（3）新材料、微机械理论、加工技术的进步，使得单片微电子机械系统正在变为现实。由于MEMS技术的发展迅速，1987年决定把它从IEEE国际微机器人与过程操作年会分开，单独召开年会。目前在美、日、欧三方轮回每年举行一次，名为 IEEE 国际微机电系统年会（Micro Electro Mechanical Systems Workshop）。

1982年，"微机械"这一名词应运而生。这时，体硅微机械加工技术已成为制造微机械器件的有效手段。1985年，牺牲层技术被引入微机械加工，"表面"微机械加工概念由此产生。1987年，U. C. Berkeley 利用微机械加工技术制造出了世界上第一个微静电马达，掀开了微机械发展的新一页，图4-1 所示为微致动器。1987—1988年间，一系列关于微机械和微动力学的学术会议召开，MEMS一词在这些会议中被广泛采纳并渐渐成为一个世界性的学术用语。1993年，ADI 公司成功地将微型加速度计商品化，并大批量应用于汽车防撞气囊，标志着MEMS技术商品化的开端。

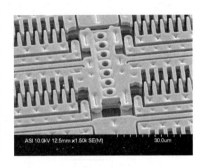

图 4-1 微致动器

近年来，世界各国科技界、教育界以及政府对微型科技的研究和发展给予了极大的热情和关注，正如美国国家自然科学基金会主席所预测的，微型机械"将成为新崛起的大规模产业，它将引起一场新的工业革命"。

4.1.1 MEMS 的含义

微机电系统（MEMS，Micro Electro Mechanical Systems）概念于20世纪80年代末提出，它一般泛指特征尺度在亚微米至毫米范围的装置。MEMS这一新概念在国际上尚未有统一的名称和定义。

美国在这一方面的研究是在半导体集成电路工艺技术基础上延伸和拓展而来的，故称之为 MEMS，这也是目前广为使用的名称。MCNC（美国北卡罗莱纳微电子中心）对MEMS的定义如下：微机电系统是由电子和机械元件组成的集成化微器件或系统，它是采用与集成电路兼容的大批量处理工艺制造的，并且尺寸在微米到毫米之间。它将计算、传感与执行融合为一体，从而改变了我们感知和控制自然界的方式。

欧洲称 MEMS 为 Microsystem，即微系统。这一称谓更强调系统的观点，即如何将多个微型化的传感器、执行器、处理电路等元部件集成为一个智能化的有机整体。欧洲NEXUS（The Network of Excellence in Multifunctional Microsystems）的定义是：微结构产品具有微米级结构，并具有微结构形状提供的技术功能。微系统由多个微元件组成，并作为一个完整的系统进行优化，以提高一种或多种特定功能，在许多场合包括微电子功能。

在精密机械加工方面有传统优势的日本则称 MEMS 为 Micromachine，即微机械。日本微机械中心的定义是：微机械是由只有几个毫米大小的功能元件组成的，它能执行复杂、细微的任务。

MEMS 系统主要包括微型传感器、执行器和相应的处理电路 3 部分。作为输入信号的自然界，各种信息首先通过传感器转换成电信号，经过信号处理后（包括模拟/数字信号间的变换），再通过微执行器对外部世界发生作用。传感器可以实现能量的转化，从而将加速度、热等现实世界的信号转换为系统可以处理的电信号。执行器则根据信号处理电路发出的指令自动完成人们所需要的操作。信号处理部分则可以进行信号转换、放大和计算等处理。这一系统还能够以光、电等形式与外界进行通信，并输出信号以供显示，或与其他系统协同工作，构成一个更大的系统。图 4-2 所示为一个典型的 MEMS 与外部世界的相互作用示意图。

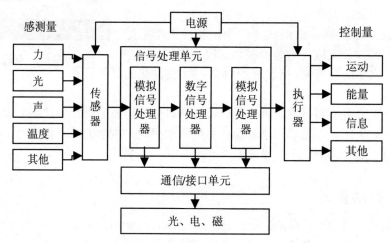

图 4-2　MEMS 与外部世界的相互作用示意图

4.1.2　MEMS 的特征

概括起来，MEMS 具有以下的几个基本特点。

1. 器件微型化、集成化，尺寸达到纳米数量级

在一个几毫米的硅芯片上完成线与面的继承、信号处理单元的集成、功能集成，甚至能够完成整个微型计算机的集成。从信号产生的功能，到执行信号和处理信号的功能都可以实现微型化和集成化，最终把微敏感元件、微处理器、微致动器和各种微机电系统都集成于一个小小的硅芯片上，并可以大批量、廉价地生产。

2. 功能多样化、智能化、特殊化

由于硅具有光电效应、压电效应、PN 结特性等，可以用于制备光电传感器、微力学传感器、温度传感器和气敏传感器。由于微细加工技术的进步，现在往往把硅基材料微型传感器和信号处理器与转化电路做成一起，极大地提高了 MEMS 的信噪比，同时也大大提高了 MEMS 的灵敏度、测量精度和响应速度，并省略了复杂的接口技术，智能化程度大大提高。也正是因为 MEMS 的微型化、集成化、智能化程度大大加强，使得它在许多场合发挥了特殊功能。

3. 能耗低、灵敏度高、工作效率高

微机电系统所消耗的能量远小于传统机电系统，却能以 10 倍以上的速度完成同样的工作，而且微机电系统不存在信号延迟等问题，可高速工作。

4.1.3 MEMS 的研究领域

微机电系统是一门多学科的综合技术，它不仅涉及微电子学，而且还广泛涉及到现代光学、气动力学、流体力学、热学、磁学、自动控制、仿真学、材料科学以及表面物理和化学等领域。概括起来，MEMS 研究可以分为理论基础、技术基础以及应用领域 3 个主要组成部分。

1. 基础理论

微小型化的尺寸效应和微小型化的理论基础，如力的尺寸效应、微结构表面效应、微观摩擦机理、热传导和微结构材料性能等。尺寸小到一定程度，有些宏观物理量甚至要重新定义，随着尺寸减小，需要进一步研究微结构学、微动力学、微摩擦学、微电子学、微光学和微生物学等。

2. 技术基础

（1）微系统设计技术。它主要是设计方法的研究，其中，计算机辅助设计（CAD）是微系统设计的有力工具。

（2）微细加工技术。它是微机电系统技术的核心技术，也是微机电系统技术研究中心最活跃的领域。

（3）微机械材料。它包括用于敏感元件和致动元件的功能材料、结构材料，具有良好电气、机械性能，适应微型加工要求的新材料。材料技术与加工技术互为依托、密不可分。

（4）微系统测量技术。它涉及材料的缺陷、电气机械性能、微结构、微系统参数和性能测试。需要在测量的基础上，建立微结构材料的数据库和系统的数学、力学模型。

（5）微系统的集成和控制。系统集成是微机电系统发展的必然趋势，它包括系统设计、微传感器和微执行器与控制、通信电路以及微能源的集成等。微型机器人是微机电系统研究的一个重要方向，它能够进入人体血管和核电站管道这样空间狭小、结构脆弱的地方进行操作，能够在不易被察觉的情况下完成战场侦察等军事任务。

3. 应用领域

微传感器、微致动器是构成微机电系统的基础。微传感器研究领域无疑是微机电系统研究中心最具有活力与现实意义的领域。据统计，1995 年，全球 60 亿美元的传感器市场中采用微机械技术的传感器占据了大约 25%的市场份额。其中微机械压力和加速度传感器位居前两位。微系统的另一重要基础是微致动器。究其原因，是因为微致动器需要直接作用于现实的物质世界并能与之进行能量交换，而微致动器本身的微小在某种程度上反映了它的脆弱性，因而限制了它的作用方式、作用范围和作用能力。所以，不论是对微致动器的设计还是对它的应用都需要做进一步的探讨和研究。

4.1.4 MEMS 的设计技术

微机电系统的设计加工与传统的设计加工不同，传统的设计加工思路是从零件到装配最后到系统，是自下而上的方法；微机电系统是采用微电子和微机械加工技术将所有的零件、电路和系统在通盘考虑下几乎同时制造出来，零件和系统是紧密结合在一起的，是一种自上而下的方法。微系统的设计技术主要是设计方法的研究，其中计算机辅助设计（CAD）是微系统设计的主要工具。CAD 设计工具包括：器件模拟、系统校核、优化、掩模模板设计、过程规划等，还应建立混合的机械、热和电气模型，进一步考虑还包括物理、化学效应，从而进行更加综合的描述和分析。与宏观的 CAD 设计工具相比，目前为微系统开发的 CAD 还不能很好地满足要求。

对 MEMS 来说，CAD/仿真也具有十分重要的意义。

（1）可以优化 MEMS 结构和工艺，减少试制成本，这对于一旦制造出来，结构就难以修改的 MEMS 来说尤为重要。

（2）缩短设计周期，增强市场竞争力。

（3）对 MEMS 器件的模拟有助于理解微小范围内的力、热、电磁等能量之间的相互作用。

MEMS 所需要的建模和仿真可以分为以下不同的层次。

（1）工艺模拟。工艺模拟的目的是通过建立每一步的物理模型，采用合适的数值算法，模拟出 MEMS 的拓扑结构。对标准 IC 工艺，可以用 SUPREM；对 MEMS 特有的体型和表面加工工艺，则需要开发专用的模拟程序。专用工艺的模型一般分为几何模型和物理模型两类，一般牺牲层腐蚀和键合工艺采用几何模型以简化分析，薄膜淀积和腐蚀工艺则应采用物理模型。Intelli-Suite 和 MEMCAD 中都集成有这类功能。工艺模拟的一个重要发展方向是实现工艺综合和优化。

（2）器件模拟。工艺模拟得到 MEMS 器件结构。根据其工作原理，建立相应的方程，通过有限元、边界源和差分方法就可以模拟出 MEMS 器件的性能。在这类模拟中，需要有合适的边界条件和材料特性数据库（包括机械、电学、热学和磁学特性）。这类模拟往往涉及静态和动态的不同能量域的耦合分析，比较复杂。器件模拟也可采用已有的成熟的商用软件，如 ANSYS。

（3）宏模型与系统级模拟。系统级模拟要求 MEMS 器件的模型简单，且能反映器件的材料特性和几何特征。这样的器件模型称为宏模型。建立宏模型的方法有如下几种。

① 把器件级模拟结果转化成等效的宏模型，但要经过一定的简化。

② 解析法。

③ 集总参数法，把连续的 MEMS 器件分解为集总参数的网络，从而描述器件的工作特性。一旦建立起宏模型，就可以采用 SPICE 或 MATLAB 等成熟软件进行系统模拟。

4.1.5 MEMS 的测量技术

MEMS 的测试技术是微机械加工技术的重要组成部分。微机械结构以及整个 MEMS 系统各项参数的获得，是保证加工质量、研究加工规律的基础。需要检测的参数包括几何量、力学量、电磁量、光学量和声学量。从目前来看，在 MEMS 加工过程中，在线测试缺乏专用和自动化的测试设备与系统，已成为 MEMS 发展的一个瓶颈。加工过程测试技术主要包括以下 3 个方面。

（1）MEMS 用材料性能测试。包括 MEMS 用结构与功能材料性能的测试，应研究的方向包括：评估方法与标准，功能材料专项性能测试技术，关键功能材料性能测试仪器与手段。

（2）MEMS 产品加工过程参数测试。包括相关的电路测试技术研究，三维结构形貌与尺寸测试技术，微观机械特性测试技术，表面膜结构与性能测试技术。下一步发展的重点应该是研发关键工艺的在线测试与分析手段，为稳定的 MEMS 产品批量生产提供工艺支持。

（3）MEMS 芯片基本功能测试。包括芯片级微机械动态特性测试技术、微机械光学测试技术、微机械力学特性测试技术、微机械结构分析技术等专用测试技术。结合研制的 RF MEMS 芯片、Bio MEMS 等不同类型的芯片，开发标准化、低成本的系统级系列检测仪器，提高测试的自动化与效率。

4.1.6 MEMS 的加工

MEMS 与微电子系统比较，区别在于其包含有微传感器、微执行器、微作用器、微机械器件等运动器件的子系统，相对静态微器件的系统而言，MEMS 的加工技术难度更高。

MEMS 加工技术是在硅平面技术的基础上发展起来的，虽然历史不长，但发展很快，已成为当今最重要的新技术之一。从目前应用来看，其加工技术主要可分为硅基微机械加工技术和非硅基微机械加工技术。

1. 硅基微机械加工技术

硅微机械加工技术是微结构制造中的一种常用技术，它来源于集成电路加工技术，是由集成电路的二维平面加工工艺发展而成的微三维加工技术，其主要内容有：体硅微机械加工技术，主要包括硅的湿法和干法腐蚀；表面硅微机械加工技术，主要包括结构层和牺牲层的制备与腐蚀；键合技术，主要包括静电键合和热键合。这些技术在实际应用过程中还要借助于集成电路加工工艺，如光刻、扩散、离子注入、外延和淀积等技术。体硅微机械加工技术通常利用硅腐蚀的各向异性来制造各种几何结构，再通过键合技术将两部分硅的微结构结合在一起形成机电装置。表面硅微加工技术则是在基片表面加工出可动机电微结构，其特点是可以充分利用集成电路工艺中大量成熟的工艺技术，缺点是加工出的微结构深度比较小。

（1）体硅微机械加工

体硅微加工技术是以单晶硅材料为加工对象，采用腐蚀、镀膜、键合等工艺，在硅体上有选择性地去除一部分材料，从而获得所需的微结构。当腐蚀剂为液体时所进行的腐蚀称为湿法腐蚀，腐蚀剂为气体时则称为干法腐蚀。若腐蚀是在硅片的所有方向均匀腐蚀，称为各向同性腐蚀；如果腐蚀速度与单晶硅的晶向有密切关系，即不同晶向的腐蚀速度相差很大时，则称为各向异性腐蚀。图 4-3 所示为不同的腐蚀方法。

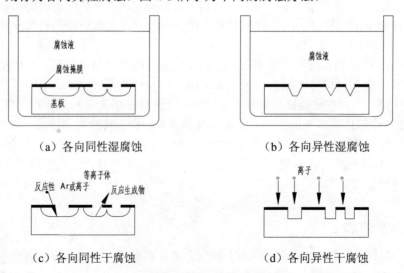

图 4-3　腐蚀方法分类

① 湿法腐蚀工艺。是指采用不同的腐蚀溶液，对硅片进行各向同性腐蚀、各向异性腐蚀或自停止腐蚀，加工深度可达几百微米。图 4-4 所示为湿法腐蚀设备示意图。各向同性腐蚀剂由氧化溶液组成，常用的是 $HF-HNO_3$ 腐蚀剂。在这里，硝酸起氧化作用，氢氟酸起氧化溶剂作用。其简单的腐蚀机理是：首先，硝酸同硅发生氧化反应生成 SiO_2，然后由 HF 将 SiO_2 溶解，其反应方程式为：

$$Si + HNO_3 + HF \rightarrow H_2SiF_6 + HNO_2 + H_2O + H_2 \tag{1}$$

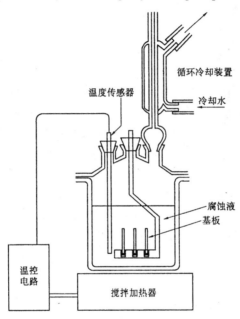

图 4-4　湿法腐蚀设备示意图

目前所有已知的用于进行硅各向异性腐蚀的溶剂都是碱性的，主要分为两类。一类是有机腐蚀剂 EPW（乙二胺、邻苯二酸和水）；另一类是碱性腐蚀剂，如 KOH。这两类腐蚀剂具有非常类似的腐蚀现象，其中最常用的是 KOH 腐蚀液，它在（100）和（111）硅晶面方向上的腐蚀速率差别最大，高达 400∶1。

KOH 腐蚀剂常用 KOH（氢氧化钾）、H_2O（水）和（CH_3）$_2$CHOH（异丙醇，IPA）的混合液。其腐蚀的反应式为

$$Si + 2OH^- + 2H_2O \rightarrow SiO_2(OH)_2^{-2} + 2H_2 \tag{2}$$

$$Si(OH)_6^{-2} + 6(CH_3)_2CHOH \xrightarrow{络合反应} [Si(OC_3H_7)_6]^{-2} + 6H_2O \tag{3}$$

由上述反应方程可知，在进行腐蚀时，首先，KOH 将硅氧化成含水的硅化合物，然后，与异丙醇反应，形成可溶解的硅络合物，这种络合物不断离开硅的表面，最终形成所需要

的微结构。

② 干法腐蚀工艺。是靠腐蚀剂的气态分子与被腐蚀的样品表面接触来实现腐蚀功能的。干法腐蚀的种类很多，主要有离子腐蚀（PE）、离子束腐蚀（IBE）、等离子体腐蚀（PE）、反应离子腐蚀（RIE）和反应离子束腐蚀（RIBE）等，其中等离子体腐蚀或反应离子腐蚀是目前主要采用的干法腐蚀工艺。前者主要是气体放电产生的游离基对基体的化学腐蚀过程，一般为各向同性，选择性好；后者对基体的腐蚀既有反应中性游离基的作用，又有反应离子的作用，所以既有化学腐蚀过程，又有物理腐蚀过程。控制工艺参数可进行各向同性腐蚀，或进行各向异性腐蚀，选择性也较好。这些工艺的特点是腐蚀速率较高，获得的微结构侧壁陡直，深宽比较大。图 4-5 所示为用干法腐蚀工艺加工的硅微结构放大照片，最窄的线宽 3 μm，高度 100 μm，深宽比大于 30。

图 4-5　干法腐蚀加工的硅微结构照片

体硅微加工技术与表面硅微加工技术相比，可以制造较大深宽比的三维微结构，但不能直接制造可活动构件，需要通过静电键合或热键合工艺来获得含活动件的微结构。体硅微加工技术和表面硅微加工技术均是由微电子加工技术发展而来的，其工艺已相当成熟，与微电子工艺的兼容性较好，适合于批量制造含有集成电路的微结构。国内外利用这些技术已成功地研制了多种硅微传感器和微执行器，如微加速度计、微压力传感器、微电机、微泵等。

（2）表面硅微机械加工技术

表面硅微加工技术是以硅片为基体，利用微电子加工技术中的氧化、淀积、光刻、腐蚀等工艺，在硅片表面上形成多层薄膜图形，然后把下面的牺牲层腐蚀掉，以保留上面的微结构图形。图 4-6 给出了该加工技术的基本工艺过程。薄膜层材料常用多晶硅、氧化硅、氮化硅、玻璃和金属等，为微结构器件提供敏感元件、电接触线、结构层、掩模和牺牲层。牺牲层（常用 SiO_2）做在淀积和光刻形成图形的结构层下面，可用湿法腐蚀除去，使结构层与基底隔开。

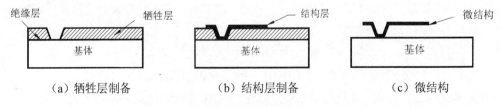

图 4-6　硅表面微加工技术的基本工艺过程

表面硅微加工技术是在硅片上用连续淀积结构层、牺牲层和光刻的工艺来制造微机械结构的，硅片本身并不被腐蚀，因而是一种平面加工或准三维加工工艺，适用于制造厚度为几至十几微米和深宽比为几至十几的微机械结构。使用该技术可以制造可活动构件如转子、齿轮等，还可以制造多种谐振式、电容式、应变式传感器，以及静电式、电磁式执行器（如微电机、谐振器）等。

这种技术的最大优点是它与 IC 工艺完全兼容，但它制造的机械结构基本上都是二维的，若利用多层加工，也可制造结构复杂、功能强大的 MEMS 系统，但是微型元件的布局平面化和残余应力等问题必须在设计中予以考虑。

(3) 固相键合技术

固相键合技术是指不用液态粘连剂而将两块固体材料键合在一起，而且键合过程中材料始终处于固相状态的一种加工方法，主要包括静电键合和直接键合两种。静电键合（又称阳极键合）主要用于硅-玻璃键合，可以使硅与玻璃两者表面之间的距离达到分子级。直接键合技术主要用于硅-硅键合，它可以将两种高度抛光的硅晶片在没有外加电场的情况下进行永久性键合。

静电键合技术是 1969 年 Wallis 和 Pomeranty 首次提出的，Brooks 和 Donovan 于 1972 年首次用溅射沉积方法将硼硅玻璃沉积在被键合的一个硅基片表面，然后和另一个硅基片进行键合。静电键合的原理为：被键合的硅片接阳极，玻璃不与硅片接触的一面接阴极，阴极与阳极之间加 1000 V 的电压，用 400℃以上的温度对玻璃和硅片加热。在这种温度下，由于玻璃离子的电导率增大，使得玻璃中大量带有正电荷的钠离子产生漂移而离开玻璃-硅界面，迁移到玻璃外表面的阴极进行中和。由于阴离子较大，它的迁移速度慢，迁移率很小，因此作为正离子迁移的结果，在玻璃中，特别是在玻璃和硅片的交界面出现具有阴（负）离子（SiO_2^-）的区域，硅片带正电荷，因而硅片与玻璃间存在较强的静电吸引力，使紧密接触的界面在高温下发生化学反应，通过氧-硅化学价键合，将硅及玻璃基片牢固地键合在一起。静电键合的键合强度可达数兆帕。

直接键合（SDB）又称硅熔融键合（SFB），是 Lasky 于 1985 年提出的，硅片与硅片直接或通过一层薄膜（如 SiO_2）进行原子键合。将硅片浸泡在 OH^- 的溶液中进行清洗，然后贴合，在温度为 1000℃~1100℃或 N_2 气中进行高温处理，使邻近原子间发生相互反应而产生共价键，形成键合。

2. LIGA 加工技术

近年来出现了一种全新的微三维机械加工技

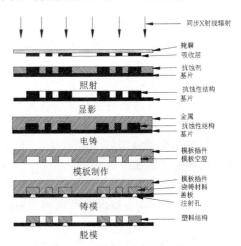

图 4-7 典型的 LIGA 工艺过程图

术——LIGA 技术（LIGA 是德文 Lithographie、Galvanoformung、Abformung 三个字头的缩写），它是深度 X 射线腐蚀、电铸成型、塑料铸模等技术的结合。图 4-7 所示为典型的 LIGA 工艺过程。

（1）同步辐射深度 X 光曝光

LIGA 技术用掩模制造完后，将光刻胶涂在有很好导电性能的金属膜上，该金属膜用来作电镀的电极。由于 X 光在光刻胶中的腐蚀深度受到光波长的制约，若光刻胶厚度为 10～1000 μm，选用典型步长为 0.2～0.6 nm，这样就可在光刻装置上进行调整与曝光。基于同步辐射 X 光良好的平行性能，很强的辐射光强，可将掩模上的图形转移到有几百微米厚的光刻胶上。

（2）显影

在曝光时，LIGA 掩模上的图形吸收体将 X 光吸收掉，阻挡 X 光作用。它与可透过 X 光的掩模基底薄膜形成了强烈光强对比，其对比度达 200。在 X 光透过掩模基底薄膜受到 X 光照射的光刻胶部分，引起了聚合物分子长键的断裂，在显影时被溶解掉。而在掩模图形吸收体下的光刻胶未被照射到，显影后仍然存在，构成了一个与掩模图形结构相同，厚度为几百微米的三维立体光刻胶结构。

（3）电铸

利用光刻胶下面的金属薄层做电极进行电镀，将光刻胶三维立体结构形成的间隙用金属填充，电镀一直进行到金属将光刻胶完全覆盖住，形成一个与光刻胶图形的凹凸互补的稳定的相反结构金属结构体，以后将光刻胶及附着的基底材料清理掉。此金属结构体可作为批量复制的模具，也可作为最终产品。

（4）塑铸（铸模）

由于同步辐射深度 X 光光刻是非常昂贵的一道工序，所以在大批量复制生产中应尽量避免使用，塑铸是为了大批量生产电铸产品以提供塑料铸模。可采用反应注射成型法、热塑注射成型法、压印成型法实现塑铸。在塑铸完成的塑模微型结构上，再电铸所需的产品结构，清除掉胶和注塑板，就可得到有几百微米厚的三维立体金属结构器件。

LIGA 加工技术能实现高深/宽比的三维结构，其关键是深层光刻技术。为实现高深宽比，纵向尺寸达到数百微米的深度腐蚀，并且侧壁光滑、垂直，一方面需要高强度、平行性很好的光源，这样的光源只有用同步辐射 X 光才能满足；另一方面要求用于 LIGA 技术的抗蚀剂必须有很好的分辨率、机械强度、低应力，同时还要求基片粘附性好。LIGA 技术的最大优势如下。

① 深宽比大，准确度高。所加工的图形准确度小于 0.5 μm，表面粗糙度仅 10 nm，侧壁垂直度＞89.9°，纵向高度可达 500 μm 以上。

② 用材广泛。从塑料（PMMA、聚甲醛、聚酰胺、聚碳酸酯等）、金属（Au、Ag、Ni、Cu）到陶瓷（ZnO_2）等，都可以用 LIGA 技术实现三维结构。

③ 由于采用微复制技术，可降低成本，进行批量生产。

3. 激光微机械加工技术

LIGA 技术虽然有突出的优点，但是它的工艺步骤比较复杂，成本费用昂贵。为了获得 X 光源，需要复杂而又昂贵的同步加速器。相对于 LIGA 加工技术而言，激光微机械加工技术具有工艺简单、成本低等优点，它代表未来 MEMS 加工技术发展的方向。

激光微机械加工技术依靠改变激光束的强度和扫描幅度对涂在基片上的光刻胶进行曝光，然后进行显影，最后采用反应离子腐蚀技术，按激光束光刻光胶模型加工成微机械结构。显然，激光光刻技术比 X 光刻的工艺要简单得多，将其与各向异性腐蚀工艺结合就可用于加工三维结构。

4. 深等离子体腐蚀技术

深等离子腐蚀一般是选用硅作为腐蚀微结构的加工对象，也即高深宽比硅腐蚀（HARSE），它有别于 VLSI 中的硅腐蚀，因此又称为先进硅腐蚀（ASE）工艺。该技术采用感应耦合等离子体（ICP）源系统，与传统的反应离子腐蚀（RIE）、电子回旋共振（ECR）等腐蚀技术相比，有更大的各向异性腐蚀选择比和更高的腐蚀速率，且系统结构简单，使高密度硅离子腐蚀技术真正发展成了一项实用的腐蚀技术。这一技术的最大优越性是只采用氟基气体作为腐蚀气体和侧壁钝化用聚合物生成气体，从根本上解决了系统腐蚀和工艺尾气的污染问题。这一技术的关键是采用了腐蚀与聚合物淀积分别进行而且快速切换的工艺过程，同时还采用了射频电源相控技术使离子源电源和偏压电源的相位同步，以确保离子密度达到最高时偏压也达到最高，使高密度等离子腐蚀的优势得到充分发挥。ICP 腐蚀技术可以达到很高的深宽比（大于 25∶1），选择性好，可以完成接近 90°的垂直侧壁。

5. 紫外线厚胶腐蚀技术

由于 MEMS 结构的特殊性，在传统的 IC 工艺基础上研究与之相适应的新工艺是 MEMS 持续发展的基础。深度光刻是其核心技术之一，其中紫外线厚胶光刻工艺作为高深宽比微机械制造的关键工艺，成为微机械工艺研究中的热点。使用紫外光源对光刻胶曝光，其工艺分为两个主要部分：厚胶的深层紫外光刻和图形中结构材料的电镀，其主要困难在于稳定、陡壁、高精度厚胶模的形成。对于紫外厚胶光刻适用光刻胶的研究，做得较多的是 SV-8 系列负性胶，这种胶在曝光时，胶中含有少量的光催化剂发生化学反应，产生一种强酸，能使 SV-8 胶发生热交联。SV-8 胶具有高的热稳定性、化学稳定性和良好的力学性能，在紫外光范围内光吸收度低，整个光刻胶层可获得均匀一致的曝光量。因此将 SV-8 胶用于紫外光刻中，可以形成图形结构复杂、深宽比大、侧壁陡峭的微结构。清华大学微电子所的李雯等人，利用 SV8-50 负胶工艺，通过 Karl Suss 公司的 MA-6 双面对准光刻机曝光，获得了胶膜厚度为 110 μm、深宽比约为 10、侧壁陡峭直度达 85°以上的高深宽比、高陡直度的光刻图形。

对于 MEMS 器件厚胶图形的曝光,设备应满足大焦深、大面积和严格的 CD 均匀性以及适应各种特殊形状衬底的曝光要求。对于分步重复曝光设备,还必须保证满足大面积图形曝光的精密子场图形拼接技术要求。目前,在这一领域应用较成功的光学光刻设备有奥地利 EVG 公司的 EV600 系列双面对准键合机,德国 Karl Suss 公司的 MA-6 双面光刻机以及荷兰 ASML 公司的 Micralign 700 系列和 SA5200 系列扫描投影和分步投影光刻机。

4.1.7 MEMS 的封装

MEMS 器件与传感器集成技术经过十几年的发展,目前已相当成熟,部分产品已实现批量生产,因此裸芯片的价格可望得到大幅度下降。这就意味着,如果不及时开发出低成本的封装方法,封装的制造成本将成为制约 MEMS 产品市场进一步扩大的关键因素。

一般的封装方法都是针对标准电子元件而开发的,因此很难直接适用于传感器和致动器等 MEMS 器件,这是由其应用环境的复杂化造成的。其应用包括从民用气候控制等普通环境至汽车燃烧控制、制造工业和医学应用等侵蚀性环境等领域。每一种应用都从尺寸、材料、成本与可靠性等方面对封装技术提出了各自的不同要求。

1. MEMS 器件的封装要求

(1) 封装应对传感器芯片提供一个或多个环境通路(接口)。
(2) 封装对传感器芯片,尤其是对那些对应力特别敏感的传感器带来的应力要尽可能地小。
(3) 封装与封装材料不应对应用环境造成不良影响。
(4) 封装应保护传感器及其电子器件免遭不利环境的影响。
(5) 封装必须提供与外界的通道,可通过电接触(管脚或凸点)或无线的方法。

此外,多数传感器和致动器等 MEMS 器件还需要有电源,可采用内置电池、外部引线或无引线的方法实现。

2. MEMS 封装方法

最近几年,国外 MEMS 封装技术取得了很大进展,出现了众多的 MEMS 封装技术。大多数研究都集中在特殊应用的不同封装工艺上,但也开发了一些较通用、较完善的封装设计。尽管要区分出不同封装方法之间的细微差别十分困难,但通常可将其分为 3 个基本的封装级别,如图 4-8 所示。

晶片级封装方法。例如,许多微机械器件需要进行晶片贴合,制造出电极与/或紧凑的腔体,同时晶片键合还完成了一级封装。

单芯片封装。在一块芯片上制造保护层,将易损坏的结构

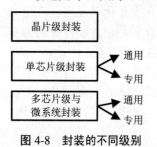

图 4-8 封装的不同级别

和电路屏蔽起来以避免环境对其造成不利影响，制造进出有源传感器/致动部分的通路并实现与外部的电接触。

多芯片模块与微系统封装。将许多不同的器件如传感器、致动器与电子器件封装在一个小型模块中，构成一个智能化的小型化系统。

晶片级封装方法主要注重器件的功能和对器件的保护作用。单芯片和多芯片封装方法又可细分为着重考虑器件的通用方法和着重考虑特殊应用要求的专用方法，如图 4-8 所示。

（1）晶片级封装方法

过去十几年中，晶片贴合技术备受关注，国外已开发了多种硅-硅、玻璃-硅和玻璃-玻璃贴合方法，如图 4-9 所示。早期的硅-硅贴合方法只能用于较高的温度（1000℃以上），最近几年不断有低温方法出现，目前已可在 120℃～400℃下实现牢固而可靠的贴合，因此可采用双极和 CMOS 工艺完成。玻璃-硅贴合通常采用阳极方式完成，贴合在升温（150℃～300℃）、高压（100 kPa～200 kPa）和 500 V～1500 V 电压等条件下进行。当只有一层玻璃介质层时可

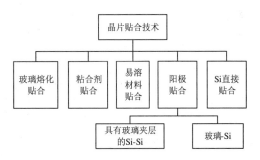

图 4-9　晶片贴合方法

采用 30 V～60 V 的低电压。当使用含碱量低的低熔点玻璃时，可用熔化玻璃的方法实现晶片贴合，并完全与 CMOS 工艺兼容。如果在实际贴合之前用热处理的方法去除玻璃中的气泡，就可形成密封性能极好的高真空腔。晶片-晶片贴合的其他选择还包括采用粘接剂和易熔方法等。贴合期间在接触点上施加压力还可实现晶片之间的电互联。

另一种晶片级封装的方法是在一排（生物）化学传感器上制造一些微型 Si_3N_4 帽，用于保护化学传感器的寿命界面，从而达到延长传感器寿命的目的，如图 4-10 所示。还可以在晶片级上制造流量敏感器和微泵的进出通道。可用晶片金属化技术通过腐蚀孔实现晶片有源面与背面的连接。采用这种方法可使背面接触很容易地与有源面隔离开，芯片很容易安装到任何载体上或任何屏蔽中，而不会妨碍进出通道。

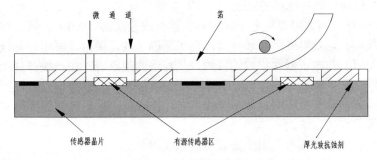

图 4-10　电可去除的微帽

（2）单芯片封装方法

过去，单个传感器或致动器芯片封装采用过诸多方法，一些为普通方法，还有一些是专用方法。通常用传感器件和电子芯片在一块芯片上合成的板上芯片方法，其具体工艺步骤是：首先在板上完成芯片贴合，然后用引线键合实现连接，最后在器件上涂一层塑料化合物，传感器/致动器的有源程序区除外，如图 4-11 所示，应用区被限制在相对安全的环境中。

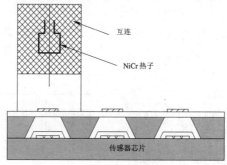

图 4-11 微流通道

器件的预成型封装，如金属外壳、陶瓷、玻璃和塑料封装就属于这一类型。封装过程比较简单：首先将芯片安装在预成型封装中，然后用引线键合实现芯片与封装引线之间的电连接，最后用一种特殊的盖板将封装封好，也可用填充化合物材料的方法将封装封起来，同时保留有源芯片区。通常采用标准的预成型封装，但在特殊器件和应用情况下要采用定制封装。

对普通环境下的低成本应用而言，MEMS 器件采用塑料封装技术是一种较好的选择。已开发出许多方法用于传感器和致动器的转移模封装，同时保留至有源器件区的进出通路。尽管塑料封装不能应用于侵蚀性环境，但预计大多数传感器都将应用于相对良好的条件下，因此塑料封装是一种较好的选择。在不能采用普通低成本封装方法的情况下，仍将继续采用在专用管壳中直接安装裸芯片的方法。

（3）多芯片模块与微系统封装方法

目前，由于各种应用都需要将电子元件与传感器或致动器等 MEMS 器件集成在一个小型模块或微系统中，这就对专用封装技术提出了新的挑战。通常，采用一种技术不能达到传感器（或致动器）与电子器件集成的目的，从经济的观点看，在一块芯片上合成也是不可取的，在这类情况下就需要小型多芯片模块。工作环境的不同对封装技术的要求也不同，因此采用的封装方法也有所不同。如果侧重多芯片集成就可采用较通用的方法，如果侧重应用环境就要采用专用方法。

目前有 3 种比较通用的方法用于低成本微系统封装。

① 第一种方法是将现有的商用预成型塑料有引线芯片载体（PLCC）封装垂直叠加起

来，用于安装集成电路。将叠层的外部完全镀金，用于连接所有的 PLCC 引线。最后用激光束蒸发金，将要用的连接隔离开。

② 第二种方法是采用一个装有电子器件的平台芯片，用引线键合或倒装芯片技术将传感器/致动器芯片安装起来。该平台起连接母线、功率处理和微控制器的作用。最后可采用单芯片封装的方法完成封装的全过程。

③ 第三种方法是在玻璃衬底上的凹槽中安装裸芯片。先在表面上贴一层介质箔，在键合通路上开出窗口，然后淀积互连线，最后将窗口开至有源传感器和致动器区。这种方法的不足是，其窗口是采用激光烧蚀制造的，因此制造成本较高，而且在介质箔键合期间很容易对微机械结构造成损伤，因此随着其他高性能、低制造成本技术的不断出现，将会逐步淘汰这一方法。

专用方法主要用于（生物）医学领域，在这些应用领域中经常将可移植的微系统封装应用在玻璃壳和微型总体分析系统（μTAS）中。

4.1.8 MEMS 的应用

1. 微电子机械系统在医疗和生物技术领域的应用

（1）基因分析和遗传诊断

微加工技术制造的各种微泵、微阀、微摄子、微沟槽、微器皿和微流量计的器件适合于操作生物细胞和生物大分子。图 4-12 为典型基因芯片检测系统示意图。

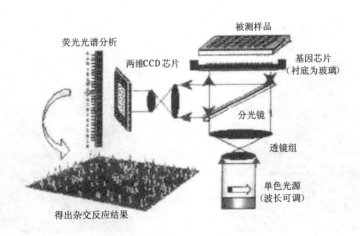

图 4-12 基因芯片检测系统示意图

典型基因芯片检测系统利用大规模集成电路的光刻技术和生物分子的自组装技术，将成千上万个已知特定序列的核酸单链（又称 DNA 探针）高密度有序地固定在玻璃、硅片等固体基片上，从而构成了 DNA 微探针阵列。在检测被测物的 DNA 分子时，通常先将被测物加以标记（如放射性、荧光酶标记等），然后再经过一定的化学处理，让芯片上的 DNA 探针与有标记的被测物 DNA 分子进行杂交反应。完全杂交反应、不完全杂交反应或不能完全杂交反应都将在基因芯片上产生出相应的信号。这些信号经过检测并经计算机处理，可以得出被测物的 DNA 信息。

（2）介入治疗

现有介入治疗仪器价格贵、体积大，而且治疗时仪器进入体内，但判断和操作的医生在体外，很难保证操作的准确性。MEMS 的微小（可进入很小的器官和组织）和智能（能自动地进行细微精确的操作）的特点，可大大提高介入治疗的精度，降低风险。

2. 微电子机械在汽车工业和宇航中的应用

（1）纳米卫星。纳米卫星的质量通常小于 0.1 kg。纳米卫星是一种尺寸减小到最低限度的微型卫星，它是未来卫星发展的"革命性突破"。一种简单的纳米卫星可以由外表带有太阳能电池和天线、在硅基片对砌的专用集成微型仪器组成。2001 年，美国国防部高级研究计划局（DARPA）以子母星的方式同时发射小卫星、纳卫星和皮卫星，其中小卫星 JAWSAT（如图 4-13 所示）为母星，主要承载和部署所携带的子星，质量为 191 kg；4 颗纳卫星放置在小卫星中，图 4-14 所示为其中 1 颗名为 OPAL 的纳卫星，质量为 13 kg；在 OPAL 里面又放置了 6 颗皮卫星。图 4-15 所示为其中的一颗（放大部分为一个采用 MEMS 技术制造的射频开关）质量仅 250 g，尺寸为 10 cm×7 cm×2.5 cm。

图 4-13 小卫星 JAWSAT

图 4-14 纳卫星 OPAL

图 4-15 皮卫星

（2）微型惯性传感器。采用纳米技术制造的微型惯性传感器，尺寸和价格可减少几个数量级。由于 MEMS 技术的进步，已开发出许多种类型的微加速度计，如压阻型、电容型、隧道型、热敏型等。另一个大量应用于汽车的 MEMS 传感器是角速度计，用于车轮侧滑和打滚控制。

（3）惯性测量组合。美国国防部高级研究计划局（DARPA）正在开发采用光纤陀螺的 MIMU 与全球定位系统（GPS）的组合系统。GPS 信号用于校正惯性漂移误差，当 GPS 信号被干扰后，惯性系统能自主工作。此项计划称为"GPS 制导包"（GGP，GPS Guidance Package）。该技术将对军用和民用飞机的环状激光陀螺形成挑战。

3. 微电子机械系统在武器系统和军事领域的应用

（1）分布式战场微型传感器网络。可以准确地探测与查明敌人的作战部署与军队调动的新型探测系统和探测装置。这种微型机电系统在布设、耐久和易损性等方面有明显的优点。

（2）灵巧蒙皮（或表面）。这将是利用微型机电系统做成的一种特殊的具有"防卫特性"的材料，它具有程序控制和动态可调整等特性，可以用它来制造潜艇智能表面和飞机智能机翼。将 MEMS 技术引进飞行器设计领域，会使该领域发生显著变化，有这种 MEMS 阵列的蒙皮，称做灵巧蒙皮。

（3）微型机器人系统。人们设想研制出一种微型机电系统，通常它具有 6 个分系统：传感器系统、信息处理与自动导航系统、机动系统、通信系统、破坏系统和驱动电源。这种微型机器人智能系统具有多种方案，如昆虫平台、蚂蚁机器人、血管潜艇等。图 4-16 所示为 MIT 研制的机器蚂蚁，其体积与大核桃相当，质量仅为 29 g 左右。它带有 4 个光传感器、4 个红外

图 4-16 美国 MIT 研制的机器蚂蚁

接收器、防碰撞传感器、防倾斜传感器和探测食物存在的传感器。

（4）微型引信保险和解除保险安全装置。微型机电系统技术可以为引信的电子安全系统的性能提高和缩小体积提供其他技术无法比拟的优越性。

（5）微型飞行器。微型飞行器（MAV）的概念是由美国于20世纪90年代最先提出的，并进行了可行性论证，要求微型飞行器最大尺寸为15 cm，重量百克以下，航程大于10 km，最高时速达80 km/h，最高飞行高度可达150 m。同时还应有导航及通信能力，可用手掷、炮射或飞机部署，具有侦察成像、电磁干扰等作战效能。例如在阿富汗战场上，美军已开始使用一种名为"微星"的微型飞行器进行情报收集，海军陆战队士兵可以通过便携式电脑操纵"微星"，侦察前方5 km的情况。图4-17所示就是其中几种较典型的微型飞行器。

图4-17 几种典型的微型飞行器

4.1.9 MEMS发展的趋势

（1）研究方向多样化。从历次大型MEMS国际会议（Transducer和MEMS Worldshop）的论文来看，MEMS技术的研究日益多样化。MEMS技术涉及的领域主要包括惯性器件，如加速度计与陀螺、AFM（原子力显微镜）、数据存储、三维微型结构的制造、微型阀门、泵和微型喷口、流量器件、微型光学器件、各种执行器、微型机电器件性能模拟、各种制造工艺、封装键合、医用器件、实验表征器件、压力传感器、麦克风以及声学器件等16个发展方向，内容涉及军事、民用等各个应用领域。

（2）加工工艺多样化。加工工艺多种多样，如传统的体硅加工工艺、表面牺牲层工艺、溶硅工艺、深槽腐蚀与键合工艺相结合、SCREAM工艺、LIGA加工工艺、厚胶与电镀相结合的金属牺牲层工艺、MAMOS（金属空气MOSFET）工艺、体硅工艺与表面牺牲层工艺相结合等，而具体的加工手段更是多种多样。

（3）系统单片集成化。由于一般传感器的输出信号（电流或电压）很弱，若将它连接到外部电路，则寄生电容、电阻等的影响会彻底掩盖有用的信号。因此采用灵敏元件外接处理电路的方法已不可能得到质量很高的传感器，只有把两者集成在一个芯片上，才能具有最好的性能，美国ADI公司生产的集成式加速度计就是将敏感器件与集成电路集成在同一芯片上的。

（4）MEMS 器件芯片制造与封装统一考虑。MEMS 器件与集成电路芯片的主要不同在于，MEMS 器件芯片一般都有活动部件，比较脆弱，在封装前不利于运输。所以 MEMS 器件芯片制造与封装应统一考虑。封装技术是 MEMS 的一个重要研究领域，几乎每次 MEMS 国际会议都对封装技术进行专题讨论。

（5）普通商业应用低性能 MEMS 器件与高性能特殊用途如航空、航天、军事用 MEMS 器件并存。例如加速度计，既有大量的只要求精度为 0.5 g 以上，可广泛应用于汽车安全气囊等的具有很高经济价值的加速度计；也有要求精度为 10^{-8} g 的，可应用于航空航天等高科技领域的加速度计。对于陀螺，也是有些情况要求其精度为 0.1°/h，有的则只要求 10000°/h。

4.2 快速原型制造技术

随着全球市场一体化的形成，制造业的竞争日益激烈，产品的开发速度逐渐成为市场的主要矛盾。在这种情况下，自主快速产品开发的能力（周期和成本）成为制造业全球竞争的实力基础。同时，制造业为了满足日益变化的用户需求，又要求制造技术有较强的灵活性，能够以小批量甚至单件生产而不增加产品的成本。因此，产品开发的速度与制造技术的柔性就变得十分关键了。

从技术发展的角度而言，计算机、CAD、材料、激光等技术的发展和普及为新的制造技术的产生奠定了基础。

快速原型制造（PRM，Rapid Prototyping Manufacturing）就是在这种社会背景下，于 20 世纪 80 年代后期产生于美国的，并很快扩展到日本及欧洲。它突破了传统的加工模式，不需要机械加工设备即可快速地制造形状极为复杂的工件，是近 20 年来制造技术的重要应用领域之一。

4.2.1 快速原型制造的概念

随着各种新型 RP 的出现，Rapid Prototyping 一词已无法充分表达出各种成形系统、成形材料及成形工艺等所包含的信息。因此，对于 RP 目前还没有一个统一的定义，下面是一些典型的定义。

Terry T.Wohlers 和美国制造工程师协会（SME）对 RP 技术进行了定义：RP 系统依据三维 CAD 模型数据、计算机 X 射线断层造影术（CT，Computerized Tomography）和核磁共振成像（MRI，Magnetic Resonance Imaging）扫描数据和由三维实物数字化系统创建的数据，把所得数据分成一系列二维平面，又按相同序列沉积或固化出物理实体。

颜永年等认为 RP 技术是基于离散/堆积成形原理的新型数字化成形技术，是在计算机的控制下，根据零件的 CAD 模型，通过材料的精确堆积，制造原形或零件。

此处对 Rapid Prototyping 分别从广义角度和狭义角度做如下的定义。

针对工程领域而言，其广义的定义为：通过概念性的具备基本功能的模型快速表达出设计者意图的工程方法。

针对制造技术而言，其狭义的定义为：一种根据 CAD 信息数据把成形材料层层叠加而制造原型的工艺过程。

4.2.2 RP 成形原理

快速原型是通过计算机辅助设计（CAD）的三维模型输入到快速原型设备上。在输入前计算机将软件转换为 STL 格式（STL 文件实际上是所有市场上快速原型系统数据输入采用的一种标准格式，其他输入格式也有使用）的文件，或者使用三维扫描仪通过对物体实体扫描后直接输入计算机处理，输入快速原型设备。图 4-18 所示为快速原型技术流程。

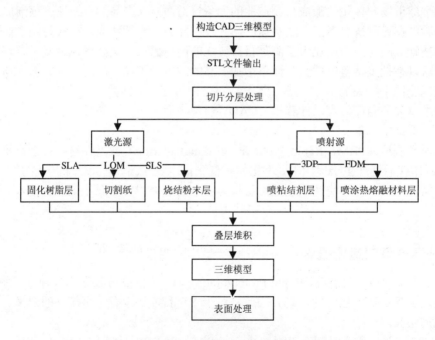

图 4-18 快速原型技术流程图

1. 计算机辅助设计（三维 CAD）构建模型或三维扫描仪实体扫描

设计一个零件，首先在计算机上使用三维 CAD 系统进行设计，建立一个三维的实体模型。模型建立后，计算机直接生成 STL 格式文件输出到快速原型设备进行模型制造。在快速原型设备中使用的 CAD 软件，是三维 CAD 软件。因为用二维 CAD 软件设计的零件是平面的三视图，不能产生立体模型，也不能转换成三维立体模型。

另外，通过三维扫描仪对实体模型或零件扫描，也可以在快速原型设备上制造实体模型。三维扫描技术是采用激光等方式对已经存在的物体进行扫描，然后将扫描的结果转换成三维图像，并可以在三维 CAD 软件上进行任意修改和调整，然后通过快速原型设备加工出模型。

2. 三维 CAD 模型转换为 STL 文件格式

三维 CAD 系统的文件不能直接输入快速原型设备，因为没有针对三维 CAD 系统的设备驱动程序，快速原型系统不能直接用三维 CAD 模型构造零件，需要转换成一种特殊的格式。目前，广泛采用的文件格式是美国 3D 系统公司的 STL 格式。大多数三维 CAD 系统都可以生成 STL 格式，快速原型设备利用切片程序将 STL 文件作为输入数据，用来制造三维实体的每一组片层。

3. 快速原型制造

快速原型设备根据计算机输出的三维 CAD 模型转换的 STL 数据，沿模型高度的水平面逐层"切割"成一定厚度的片层，用感光聚酯、纸、塑料、塑料粉末等其中一种材料，通过激光感光、激光切割、激光固化等方法，在制造的模型上逐层堆积，形成零件模型。一般"切割"的每层片层厚度约在 0.1～0.2 mm，每层片层的加工处理时间约为 60～80 s，一个零件的模型加工可在几小时或几天时间内完成，大大节省了时间，效率成倍提高。

4.2.3 RPM 的主要成形工艺

快速原型技术经过二十年左右的发展，工艺已经逐步完善，发展了许多成熟的加工工艺及成形系统。RP 系统可以分为两大类：基于激光或其他光源的成形技术，如立体光照成形（SL，Stereolithography）、迭层实体制造（LOM，Laminated Object Manufacturing）、选择性激光烧结（SLS，Selected Laser Sintering）、形状沉积制造（SDM，Shape Deposition Manufacturing）等；基于喷射的成形技术，如熔融沉积制造（FDM，Fused Deposition Modeling）、三维打印制造（3DP，Three Dimensional Printing）等。

1. 立体光照成形法（SL 法）

1987 年，美国 3D-system 公司推出了名为立体光照装置（SLA（简称 SL），Stereo Lightgraphy Apparatus），它是第一种投入商业应用的 RPM 技术。

立体光照成形首先是 CAD 系统对准备制造的零件进行三维实体造型设计，再由专门的计算机切片软件 CAD 系统的三维造型切割成若干薄层平面数据模型。显然，薄层的厚度越小，零件的制造精度越高，但制造的时间也越长，所以应综合考虑后选择薄层的厚度。通常各薄层的制造厚度相同，即进行等高切片。但更合理的办法是在表面形状变化大和精度要求高的部位切得薄些，其他部位则切得相应厚些，随后 CAM 软件再根据各薄层的平面 X-Y 运动指令，再结合提升机构 Z 坐标方向的间歇下降运动，形成整个零件的数控加工指令。而且无论三维零件的内外形状多么复杂，采用这类快速原型技术只需简单的二维半数控装置便可完成。

图 4-19 所示的容器里盛有在紫外光照射下的液体树脂，如环氧树脂、乙酸树脂或丙烯酸树脂，该树脂可在紫外光照射下进行聚合反应，发生相变，由液态变成固态。成形开始时，工作平台置于液面下的一个高的距离（一般不到 1 mm），控制一束能产生紫外线的激光，按计算机所确定的轨迹，对液态树脂逐点扫描，使其被扫描区域固化，从而形成一个固态薄截面，然后升降机构带动工作台下降一层高度，覆盖另一层液态树脂，以便进行第二层扫描固化，新固化的一层牢固地黏在前一层上，如此反复，直到整个模型制造完毕。

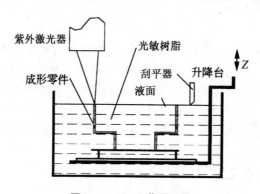

图 4-19 SL 工艺原理图

模型从树脂中取出后还要进行后固化，工作台上升到容器上部，排掉剩余树脂，从 SLA 取走工作台和工件，用溶剂清除多余树脂，然后将工件放入后固化装置，经过一定时间紫外曝光后，工件完全固化。固化时间依零件的几何形状、尺寸和树脂特性而定，大多数零件的固化时间不小于 30 min。最后从工作台上取下工件，去掉支撑结构，进行打光、电镀、喷漆或着色即可。

SLA 具有技术成熟、能制造精细零件、表面质量好等优点，但也有许多不足之处，主要表现在如下几点。

（1）SLA 价格昂贵，例如一种工作台面较小的 SLA-250 系统就高达 30 万美元以上，加之所采用的紫外激光管每支数万美元，而使用寿命仅 1000 多小时，运行费用很高，一般用户特别是国内企业很难承受。

（2）造型用的光敏树脂每公斤约 100 美元左右，加工成本费用高；同时光敏树脂还有一定的毒性，因此需采用防污染措施。

（3）在分层固化过程中，处于液态树脂中的固化层因漂浮易错位，需设计支撑结构与原型制件一道固化，前期软件工作量大。

（4）由于在激光固化液态光敏树脂过程中，材料发生相变，不可避免地使聚合物收缩产生内部应力，从而引起制件翘曲和其他变形。

（5）成形材料一般是丙烯酸酯或环氧树脂等热固性光敏树脂，不能反复加热溶化，在消失铸造时只能烧失掉。

2. 迭层实体制造法（LOM 法）

迭层实体制造技术是近年来发展起来的又一种快速造形技术，它是通过对原料纸进行层合与激光切割来形成零件，工艺原理如图 4-20 所示。LOM 工艺先将单面涂有热熔胶的胶纸带通过加热辊加热加压，与先前已形成的实体层合在一起。此时位于其上方的激光器按照分层 CAD 模型所获得的数据，将一层纸切割成所制零件的内外轮廓。轮廓以外不需要的区域，则用激光切割成小方块（废料），它们在成形过程中可以起支撑和固定作用。该层切割完后，工作台下降一个纸厚的高度，然后新的一层纸平铺在刚成形的面上，通过热压装置将它与下面已切割层黏合在一起，激光束再次进行切割。胶纸片的一般厚度为 0.07～0.15 mm。由于 LOM 工艺无需激光扫描整个模型截面，只要切出内外轮廓即可，所以制模的时间取决于零件的尺寸和复杂程度，成形速率比较高，制成模型后用聚氨酯喷涂后即可使用。

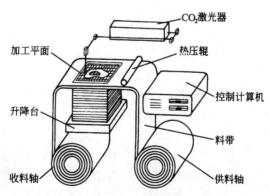

图 4-20　LOM 工艺原理图

LOM 是 20 世纪 80 年代才开始研究的一种 RPM 技术，商品化设备于 1991 年问世，但一出现就体现了其生命力。LOM 发展很快是因其有以下特点。

（1）设备价格低廉。据华中理工大学的经验，国产 LOM 设备每台售价在人民币 48 万元左右,采用国外最好的元器件,售价也不过 68 万元人民币。此外,因采用小功率 CO_2 激光器,不仅成本低廉,而且使用寿命也长。

(2)造型材料一般为涂有热熔树脂及添加剂的纸,制造过程中无相变,精度高,几乎不存在收缩和翘曲变形,制件强度和刚度高,几何尺寸稳定性好,可用通常木材加工的方法对表面进行抛光。

(3)造型材料成本低。国产材料价格为每公斤 30 元左右,制件成本远比 SLA 方法便宜,这一点对于中等以上尺寸的制件尤为明显。

(4)采用 SLA 方法制造原型,需对整个断面扫描才能使树脂固化,而 LOM 只需切割断面轮廓,成形速率高,原型制造时间短。

(5)无需支撑设计,软件工作量小。

(6)能制造大尺寸制件,工业应用面小。

(7)代替蜡材,烧失时不膨胀,便于熔模铸造。

该方法也存在许多不足,主要表现在制件材料的耐候性、黏结强度与所选的基材、胶种密切相关,废料的分离较费时间等,目前正从材料的配方、加工参数的合理选取和软件层面处理等多方面采取措施进行改进。

3. 选择性激光烧结法(SLS 法)

1986 年,美国 Texas 大学研究生 C.Deckard 提出了选择性激光烧结(SLS,Selected Laser Sintering)的思想,稍后组建了 DTM 公司,于 1992 年推出了 SLS 成形机。

SLS 采用激光器,使用的材料多为粉末状。先在工作台上均匀地铺上一层很薄(100～200 μm)的热塑性粉末,也可以是金属粉末外覆盖一层热塑性材料而形成的粉末团。辅助加热装置将其加热到略低于熔点的温度。在这个均匀的粉末面上,激光在计算机的控制下按照设计零件在该层的几何信息进行有选择性地烧结(零件的空心部分不烧结,仍为粉末状态),被烧结部分固化在一起构成原型零件的实心部分。一层完成后,机械滚筒会将新一层粉末铺在原有一层上,再进行下一层烧结,如此反复,直到整个工件完成为止。全部烧结完后,从工作室里取出工件,用较低的压缩空气将多余的松散粉末吹掉,有些还要经砂纸打磨,去除多余的粉末,得到零件。图 4-21 所示为选择性激光烧结原理图。

SLS 最大的优点就是材料的选择性广泛,可配合不同用途;无毒,可循环利用;另外,不需支撑(粉末烧结的粉末能自然地承托工件)。其缺点是所成形的零件精度和表面粗糙度较差。

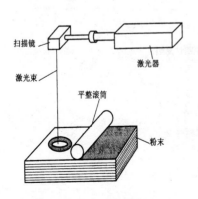

图 4-21 SLS 工艺原理图

4. 熔融沉积制造法（FDM 法）

Scott Crump 在 1988 年提出了熔融沉积制造（FDM，Fused Deposition Modeling）的思想，1991年开发了第一台商业机型。熔融沉积制造是一种制造速度较快的快速原型工艺。FDM 的成形材料可用铸造石蜡、尼龙（聚酯塑料）、ABS 塑料，可实现塑料零件无注塑成形制造。

图 4-22 所示为 FDM 原理示意图。FDM 喷头受水平分层数据控制，作 X-Y 方向联动扫描及 Z 方向运动，丝材在喷头中被加热至略高于其熔点，呈半流动融状态，从喷头中挤压出来，很快凝固，形成精确的层。每层厚度在 0.025～0.762 mm 之间，一层叠一层，最后形成整体。

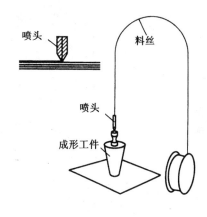

图 4-22　FDM 工艺原理图

FDM 工艺的关键在于保持流动成型材料刚好在凝固点之上，通常控制在比凝固温度高 1℃ 左右。FDM 使用材料为聚碳酸酯、铸造蜡材、ABS，实现塑料零件无注塑模成形制造。

该方法的优点是不需采用激光，系统成本低，制造速度快；但成形材料适用范围不广，且由于喷头孔径不可能很小，从而成形精度相对较差。

5. 三维打印制造法（3DP 法）

三维打印制造（3DP，Three Dimensional Printing）工艺是麻省理工学院（MIT）的 Emanual Sachs 等人研制的，后被美国的 Soligen 公司以 DSPC（Direct Shell Production Casting）名义商品化，用来制造铸造用的陶瓷壳体和芯子。

图 4-23 为 3DP 成形原理图。它首先将粉末由储料桶送出，再以滚筒将送出的粉末在加工平台上铺上一层很薄的原料。喷嘴依照 3D 计算机模型切片后定义出来的轮廓喷出黏结剂，黏着粉末。做完一层，加工平台自动下降一点，储料桶上升一点，刮刀由升高了的储料桶上方把粉末推至工作平台并把粉末推平，再喷黏结剂，如此循环，便可得到所要加工的形状。

由于完成原型制造后，原型件是完全被埋在工作台的粉末中的，操作员要小心地把工件从工作台中挖出来，再用气枪等工具吹走原型件表面的粉末。一般刚成形的原型件本身很脆弱，在压力下会粉碎，所以原型件完成后需涂上一层蜡、乳胶或环氧树脂作为保护层。

3DP 工艺是一种简单的 RP 技术，可配合 PC 使用，操作简单，速度高，适合办公室环境使用。其缺点是：工件表面顺滑度受制于粉末的大小，所以工件表面粗糙，需使用时处理来改善；原型件结构也较松散，强度较低。

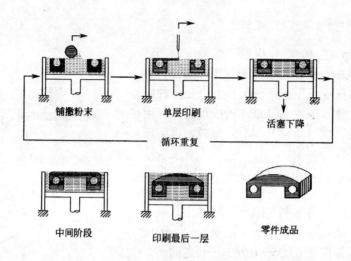

图 4-23 3DP 工艺原理图

4.2.4 快速原型技术的特点及应用领域

由以上各种工艺的原理可以看出,快速原型技术有一个共同的特点,即先将产品零件作分层处理,然后再一层层地叠加,这决定了快速原型技术有以下特点。

(1) 可以加工出任意形状的产品零部件。
(2) 可以加工多种材料,以得到不同的机械性能和热特性的工件。
(3) 不需要制造专用的模具、夹具。
(4) 不需要专门设计图纸。
(5) 不需要编制工艺文件。
(6) 非常适合于计算机集成制造。
(7) 速度快,传统法失蜡铸造生产四缸发动机铝质缸体,需要 10 个月到 1 年时间,用快速成型机制造失蜡熔模,缸体生产周期缩短到 5 个星期。
(8) 成本几乎与零件的复杂程度和生产批量无关,因此快速成型制造技术适合于小批量零部件,尤其是一些独特的零部件。

由于快速原型技术的特点,它一经出现就得到了广泛的应用。目前已广泛应用于汽车、机械、电子、电器、航空航天、医学、建筑、玩具、工艺品等许多领域。

快速原型制造的第一类用途是最早应用于机械零件或产品整体设计效果的直观物理效果实现,因为只是用来审查最终产品的造型、结构和装配关系等目的,由此,造型材料要求较低。

快速原型的第二类用途是制造用于造型的模型如陶瓷型精铸模、熔模铸造模、冷喷模和电铸模等。

第三类用途则为应用于最终产品，如采用金属粉直接成形机械零件和压力加工模具等。

最近，快速原型技术因其不可比拟的优势而被用来进行组织工程材料的人体器官诱导成形研究。组织工程材料是与生命体相容的、能够参与生命体代谢并在一定时间内逐渐降解的特种材料。用快速原型技术并采用这种材料制成的细胞载体框架结构能够创造一种微环境，以利于细胞的粘附、增殖和功能发挥。它是一种极其复杂的非均质多孔结构，是一种充满生机的蛋白和细胞活动、繁衍的环境。在新的组织、器官生长完毕后，组织工程材料随代谢而降解、消失。在细胞载体框架结构支撑下生长的新器官完全是天然器官。这一技术将为人们的健康提供更强有力的保证。

快速原型技术经过十几年的发展，已经显示出无限的生命力，成功实现了 CAD/CAM 的集成。该项技术以其不可比拟的优势必将成为 21 世纪占有重要地位的先进制造技术。

4.2.5 RPM 技术的发展趋势

RPM 是面向产业界的高新综合技术，它无疑将继续获得越来越广泛的应用。国外有人预测：快速原型技术将成为一种一般性的加工方法。这一技术在我国许多行业也有巨大的潜在市场。目前，快速原型技术最突出的问题是，所制原型零件的物理性能较差，成形机的价格较高，运行成本较高，零件精度低，表面粗糙度高，成形材料仍然有限。因此从上述 RP 技术的发展现状来看，未来几年的趋势主要如下。

（1）提高 RP 系统的速度、控制精度和可靠性，优化设备结构，选用性能价格比高、寿命长的元器件，使系统更简洁，操作更方便，可靠性更高，速度更快。开发不同档次、不同用途的机型亦是 RP 系统发展的一个方面。例如：一方面开发高精度、高性能的机型，以满足对制件尺寸、形状和表面质量要求更高或有特殊要求的用户；另一方面，开发专门用于检验设计、模拟制品可视化，而对尺寸精度、形状精度和表面粗糙度要求不高的概念机。

（2）提高数据处理速度和精度，研究开发用 CAD 原始数据直接切片方法，减少数据处理量以及由 STL 格式转换过程而产生的数据缺陷和轮廓失真。

（3）研究开发成本低、易成型、变形小、强度高、耐久及无污染的成型材料。将现有的材料，特别是功能材料进行改造或预处理，使之适合于 RP 技术的工艺要求，从 RP 特点出发，结合各种应用要求，发展全新的 RP 材料，特别是复合材料，例如纳米材料、非均质材料、其他方法难以制造的复合材料等。降低 RP 材料的成本，发展新的更便宜的材料。

（4）开发新的成型能源。前述的主流成型技术中，SLA、LOM 和 SLS 均以激光作为能源，而激光系（包括激光器、冷却器、电源和外光路）的价格及维护费昂贵，传输效率（输出激光能量/输入电能）较低，影响制件的成本。新成型能源方面的研究也是 RP 技术的一个重要方向。

(5) 研究开发新的成型方法。在过去的 10 年中，许多研究者开发出了十几种成型方法，基本上都基于立体平面化—离散—堆积的思路。这种方法还存在着许多不足，今后有可能研究集"堆积"和"切削"于一体的快速原型方法，即 RP 与 CNC 机床和其他传统的加工方式相结合，以提高制件的性能和精度，降低生产成本。还可能从 RP 原理延伸，产生一些新的快速原型方法。

(6) 继续研究快速制模（RT）和快速制造（RM）技术。一方面研究开发 RP 制件的表面处理技术，提高表面质量和耐久性；另一方研究开发与注塑技术、精度铸造技术相结合的新途径和新工艺，快速经济地制造金属模具、金属零件和塑料件。

(7) 在应用方面，通过对现有 RP 系统的改进和新材料的开发，使之能够经济地生产出直接可用的模具、工业产品和民用消费品；制造出人工器官，用于治疗疾病。

(8) 向大型制造与微型制造进军。分析各大公司的产品系列可以发现，原型的制造尺寸呈增大的趋势。由于大型模具的制造难度和 RPM 在模具制造方面的优势，可以预测将来的 RPM 市场将有一定比例为大型原型制造所占据。与此形成鲜明对比的将是 RPM 向微型领域的进军，SL 的一个重要发展方向是微米印刷（Microlithography）、制造微米零件（Microscale Parts）。日本 Nagoya University 在这方面领先，激光光斑可达 5 μm，成形时原型不动，激光束通过透明板精密聚焦在被成形的原型上。X-Y 扫描全停位精度为 0.00025 mm，Z 向停位精度为 0.001 mm，可制造 5 μm×5 μm×3 μm 零件，如静脉阀、集成电路零件等。

(9) RPM 行业标准化，并且与整个产品制造体系相融合。RP 技术经过十几年的发展，设备与材料两方面都有了长足的进步，但目前由于该技术的成本高，加以制件的精度、强度和耐久性能还不能满足用户的要求，暂时阻碍了 RP 技术的推广普及。此外，近年来，CNC 切削机床亦在大步向前发展，一方面，价格大幅度下降；另一方面，高速、高精的 CNC 机床问世，制件时间缩短，精度及表面质量提高。因此，不少企业使用 CNC 切削机床快速制造金属或非金属模具及零件，向 RP 技术提出了新的挑战，但是在成型复杂、中空的零件方面，CNC 切削机床是不能取代 RP 技术的。这种直接从概念设计迅速转为产品的设计生产模式，必然是 21 世纪的制造技术的主流。随着技术的进步，RP 技术还会大踏步地向前发展，并将成为许多设计公司、制造公司、研究机构和教育机构等的基本技术和装备。

4.3 精密与超精密加工技术

同其他先进加工技术一样，精密和超精密加工也是需求和技术双项驱动的结果。一方面，尖端技术产品对零件提出了越来越高的技术要求，尤其是在精度方面。如关系到现代飞机、潜艇、导弹性能和命中率的惯导仪表的精密陀螺框架，激光核聚变用的反射镜，大型天文望远镜，大规模集成电路的各种基片，计算机磁盘基底及复印机磁鼓等都需要精密与超精密加工技术的支持；另一方面，机械技术、现代电子技术、测量技术和计算机技术中的先进控制、测试技术等的发展使得机械加工的精度进一步得到提高成为可能。

近年来，随着半导体技术的高集成化发展，推动精密和超精密加工技术已经从微米、亚微米向纳米级工艺迅速发展，并保持超精密加工技术的应用每年翻一番的增产率。这标志着精密、超精密加工技术已成为一个国家制造技术水平的主体。表 4-1 所示为精密与超精密加工的应用。

表 4-1　精密与超精密加工的应用

领域	应 用 范 围
航空航天	① 高精度陀螺仪浮球：球度 0.2～0.6 μm，表面粗糙度 R_a 0.1 μm ② 气浮陀螺和静电陀螺的内外支承面：球度 0.5～0.05 μm，尺寸精度 0.6 μm，表面粗糙度 R_a 0.025～0.012 μm ③ 激光陀螺平面反射镜：平面度 0.05μm，反射率 99.99%，表面粗糙度 R_a 0.001 μm ④ 油泵、液压马达转子及分油盘：转子柱塞孔圆度 0.5～1μm，尺寸精度 1～2μm；分油盘平面度 0.5～1 μm，表面粗糙度 R_a 0.05～0.1 μm ⑤ 电机整流子 ⑥ 雷达波导管：内腔表面粗糙度 R_a 0.01～0.02 μm，平面度和垂直度 0.1～0.2 μm ⑦ 航空仪表轴承：孔、轴的表面粗糙度 R_a 0.001 μm
光学	① 红外反射镜：表面粗糙度 R_a 0.01～0.02 μm ② 激光制导反射镜 ③ 非球面光学元件：型面精度 0.3～0.5 μm，表面粗糙度 R_a 0.005～0.020 μm ④ 其他光学元件：表面粗糙度 R_a 0.01 μm
民用	① 计算机磁盘：平面度 0.1～0.5μm，表面粗糙度 R_a 0.03～0.05 μm ② 磁头平面度 0.4 μm，表面粗糙度 R_a 0.1 μm，尺寸精度 ±2.5 μm ③ 非球面塑料镜成形模：形状精度 0.3～1 μm，表面粗糙度 R_a 0.05 μm ④ 录像机磁鼓：形状、尺寸精度 0.2 μm，表面粗糙度 R_a 0.04～0.08 μm ⑤ 复印机感光筒：形状、尺寸精度 0.2 μm，表面粗糙度 R_a 0.05 μm ⑥ 激光打印机多面体镜：表面粗糙度 0.007～0.01 μm，相邻面塌边 3″，平面度优于 $\lambda/6$

4.3.1　精密与超精密加工的概念

超精密加工目前尚无统一的定义，在不同历史时期、不同的科学技术发展水平的情况下，有不同的理解。从目前的发展水平来看，加工精度在 0.1～1 μm、表面粗糙度 R_a 在 0.1 μm 以下的加工方法属于精密加工，而加工精度控制在 0.1 μm 以下、表面粗糙度为 R_a 0.02 μm 以下的加工方法称为超精密加工。实现这些加工所采取的工艺方法和技术措施，则称为精密、超精密加工技术。

超精密加工技术是以高精度为目标的技术，它必须在综合应用各种新技术、各个方面精益求精的条件下，才有可能突破常规技术达不到的精度界限，达到新的高精度指标。实现超精加工的主要条件应包括以下诸方面的高新技术。

（1）超精密加工机床与装、夹具。

（2）超精密切削刀具、刀具材料、刀具刃磨技术。

（3）超精密加工工艺。

（4）超精密加工环境控制（包括恒温、隔振、洁净控制等）。

（5）超精密加工的测控技术。

4.3.2 精密、超精密加工设备

加工机床是实现精密、超精密加工的首要条件，目前的加工机床一般都是采用高精度空气静压轴承支撑主轴系统，空气静压导轨支撑进给系统的结构模式。要实现超微量切削，必须配有微量移动工作台的微进给驱动装置和满足刀具角度微调的微量进给机构，并能实现数字控制。

（1）主轴及其驱动装置。主轴是超精密机床的圆度基准，故要求极高的回转精度，其精度范围为 $0.02 \sim 0.1 \mu m$。此外，主轴还要具有相应的刚度，以抵抗受力后的变形。主轴运转过程中产生的热量和主轴驱动装置产生的热量对机床精度有很大的影响，故必须严格控制温度和热变形。为了获得平稳的旋转运动，超精密机床主轴广泛采用空气静压轴承，主轴驱动采用皮带卸载驱动和磁性联轴节驱动的主轴系统。

（2）导轨及进给驱动装置。导轨是超精密机床的直线性基准，精度一般要求 $0.02 \sim 0.2 \mu m/mm$。在超精密机床上，有滑动导轨、滚动导轨、液体静压导轨和空气静压导轨，但应用最广泛的是空气静压导轨和液体静压导轨，利用静压支撑的摩擦驱动方式在超精密机床的进给驱动装置上应用愈来愈多，这种方式驱动刚性好、运动稳定、无间隙、移动灵敏。

（3）微量进给装置。在超精密加工中，微量进给装置用于刀具微量调整，以保证零件尺寸精度。微量进给装置有机械式微量进给装置、弹性变形式微量进给装置、热变形式微量进给装置、电致伸缩微量进给装置、微致伸缩微量进给装置以及流体膜变形微量进给装置等。

4.3.3 加工工具和被加工材料

1. 加工工具

超精密加工的工具主要是指刀具、磨具，以及其刃磨、修整装置。

（1）切削加工。目前超硬刀具材料主要有金刚石、立方氮化硼、陶瓷等，用得比较广泛的是人造金刚石。理想的材料是天然金刚石，因为被加工材料主要是有色金属并且是微

量切削,切深小于 1 μm,可达到 0.075 μm,但价格昂贵。在制造金刚石刀具时需涉及到切削刃形面和几何角度设计、晶体定向(用激光)、晶面选择、刃磨以及切削时对刀等问题,其中刀具的刃口钝圆半径是一个关键参数,切削厚度极薄欲达 10 nm 时,则刃口钝圆半径为 2 nm,切削时精确对刀将直接影响加工精度和表面粗糙度。

金刚石刀具的磨损,是在高温、高压、高速下与各种被加工材料发生摩擦而产生的。在高温下,金刚石的热磨损量比切削刃的几何因素影响大得多,且某种接触物质的存在,更促进其磨损作用,即金刚石和切削材料接触表面的热化学特性是决定刀具磨损的主要因素。这种磨损对高精密加工质量带来很大影响,但是,监视这样微小的磨损相当困难。

由于进刀量非常小,刀尖上的单位阻力反而加大,使刀尖容易受损。在小范围内,由于金属结晶中滑移变小,在刀尖上产生剪切力,最后造成刀刃的损伤,缩短了刀刃的寿命,也使切削距离变短;另一方面,由于进给量小,加工一个工件的距离就变长,加工的件数就减少。超精密切削对刀头的要求条件是非常苛刻的。总之,超精密切削刀头必须满足以下条件:有研磨得特别锋利的刀尖,不产生走刀痕迹的刀刃形状,刀刃结晶位置要处于承受阻力特别大的方向,切削阻力非常小的刀尖形状。

(2) 磨削加工。当前主要的磨具是金刚石、立方氮化硼(CBN)等粉末砂轮,这两种砂轮的材质十分重要,要求砂轮锐利、耐磨、颗粒大小均匀、结合均匀。但这两种砂轮修整较困难。如 CBN 砂轮用一般修整法修整后达不到预期效果,但用喷砂法把 CBN 周围的软质材料打下 0.02～0.05 mm,则可达到理想的效果。金刚石砂轮的修整分为整形和修锐两个阶段,前者是修出几何形状,后者是修出锋利刃口,实际上是突出金刚石颗粒。在使用中应采用在线修整,以便及时解决金刚石微粉砂轮的堵塞问题。

(3) 研磨和抛光。为了获得高精度和低表面粗糙度,可采用铸铁、聚酯、呢毡等材料作为研具或抛光器,采用金刚石、CBN、铬刚玉、氧化铝等磨料,进行非接触研磨抛光、软质粒子研磨抛光等。

超精密研磨和抛光对研具有严格的要求。加工质量的表面粗糙度和加工变质层的深度受磨粒和研具的机械作用所支配。为了实现超精密研磨和抛光,需要使用微细的磨粒和使磨粒作用工件很浅的研具材料。作为超精密研磨、抛光用的研具和抛光器,其工作面的形状精度会反映到工件表面上,因此必须减小因工作面磨损和弹性变形引起的精度下降。

2. 被加工材料

超精密加工应该用相应的超精密加工用的材料,才能保证加工质量。用于超精密加工的工件材料,在其化学成分、物理性能或熔炼、塑性加工、热处理等工艺方面都有严格的要求。超精密加工用的材料的化学成分的纯度应为 10^{-3}~10^{-2} 数量级,且应控制其杂质含量;物理性能(拉伸强度、硬度、延伸率、膨胀系数和热传导率等)应达到 10^{-6}~10^{-5} 数量级。

就金属材料而言,各金属元素只有达到熔化温度才能混合均匀,如有尚未达到熔点的金属存在,有可能引起恶劣影响,故冶炼时采用陶瓷过滤等措施。另外,材料晶粒的大小对加工表面质量有很大影响,必须通过正确的热处理来控制晶粒细化。因此,为了获得好的加工精度和表面粗糙度,材料必须没有气泡,均匀细化且无杂质,加工后残余应力小,能长期保持尺寸精度稳定性,同时还要考虑微量吃刀的加工性及与刀具磨损的关系。

4.3.4 精密与超精密加工的主要加工方法

1. 超精密切削

主要借助锋利的金刚石刀具对工件进行车削和铣削,可用于加工要求高表面质量和高形状精度的有色金属或非金属零件,如加工激光或红外用的平面或非球面反射镜、磁盘、VIR 辊轴、有色金属阀芯和多面棱镜等。超精密车削可达到 $R_a 0.05\ \mu m$ 的粗糙度和 $0.1\ \mu m$ 的非球面形状精度。图 4-24 所示为美国 Lawrence Livemore 实验室和美国空军合作研制出的大型光学金刚石超精密车床。该车床是为镜面加工大直径光学镜头而开发的,采用双立柱立式车床结构,六角刀盘驱动,多重光路激光干涉测长进给反馈,分辨力为 0.7 nm,定位误差为 $0.0025\ \mu m$;为了减少热变形影响,采用低热膨胀材料组合技术,恒温液体冷却,液体温度控制在 $(20\pm0.0005)\ ℃$。

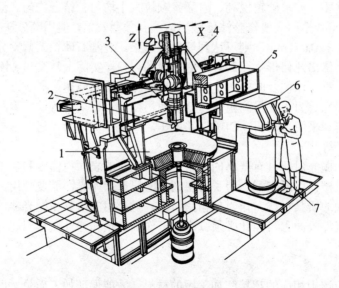

图 4-24 美国光学超精密车床

1—主轴 2—高速刀具伺服结构 3—刀具轴 4—X 轴拖板 5—上部机架 6—主机架 7—气动支承

2. 超精密磨削

超精密磨削技术是在一般精密磨削的基础上发展起来的。超精密磨削不仅要提供镜面级的表面粗糙度,还要保证获得精确的几何形状和尺寸。为此,除了要考虑各种工艺因素外,还必须有高精度、高刚度以及高阻尼特征的基准部件,消除各种动态误差的影响,并采取高精度检测手段和补偿手段。

目前超精密磨削的加工对象主要是玻璃、陶瓷等硬脆材料,作为纳米级磨削加工,要求机床具有高精度及高刚度,脆性材料可进行可延性磨削。此外,砂轮的修整技术也相当关键,尽管磨削比研磨更能有效地去除物质,但在磨削玻璃或陶瓷时很难获得镜面,主要是由于砂轮粒度太细时,砂轮表面容易被切屑堵塞。日本理化学研究所学者大森整博士发明的电解在线修整(ELID)铸铁纤维结合剂(CIFB)砂轮技术可以很好地解决这个问题。

当前的超精密磨削技术能加工出 0.01 μm 圆度、0.1 μm 尺寸精度和 R_a0.005 μm 表面粗糙度的圆柱形零件,平面超精密磨削能加工出 0.03 μm/100 nm 的平面。图 4-25 所示为英国国立物理实验室(NPL,National Physic Laboratory)开发的由四面体结构构成的一个四面体框架,每个圆柱承受压力,从而静刚度可达 10 N/nm,加工精度可达 1 nm 以上,为机床的新型结构开辟了一条途径,受到世界各国的重视。

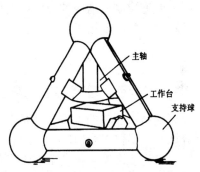

图 4-25　英国四面体主轴超精密磨床

1—主轴　2—工作台　3—支持球

3. 超精密研磨、抛光

研磨和抛光都是利用研磨剂使工件和研具之间通过相对复杂的轨迹而获得高质量、高精度的加工方法。图 4-26 所示为超精密水合抛光机示意图。

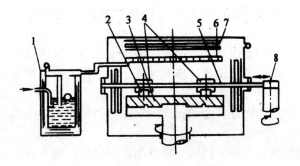

图 4-26　超精密抛光机示意图

1—水蒸气产生装置　2—工件　3—抛光盘　4—施加载荷
5—保持架　6—水蒸气喷嘴　7—加热器　8—偏心凸轮

超精密研磨包括机械研磨、化学机械研磨、浮动研磨、弹性发射加工以及磁力研磨等加工方法。超精密研磨加工出的球面度可达 0.025 μm，表面粗糙度可达 R_a 值 0.003 μm。利用弹性发射加工可加工出无变质层的镜面，表面粗糙度可达 0.5 nm。最高精度的超精密研磨可加工出平面度为 $\lambda/200$ 的零件。超精密研磨的关键条件是几乎无振动的研磨运动、精密的温度控制、洁净的环境以及细小而均匀的研磨剂，此外高精度检测方法也必不可少。超精密研磨主要用于加工表面质量与高平面度的集成电路芯片和光学平面以及蓝宝石窗口等。

4.3.5 精密、超精密加工环境

超精密加工的工作环境是保证加工质量的必要条件，因此超精密加工对环境的要求十分严格，不仅要求恒温、恒湿和洁净，而且还要隔绝振动。

（1）洁净度。超精密加工应在高洁净度室内进行，没有高洁净度环境是不能研磨出低粗糙度表面的，所以要达到低的表面粗糙度的加工，就要注意灰尘的影响，灰尘的混入会使镜面划伤和使工件精度受到损害。在超精密研磨中，研磨剂的颗粒可小至 100Å（埃），而灰尘的微粒竟比研磨剂的颗粒大数十倍甚至数百倍。通常要求洁净度为 100 级（即每立方英尺的空气内含大于 0.5 μm 的灰尘粒不超过 100 个）以上的洁净室。

（2）温度。在要求纳米加工的超精密环境中，温度是基本要求的环境因素。严格的温度控制需掌握各机器设备的发热量。环境温度可根据不同加工要求控制在 20±0.06℃ 之间。可采用专门恒温室（间）的整体恒温和恒温罩的局部恒温来达到恒温。为了节约能源，根据季节的温差，可将标准室温在夏季定为 23℃、冬季为 17℃。

（3）湿度。湿度与加工内容有关，一般在 40%RH 以下时由于静电的影响，加工精度易受影响，而在 50%RH 以上时，又担心生锈，因此多把湿度 40%~50%RH 定为要求的环境。湿度的容许范围与温度的容许范围有关联，±5% 的湿度控制范围适应于 ±1℃ 的温度控制范围。

（4）气流和压力。为得到很高的洁净度，采用使室内的气流以均匀的速度向同一个方向流动的方式，让洁净的空气直接流过作业区域，用洁净的空气冲洗灰尘。为保持超精密加工环境的洁净度和温湿度，需要使室内的压力比外部高，即室内正压。为保持室内正压，空气的输入量比输出量大。因此，必须正确地掌握从作业空间排出的气量，以保持室内外稳定的压差。

（5）振动。在超精密加工中，机床振动已由本身解决，而外界振动对超精密加工的精度和粗糙度影响甚大。采用带防振沟的隔振地基和把机床放在地下室，都是一种有效的隔振措施。但是，频率较低的振动不能有效隔离。用隔振动气垫隔振具有灵活性和能隔离低频率振动的效果，隔振气垫能有效隔离高于 2 Hz 的低频振动。为了避免在运动过程中机床底座的倾斜，隔振气垫应具有自动调平装置。

超精密加工有时还需要一些特殊的工作环境，如防磁、防静电、防电子辐射、防 X 射线、防原子辐射等，则可根据需求进行整体环境或局部环境的处理。

4.3.6 检测与误差补偿

精密测量同加工一样重要，超精密加工对测量期望更高。通常来讲，测量精度应高于加工精度一个数量级。

对于高精度的尺寸、几何形状及位置尺寸等，可采用分辨率为 0.001～0.01 μm 的电感测微仪和激光干涉仪等来检测；主轴回转精度可用电容来测量；导轨直线度可用自准直仪、激光干涉仪来测量；表面形貌及表面粗糙度可用表面轮廓仪、隧道显微镜来测量。表面层的应力、变质层、微裂纹等缺陷可用 X 光衍射法、激光干涉法等来测量。

误差预防、误差补偿、误差预报是超精密加工中提高加工精度的重要举措。误差预防是通过提高工艺系统精度、保证工作环境的条件等来减少误差源；误差补偿是通过修正措施来抵消或消除误差；而误差预报是根据误差出现的发展趋势，测出预测值，采取相应的补救措施，真正做到无滞后的实时补偿，具有主动性。

超精密加工控制采用数控系统，控制精度要求很高，但其控制模型难以精确建立，一般应用误差补偿闭环控制、插补等技术以提高控制精度。运动精度和定位精度的提高依赖于检测、控制分辨率的提高。但是，能够用 10 nm 数量级的精度等级来评价机床运动精度的计量技术还没有通用化。传感器的检测精度（分辨率和重复性等）的提高是提高检测精度的关键问题。

1. 光栅式刻度尺

光栅式刻度尺是通过移动两块刻度尺的位置，使之产生黑白条纹，再用光电二极管检测明暗条纹数而进行测量。将所得的一个明暗周期的 1/4 信号，通过组合，还能进行分细。为了提高光栅的分辨率，最好是缩小刻线尺条纹的间距。但间距过小，则会引起光衍射现象，因而分辨率是有限的（约为 0.1 μm）。为此，开发了衍射光栅。利用光的多次衍射现象，可以覆盖几十毫米的范围，使分辨率提高到 0.01 μm。但是，当使整个测量范围的累计误差达到与分辨率相等时，再提高就困难了。另外，由于计数器的性能关系，高速移动刻度尺会造成计数跟不上的难题。

2. 激光干涉仪

激光干涉仪是利用激光作光源的干涉方法，其特点如下：分辨率高，测量范围大，是以光波长为基准的绝对测长。使用不同波长的二束激光的光外差方法，可以高灵敏度地检测位移，可得到 nm 级的分辨率；但是激光干涉仪在操作上有一定的难度，对环境有严格要求，需补偿光的折射率，操作者需要有对光学元件的调整经验。

3. 利用隧道效应的方法（STM）

这种方法可以获得 0.1 nm 的分辨率，它使具有电位差的两个物体接近而不接触，利用在其间隙中流动的隧道电流产生的隧道效应进行测量。进行这样的超精密测量，其测量环境是非常重要的，即必须能高精度地控制振动和温度变化。

4.3.7 超精密加工技术的发展趋势

（1）不断探索新型超精密加工方法的机理。超精密加工机理涉及微观世界和物质内部结构，可利用的能源有机械能、光能、电能、声能、磁能、化学能、核能等，十分广泛。不仅可以采用分离加工、结合加工、变形加工，而且可以采用生长堆积加工；既可采取单独加工方法，更可采取复合加工法（如精密电解磨削、精密超声车削、精密超声研磨、机械化学抛光等）。

（2）向高精度、高效率方向发展。随着科技的不断进步及社会发展的需求，对产品的加工精度、加工效率及加工质量的要求越来越高，超精密加工技术就是要向加工精度的极限冲刺，且这种极限是无限的，当前的目标是向纳米级加工精度攀登。

（3）研究开发加工测量一体化技术。由于超精密加工的精度很高，为此急需研究开发加工精度在线测量技术，因为在线测量是加工测量一体化技术的重要组成部分，是保证产品质量和提高生产率的重要手段。

（4）在线测量与误差补偿。由于超精密加工的精度很高，在加工过程中影响因素很多、也很复杂，而要继续提高加工设备本身的精度也十分困难，为此就需采用在线测量加计算机误差补偿的方法来提高精度，保证加工质量。

（5）新材料的研制。新材料应包括新的刀具材料（切削、磨削）及被加工材料。由于超精密加工的被加工材料对加工质量的影响很大，其化学成分、力学性能均有严格要求，故亟待研究。

（6）向大型化、微型化方向发展。由于航空航天工业的发展，需要大型超精密加工设备来加工大型光电子器件（如大型天体望远镜上的反射镜等），而开发微型化超精密加工设备则主要是为了满足发展微型电子机械、集成电路的需要（如制造微型传感器、微型驱动元件等）。

4.4 思考题

1. 简述 MEMS 的含义和特征。
2. MEMS 加工和封装的方法主要有哪几种？

3．试述快速原型的原理。
4．简述快速原型的主要成形工艺的原理。
5．什么是精密加工和超精密加工？
6．精密和超精密加工的主要方法有哪几种？并简述之。
7．精密和超精密加工对材料、环境、工具的要求都有哪些？
8．简述 MEMS、快速原型、精密和超精密加工的发展趋势。

第 5 章 现代生产管理模式

现代制造系统是以人为主体的人-机系统。凡是有人的地方就有管理。管理是企业发展的基石,在企业中,当战略目标被确定后,管理成为其成败的关键因素之一。

市场竞争不仅推动着制造业的迅速发展,也促进了企业生产管理模式的变革。早期的市场竞争主要围绕着降低生产成本而展开,适应大批量生产方式的刚性流水线生产管理模式是当时的主要模式。20 世纪 70 年代,降低产品成本和提高企业整体效率成为市场竞争的焦点,通过引进制造自动化技术提高企业生产效率,采用西方的物料需求计划(MRP)方法和日本的准时制生产(JIT)方法提高管理生产水平是该时期的主要手段。20 世纪 80 年代,全面满足用户要求成为市场竞争的核心,通过计算机集成制造系统(CIMS)来改善产品的上市时间、产品质量、产品成本和售后服务等方面是当时的主要竞争手段。同时,制造资源计划(MRPII)、MRPII/JIT 和精益生产管理模式成为此时企业生产管理的主流模式。20 世纪 90 年代以来,市场竞争的焦点转为如何以最短的时间开放出顾客化的新产品,并通过企业间合作快速生产出新产品。并行工程作为新产品开发集成技术,成为竞争的主要手段,面向跨企业生产经营管理的企业资源计划(ERP)管理模式也应运而生。

21 世纪的市场竞争日益加剧,制造技术和管理技术将在此基础上进一步发展。目前以产品及生产能力为主的企业竞争将发展到以满足顾客需求为基础的生产体系间的竞争,这就要求企业能够快速创新产品和响应市场,在更大范围内组织生产,从而赢得竞争。可以预见,集成化的敏捷制造技术将是制造业在本世纪采用的主要竞争手段。基于制造企业合作的全球化生产体系和敏捷虚拟企业的管理模式将是未来管理技术的主要问题。对于企业内部,传统的面向多功能的多级递阶组织管理体系将转向未来面向过程的平面式或扁平化的组织管理系统;多功能项目组将发挥越来越重要的作用。对于企业外部,将形成企业间动态联盟或敏捷虚拟公司的组织形式;建立在 Internet/Intranet 基础上的工厂网将对企业管理起到直接的支撑作用。通过敏捷动态联盟的组织与管理,制造企业将具备更好的可重用性、可重构性和规模可变性,并能对快速多变的市场做出迅速响应和赢得竞争。

5.1 物料资源规划(MRP)

现代化大生产及市场竞争的日益激烈,企业尤其是制造业的生产管理所面临的问题很多,主要有如下几种。

(1) 生产所需的原材料不能准时供应或供应不足。
(2) 零部件的生产不配套。
(3) 产品生产周期过长,劳动生产率低。
(4) 资金积压严重,周转缓慢。
(5) 市场和客户的需求多变和快速,使企业不能及时适应。

另一方面,信息技术特别是计算机技术的发展和应用开辟了企业管理的新纪元。大约在 1960 年,计算机首次在库存管理中获取了应用,这标志着制造业的生产管理迈出了现代化的第一步。也正是这个时候,在美国出现了一种新的库存与计划控制方法——计算机辅助编制的物料需求计划(MRP,Material Requirements Planning)。

MRP 为制造业提供了科学的管理思想和处理逻辑,它在减少库存、提高生产率、降低成本、提高用户服务水平等方面取得了显著经济效益,覆盖了企业生产经营过程的主体,如图 5-1 所示。

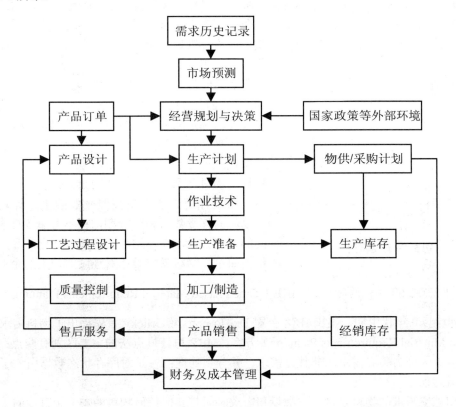

图 5-1 企业生产全过程

成功地运用了 MRP 系统的企业的经验表明：它们可以在降低库存量，即降低库存费用的同时，改善库存服务水平，提高供货率。于是在制造业管理领域发生了一场革命，传统的管理方法逐步被新的依赖于计算机的理论和方法所代替。因此 MRP 获得了广泛的发展和应用。20 世纪 60 年代末，在美国有 20 个工厂成功地应用了 MRP。1975 年后，MRP 得到了飞速发展，在美国、日本、德国、英国等发达国家的工业、商业、服务业等领域得到了广泛的应用。

5.1.1 MRP 的发展历程

1. 20 世纪 40 年代的库存控制订货点法（Order Point）

企业为了维持均衡的生产，一般都会有相应的原材料和产品库存，作为应付异常情况的一种缓冲手段。但是，库存不仅要占用流动资金、场所、管理人员，而且还可能存在丢失、变质、贬值、淘汰，从而造成损失，所有这些都让库存付出了代价。于是，如何协调生产和库存的关系、寻求合理的平衡，是企业应该关心的问题。

20 世纪 40 年代到 60 年代期间，制造业的库存管理普遍采用了订货点法，即各种物料均有一个正常的库存量和安全库存量，以保证企业正常生产时的需求。当物料被领用，库存量逐渐下降并接近安全库存量时，企业就要根据历史统计数据和经验确定物料的订货量，并发出采购单和生产任务单来补充库存量，此时的库存量和时间就是通常所说的订货点。当库存量降至安全库存时，恰好所订的物料已到货入库，如图 5-2 所示。

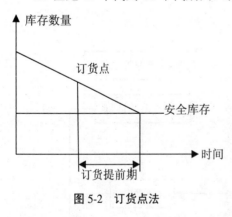

图 5-2 订货点法

由于订货点法不是按照企业的生产计划来确定物料的订货数量和交货期，也不考虑各种物料之间的相互关系，显然这种方式比较适合产品单一、结构简单、物料需求量相对连续的稳定的企业。

2. 20 世纪 60 年代的时段法 MRP（Time Phased Material Requirements Planning）

20 世纪 60 年代中期，美国 IBM 公司 Dr. Joseph A Orlicky 首先提出了物料需求计划（MRP，Material Requirements Planning）方案。MRP 与订货点法的主要区别有两点：一是将物料需求区分为独立需求和非独立需求，并分别处理；二是对库存状态数据引入了时间分段的概念。

所谓独立需求的物料是指需求数量和需求时间与其他任何物料的需求无直接的关系，而是由企业外部的需求（如客户订单、市场预测、促销展示等）决定的那部分物料需求，如最终产品和备品备件等。与此相反,相关需求的物料是指这些物料的需求与其他物料的需求有着直接的关系,如半成品、零部件、原材料等。

MRP 系统的目标是:围绕所要生产的产品,应当在正确的时间、正确的地点,按照规定的数量得到真正需要的物料;通过按照各种物料真正需要的时间来确定订货和生产管理时间,以避免造成库存积压。为此它在已知主生产计划(由客户订单、市场预测等确定)的条件下,根据产品结构或所谓的产品物料清单(BOM,Bill Of Material)、制造工艺流程、产品交换期以及库存状态等信息,由计算机编制出各个时间段各种物料的生产和采购计划。图 5-3 所示为 MRP 逻辑流程图。

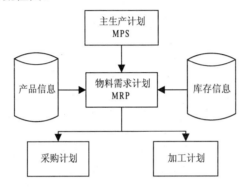

图 5-3 MRP 逻辑流程

MRP 是生产管理领域一次的重大飞跃,但也存在许多不足之处,主要表现在如下几点。

首先,MRP 系统是建立在假定已有了主生产计划,并且该计划是可行的前提下,来对主生产计划所引发的物料需求进行有效的管理的,因此,MRP 系统对企业生产能力就显得无能为力。

其次,MRP 系统的建立是假设物料的采购计划是可行的,即认为有足够的供货能力和运输能力来保证完成物料的采购计划。因此,用 MRP 计算出来的物料需求有可能因原料供应不足、运输工作紧张而无法按时及按量地满足采购计划。

再次,MRP 系统的建立是认定生产执行机构是能胜任的,有足够能力来满足主生产计划制订的目标,所以 MRP 无法处理临时出现的生产问题。

3. 20 世纪 70 年代的闭环 MRP(Closed Loop MRP)

20 世纪 70 年代,MRP 经过发展形成了闭环的 MRP 生产计划和控制系统。闭环 MRP 是在 MRP 的基础上,引进能力需求计划,并进行运行反馈,从而克服了基本 MRP 的不足。

所谓闭环有两层意思,一是指把生产能力需求计划、车间作业计划和采购作业计划纳入 MRP,形成一个封闭的系统;二是指在计划执行过程中,必须有来自车间、供应商和计划人员的反馈信息,并利用这些反馈过来的信息进行计划的调整平衡,从而使生产计划的各个子系统得到协调统一。闭环的工作过程是一个"计划—实施—评价—反馈—计划"的封闭循环过程。图 5-4 所示为美国生产与库存管理协会（APICS）发表的闭环 MRP 的逻辑流程图。

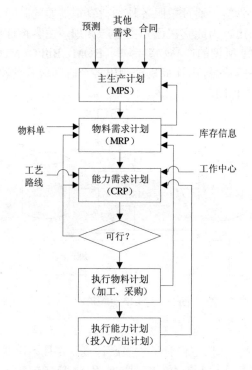

图 5-4 闭环 MRP 逻辑流程

4. 20 世纪 80 年代发展起来的 MRPII

20 世纪 70 年代末到 80 年代初，物料需求计划 MRP 经过发展和扩充逐步形成了制造资源计划的生产管理方式。制造资源计划（MRPII，Manufacturing Resources Planning）是指以物料需求计划 MRP 为核心的闭环生产计划与控制系统，它将 MRP 的信息共享程度扩大，使生产、销售、财务、采购、工程紧密结合在一起，共享有关数据，组成了一个全面生产管理的集成优化模式，即制造资源计划。制造资源计划是在物料需求计划的基础上发展起来的，与后者相比，它具有更加丰富的内容。因物料需求计划与制造资源计划的缩写相同，为了避免名词的混淆，将物料需求计划称做狭义 MRP，而将制造资源计划称为广义 MRP 或 MRPII。

在闭环 MRP 的基础上，如果以 MRP 为中心建立一个生产活动的信息处理体系，则可以利用 MRP 的功能建立采购计划；生产部门将销售计划与生产计划紧密配合来制定出生产计划表，并不断细化；设计部门不再孤立地设计产品，而是将改良设计与以上生产活动信息相联系；产品结构不再仅仅只有参考价值而是成为控制生产计划的重要方面。如果将以上一切活动均与财务系统结合起来，把库存记录、工作中心和物料清单用于成本核算，由 MRP 所得的采购与供应商情况来建立应付账，销售产生客户合同和应收账，应收账与应付账又与总账有关，根据总账又产生各种报表……，图 5-5 所示为 MRPII 的原理流程图。

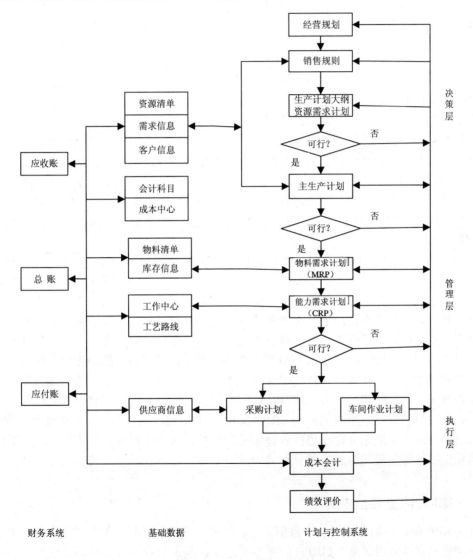

图 5-5 MRPII 原理流程图

5. 20世纪90年代发展起来的ERP（Enterprise Resource Planning）

ERP在MRPII的基础上扩展管理范围，给出了新的结构。在ERP系统设计中考虑到仅靠自己企业的资源不可能有效地参与市场竞争，还必须把经营过程中的有关各方如供应商、制造工厂、分销网络、客户等纳入一个紧密的供应链中，才能有效地安排企业的产、供、销活动，满足企业利用全社会一切市场资源快速高效地进行生产经营的需求，以期进一步提高效率和在市场上获得竞争优势。同时也考虑到企业为了适应市场需求变化，不仅组织"大批量生产"，还要组织"多品种小批量生产"，在这两种情况并存时，需要用不同的方法来制定计划。

在ERP系统中的这种设计思想体现出以下几点。第一，它把客户需求和企业内部的制造活动以及供应商的制造资源整合在一起，体现了完全按用户需求制造的思想，这使得企业适应市场与客户需求快速变化的能力增强。第二，它将制造业企业的制造流程看做是一个在全社会范围内紧密连接的供应链，其中包括供应商、制造工厂、分销网络和客户等；同时将分布在各地所属企业的内部划分成几个相互协同作业的支持子系统，如财务、市场营销、生产制造、质量控制、服务维护、工程技术等，还包括对竞争对手的监视管理。ERP系统提供了可对供应链上所有环节进行有效管理的功能，这些环节包括订单、采购、库存、计划、生产制造、质量控制、运输、分销、服务与维护、财务管理、人事管理、实验室管理、项目管理、配方管理等。

从系统功能上来看，ERP系统虽然只是比MRPII系统增加了一些功能子系统，但更为重要的是这些子系统的紧密联系以及配合与平衡。正是这些功能子系统把企业所有的制造场所、营销系统、财务系统紧密结合在一起，从而实现全球范围内的多工厂、多地点的跨国经营运作。其次，传统的MRPII系统把企业归类为几种典型的生产方式来进行管理，如重复制造、批量生产、按订单生产、按订单装配、按库存生产等，对每一种类型都有一套管理标准。而在20世纪80年代末、90年代初期，企业为了紧跟市场的变化，纷纷从单一的生产方式向混合型生产发展，而ERP则能很好地支持和管理混合型制造环境，满足了企业的这种多角化经营需求。最后，MRPII通过计划的及时滚动来控制整个生产过程，实时性较差，一般只能实现事中控制。而ERP强调企业的事前控制能力，可以将设计、制造、销售、运输等通过集成来并行地进行各种相关的作业，为企业提供了对质量、适应变化、客户满意、效绩等关键问题的实时分析能力。

5.1.2 MRPII的主要技术环节

在MRPII中，一切制造资源，包括人工、物料、设备、能源、市场、资金、技术、时间、空间等，都被考虑进来。MRPII的基本思想是：基于企业经营目标制定生产计划，围绕物料转化组织制造资源，实现按需按时进行生产。MRPII主要技术环节涉及经营规划、销售与运作计划、主生产计划、物料清单与物料需求计划、能力需求计划、生产作业控制、物料管理(库存管理与采购管理)、产品成本管理、财务管理等。从一定意义上讲，MRPII 系统实现了物流、信息流与资金流在企业管理方面的集成。由于 MRPII 系统能为企业生产经营提供一个完整而详尽的计划，可使企业内各部门的活动协调一致，形成一个整体，能提供企业的整体效率和效益，所以成为制造业所公认的管理标准系统。

1. 经营规划

企业的计划是从长远规划开始的，这个战略规划层次在 MRPII 系统中称为经营规划。企业的经营规划是计划的最高层次，经营规划是企业总目标的具体实现。企业的高层决策者根据市场调查和需求分析、国家有关政策、企业资源能力和历史状况、同行竞争对手的情况等有关信息，制定经营规划，即对策计划。它包括在未来 2~7 年的时间内，本企业生产产品的品种及市场定位、预期的市场占有率、产品的年销售额、年利润额、生产率、生产能力规划、职工队伍建设等。

企业经营规划的目标，通常以货币或金额表达，这是企业的总体目标，是 MRPII 协调其他各层计划的依据。所有层次的计划，只能对经营规划进一步具体细化，而不允许偏离经营规划。经营计划的制定要考虑企业现有的资源情况，及未来可以获得的资源情况，具有较大的预测成分。

2. 销售与运作计划

销售与运作计划(SOP，Sales and Operation Planning)作为企业的中长期计划，是对经营规划的细化。它描绘了市场销售计划与生产计划间的关系，并把经营规划中用货币表达的目标转化为产品的产量目标。在 MRPII 系统中，该层次的主要内容是生产计划大纲的确定。生产计划大纲规定了企业的每一类产品在未来的 1~3 年内，每年、每月产量及汇总量。

生产计划大纲用于协调满足经营规划所要求的产量与可用资源间的差距。它依据经营规划，还要考虑市场预测、资源需求、生产能力和库存水平等，规定企业的计划年月产量。确定生产计划大纲的过程包括收集需求、编制生产计划大纲初稿、决定资源需求、生产计划大纲定稿、批准生产计划大纲等步骤。

3. 主生产计划

主生产计划(MPS，Master Production Schedule)说明企业在计划各时间周期内制造的独立需求型产品的数量及最终项目。它是对生产计划大纲的细化，用于协调生产需求与可用资源间的差距，起着从宏观计划向微观计划过渡的作用。

MPS 按照 3 种时间基准进行计划编制：计划期(Planning Horizon)、时间周期(Time Buckets)、时区(Time Zone)与时界(Time Fence)。

(1) 计划期是编制 MPS 计划展望的时间范围，通常不小于 MPS 计划对象的总提前期，即从产品的完工日期倒推至开始日期的生产周期。计划期一般为 3~18 个月。

(2) 时间周期是组织与显示 MPS 计划编制的时间。它体现计划的详细程度,可以按日、周、月或季表示。

(3) 时区与时界是 MPS 中的参考点,体现 MPS 计划的约束与变更作用的难易程度。MRP 系统将 MPS 计划期分为 3 个时区:时区 1 表示当前生产的下达制造订单,要求稳定生产,变更代价极大,尽量避免变动;时区 2 表示企业已安排资源进行生产,订单已确认,需人工干预计划变更,变更代价要视已投入生产准备费用与材料费用而定;时区 3 表示未来的计划,变动比较方便。时区 1、2 的分界称为需求时界,时区 2、3 的分界称为计划时界。MPS 是由主生产计划员负责编制和控制的。

制定 MPS 计划过程包括编制 MPS 初步计划,制定粗能力计划,评价 MPS,批准下达 MPS 计划等步骤。

(1) MPS 初步计划主要涉及生产需求、计划接收量、投入量与产出量、库存量、可供销售量等。

(2) 粗能力计划是对生产中的关键能力与需求进行平衡,要编制资源清单,计算 MPS 需求资源,对关键工作中心(即各种关键的生产加工能力单元或成本计算单元)比较资源清单与可用资源进行能力平衡等。

(3) 评价 MPS 涉及调整 MPS 或生产能力、异常情况处理等。

(4) 在制定 MPS 之后,企业将批准和下达主生产计划。

4. 物料清单与物料需求计划

BOM 则是 MRP 将生产计划展开的基础。在 MRPII 中,物料一词有着广泛的含义,是所有产品、半成品、在制品、原材料、毛坯、配套件、协作件、易耗品等与生产有关的物料的统称。为了便于计算机识别,需将用图示表达的产品结构转化为某种数据格式,这种数据格式来描述产品结构的文件就是物料清单 BOM。它的用户有设计、工艺、生产、产品成本核算、物料需求计划系统等部门或系统。

MRP 是对 MPS 的展开和细化,是 MRPII 系统的核心和系统成败的关键。MRP 的关键是将传统的按产品台套组织生产的方式变为按零件组织生产的方式;MRP 计划的对象是相关的需求类型的物料;其主要作用是依据 MPS 计划编排好产品相关需求类型物料的加工和采购计划,协调需求与供给关系,使之按需准时生产和配套,满足装配或交货要求,又不造成库存积压,实现优化组织生产。

运行 MRP 需要 4 个要素,即 MPS 计划、独立需求、库存信

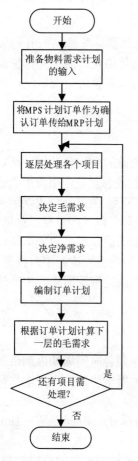

图 5-6　MRP 处理过程图

息和 BOM 表。前两者是 MRP 的依据，后者为 MRP 的必要支持信息。

编制 MRP 的主要步骤是：决定毛需求、决定净需求、对订单下达日期和订单数量进行计划。图 5-6 所示为 MRP 处理过程图。其中，项目的毛需求是项目独立需求及其父项相关需求之和；在预计库存小于零时，项目净需求为预计库存相反数与安全库存之和；订单下达日期将根据前期计算得到，订单数量需利用批量规则来确定；在 MRP 计划执行阶段，需检查到期的计划订单，如交货日期有效性、批量合理性、能力、工具及材料可用性、工程变化影响等，然后下达之。

5. 能力需求计划

MRP 是在资源无限条件下编制的，其计划的可行与否还必须通过运行能力需求计划才能做出准确的回答。

能力需求计划（CRP，Capacity Requirements Planning）就是对生产阶段和各工作中心（工序）所需的各种资源进行准确的计算，得出人力负荷、设备负荷等资源负荷情况，并做好生产能力与生产负荷的平衡工作。能力需求计划中的能力是指在一定条件（如人力、设备、面积、资金等）下、单位时间内企业能继续保持的最大产出，对象是工作中心，即完成某种加工的设备或设备组。

图 5-7 所示为能力需求计划的运行流程图。它是根据物料需求计划和各物料的工艺路线，对各个工作中心加工的所有物料计算出加工这些物料在计划周期上要占用该工作中心的负荷小时数，并与工作中心的能力进行比较平衡的过程。

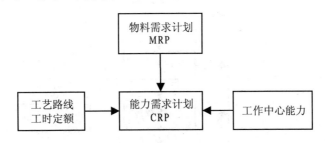

图 5-7 能力需求计划的运行流程图

6. 车间作业计划与管理

车间作业计划与管理（PAC）是 ERP 的计划执行层。图 5-8 所示为车间管理子系统与其他子系统的关系图。车间作业计划与管理系统根据零部件的工艺路线来编制工序排产计划。在车间作业控制阶段要处理相当多的动态信息。在此阶段，反馈是重要的工作，因为系统要以反馈信息为依据对物料需求计划、主生产计划、生产规划以至经营规划做出必要的调整，以便实现企业的生产基本方程。图 5-9 所示为车间管理子系统业务流程图。

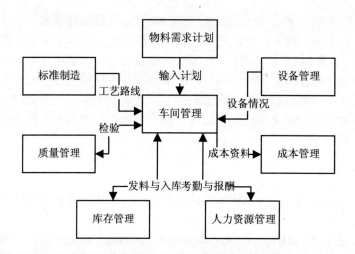

图 5-8　车间管理子系统与其他子系统的关系

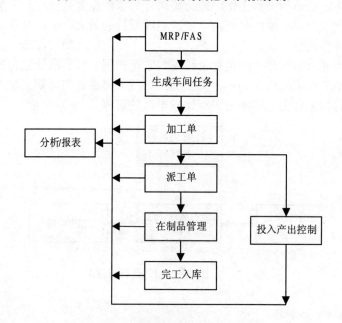

图 5-9　车间管理子系统业务流程图

车间作业计划与管理主要包括以下 5 个方面的内容。

（1）核实 MRP 产生的计划订单。下达生产订单时，要核实 MRP 生成的计划订单并转换为下达订单，要确认工具、材料和能力的需求及可用性，解决资源短缺问题，然后下达订单。

(2) 执行生产订单。执行生产订单的工作包括下达生产订单和领料单、下达工作中心派工单和提供车间文档。所谓下达生产订单就是指明这份生产订单已经可以执行了。具体来说,就是这份订单的完工日期、订货数量以及领料单已经确定,可以打印订单和领料单,可以发放物料,也可以做完工入库的登记了。当多份生产订单下达到车间,需求在同一时间段内在同一工作中心上加工时,必须要向车间指明这些订单的优先级。执行生产订单的过程,除了下达生产订单和工作中心派工单之外,还必须提供车间文档,其中包括图样、工艺过程卡片、领料单、工票、某些需要特殊处理的说明等。

(3) 收集信息、监控在制品生产。如果生产进行得很正常,那么这些订单将顺利通过生产处理流程。但十全十美的事情往往是不可能的,所以必须对工件通过生产流程的过程加以监控。为此,要查询工序状态、完成工时、物料消耗、废品、投入/产出等项的报告;控制排队时间、分析投料批量、控制在制品库存、预计是否出现物料短缺或拖期现象。

(4) 采取调整措施。如预计将要出现物料短缺或拖期现象,则应采取措施,如通过加班、转包或分解生产订单来改变能力及负荷。若仍不能解决问题,则应给出反馈信息,修改物料需求计划,甚至修改主生产计划。

(5) 生产订单完成。统计实耗工时和物料、计算生产成本、分析差异、进行产品完工入库事务处理。

7. 库存管理与采购管理

采购工作主要为企业提供生产与管理所需的各种物料,采购管理就是对采购业务过程进行组织、实施与控制的管理过程,它在企业经营管理中占据十分重要的位置。

采购管理子系统与物料需求计划、库存、应付账管理、成本管理等子系统有着密切的关系:由 MRP、库存等的需求产生采购需求信息,采购物料收货检验后直接按分配的库位自动入库,物料的采购成本计算和账款结算工作由成本与应付账子系统完成。图 5-10 所示为采购子系统与其他业务子系统的关系。

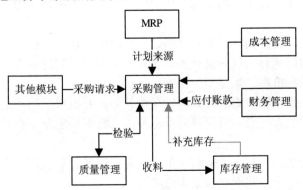

图 5-10 采购子系统与其他业务子系统的关系图

采购管理主要包括以下方面的内容（图 5-11 所示为采购系统业务运行流程图）。

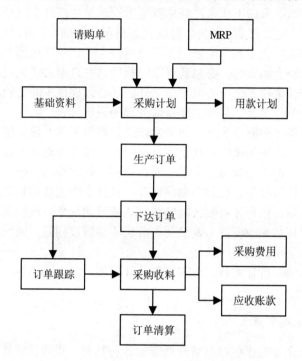

图 5-11 采购系统业务运行顺序流程图

接受物料需求或采购指示物料需求大部分来自生产计划产生的需求，采购部门必须按照物料规格、数量、需求时间及质量要求提供给生产部门。对要求外协加工的物料，由生产技术部门与采购部门共同确定方案。另外，部分物料不是由生产部门（或计划部门）提出需求，而是由库存部门提出，因为部分物料是按订货点控制需求的，这部分物料多为固定消耗料。

（1）选择供应商。供应商处于企业供需链的供应端，从这种意义上说，供应商也是企业资源之一。采购部门掌握的供应商越多，企业的供应来源就越丰富。企业在选择供应商时一般考虑 3 个因素：价格、质量和交换期。

（2）下达订单。根据物料需求计划制定采购计划，并根据采购计划选择供应商，下达采购订单。这要求采购人员必须将材料的质量要求、数量要求及交货期准确无误地传达给供应商。

（3）订单跟踪。采购人员发出采购订单后，为了保证订单按期、按质、按量交货，要对采购订单进行跟踪检查，从而控制采购进度。

（4）验收货物。采购部门要协助库存与检验部门对供应商来料进行验收，按需收货，不能延期也不能提前，平衡库存物流。

（5）结账、费用核算和订单结清。采购部门应配合财务部门来完成结账付款工作，并计算出物料的采购成本和及时结清采购订单。

8. 产品成本管理

成本是一项综合经济指标，企业经营管理中各个方面工作的业绩都可以直接或间接地在生产成本中反映，因而成本控制是企业的一项重要的工作内容。企业通过对成本的计划、控制、监督、考核和分析等来促使企业各单位与部门加强管理，不断优化资源的利用，降低成本，提高经济效益。

ERP 采用的是标准的成本体系，其特点是事前计划、事中控制、事后分析。即在成本发生以前，通过对历史资料的分析研究和反复预测，制定出某个时期内各种生产条件处于正常状态下的标准成本；在成本发生过程中，将实际发生的成本与标准成本进行比较，记录产生的差异，并做适当的控制和调整；最后在成本发生后，对实际成本与标准成本的差异进行全面的综合分析和研究，发现问题，解决问题，并制定新的标准成本。

标准成本体系将成本的计划、控制、核算、分析和改进有机地结合在一起，形成了一个成本管理的科学过程。它通常包括 4 种基本的成本类型：标准成本、现行标准成本、实际成本和模拟成本。其中，标准成本是预先确定的在正常条件下的不变成本，主要包括直接材料费、直接人工费和间接材料费；现行标准成本可以看作是标准成本的执行成本。因为在实际生产过程中，产品结构、加工工艺、采购费用等因素会发生改变，因而会导致成本数据发生变化，为了反映这种变化，应对现行的标准成本定期（如 3~6 个月）进行调整。实际成本则是生产过程中实际发生的成本，主要来源于各部门反馈的信息，如工票、采购发票等。模拟成本则是经软件模拟的建议成本，主要用于预算相关因素变化对成本的影响程度。

MRPII 系统纳入成本管理，这是从闭环 MR 系统的一个质的飞跃。成本管理与财务、生产、库存和销售等系统密切相关，它可以更准确、快速地进行成本费用的归集和分配，提高成本计算的及时性和准确性。同时，通过定额成本的管理、成本模拟与成本计划，能够更为有效地进行成本预测、计划、分析和考核，提高企业成本的管理水平。企业成本管理工作的内容主要包括成本计算、成本计划、成本控制、成本分析。

图 5-12 所示为成本的构成图。其中，凡与具体生产的物料、物品有关的费用，分别计入直接材料费用与直接人工费用作为直接成本。间接成本是指那些不能明确分清用于哪个具体物料上的费用，其中与产量有一定关系的称为变动间接费（如动力、燃料等费用），而与产量无直接关系的称为固定间接费（如非直接生产人员的工资、办公费、房屋折旧与照明等）。

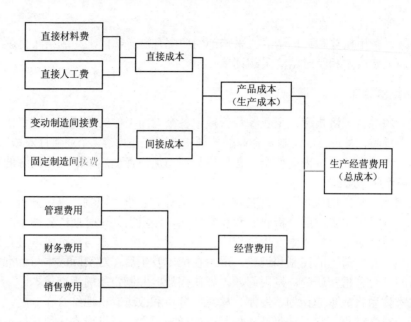

图 5-12 企业成本构成图

9. 财务管理

企业的财务管理是基于企业再生产过程中客观存在的财务活动和财务关系而产生的，以货币数值表现资金运动。财务管理是一种综合性的管理，这种综合性表现在通过统一货币计量进行价值形态管理，它渗透在企业全面的经济活动中，如供、产、销各个环节，包括原材料、工具、设备的购进，动力费用的支出，支付员工工资和奖金，消耗各种材料，设备折旧及维修，产品销售，贷款回收和税金缴纳等。哪里有经济活动，哪里就有财务管理。

5.1.3 ERP 中的典型功能扩充

在 MRPII 的基础上，ERP 扩充了许多新的功能（如图 5-13 所示），比较重要的有供应链管理、客户关系管理、多种形式的生产管理、分布式对象的计算结构和 BPR 等。

1. 供应链管理

制造资源计划系统着眼于企业内部的制造资源，通过主生产计划、物料需求计划这根主线，使企业的供、产、销、人、财、物得以集成，从而大大提高了企业竞争能力。

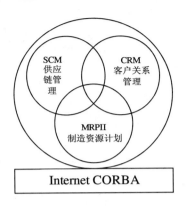

图 5-13 ERP 系统功能结构

但是随着市场竞争的激化,信息技术的飞速发展,企业发现光有内部制造资源已无法取得竞争优势。比如有一家设备总装厂,原先的产品生产周期为两个半月,其中一个主要电机是采购件,采购的提前期为一个半月,还比较适当。后来这家企业采用 MRPII 系统后,通过制造资源的计划,使制造周期缩短到一个半月,但外协电机厂的制造周期仍为一个半月,那就显得不太相称了。这家企业深深感到,企业的竞争能力是与采购的供应商联系在一起的,选择合适的供应商,帮助供应商提高竞争力,也是提高自身竞争力的需要。所以重整企业的供应链便提到议事日程上来了。

ERP 正是适应这样的需要而产生的。如果说 MRPII 是面向企业内部的制造资源的话,ERP 则是面向供需链的,ERP 是 MRPII 的发展。

供应链是一套网络机制,它保证企业获取原材料,将原材料转化为间接产品和最终产品,并将产品分送至客户手中。供应链管理是 ERP 新增功能中最重要的方面,它包括涉及客户、制造、分发、运输、库存计划、预估、供应计划等环节。供应链管理相关功能包括:客户服务与管理、订单管理、推销交易与定价、EDI 与电子交易、记账与销售分析、销售性能评估、物料与库存管理、采购、供应商管理、预测、内外部后勤管理、分布式资源计划、供应链性能评估等。在全球化的供应链中要考虑多企业的计划,追求计划变化传播、供应计划执行的快速性,采用请求/允诺结构方式运作。供应链管理是 ERP 的核心管理思想,基于 Internet 的虚拟供应链是目前供应链管理研究的热点。

供需链原理(Supply Chain)是每个企业时刻面临的,只不过以前大多数企业对供需链管理采取的策略和方法不合理。每个企业都有自己的供应商,都有自己的顾客,而供应商又有他自己的供应商,顾客也可能不是最终的用户,也有他自己的顾客。这样就形成了如图 5-14 所示的供需链。

由图 5-14 可见,任何企业都是供需链中的一环,它既是供应商的顾客,又是顾客的供应商。企业从供应商处获取价值,通过自己的生产而增值,然后把价值传递给顾客。如果把供需链的概念引申,企业内部也有类似的供需链。物资部门是供应商的顾客,又是生产制造部门的供应商;生产部门是物资部门的顾客,又是销售部门的供应商;销售部是生产部门的顾客,又是客户的供应商。所以,任何企业、任何部门都既是供应商又是顾客,都在整条供需链中占有一席之地。

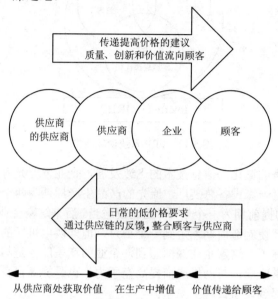

图 5-14 供需链

企业活动和经理决策的主要驱动力和考虑因素是利润最大化或扩大扣除成本后的收入。所以成功的企业都快速实现它们的主要目标:同时通过收入最大化和成本最小化来扩大利润,从而出现了拼命压低供应商价格,提高给顾客的价格的现象。事实证明,这样的策略已经落伍。20 世纪 90 年代以后,企业的运营规则已从原来的"推式"转变为以客户的需求为源动力的"拉式",生产率和产品质量不再成为竞争的绝对优势,供需链管理也逐渐受到重视。它跨越了企业的围墙,建立一个跨企业的协作,以追求和分享市场机会。因此,供需链管理覆盖了从供应商的供应到顾客的全部过程,包括外购、制造、分销、库存管理、运输仓储、客户服务等。随着涉及的资源和环节的增加,对供需链的管理就变得十分复杂。到目前为止,只有很少的组织能真正以一种清楚的理解和探索的方法去建立供需链,所以大多数企业有着巨大的机会去创造和重塑利益相关者的价值。

2. 客户关系管理

客户关系管理源于"以客户为中心"的新型商业模式。通过向企业的销售、市场、服务等部门和人员提供全面及个性化的客户资料,并强化跟踪服务、信息分析能力,使他们能够协同建立和维护一系列与客户以及生意伙伴之间卓有成效的"一对一关系",从而使企业得以提供更快捷和周到的优质服务,提高客户满意度,吸引和保持更多的客户。

(1) 客户关系管理的含义。关于 CRM 的定义现在还没有统一的概念。一般认为,CRM 是这样一种企业经营运作体系,它要求包括生产、物流、营销和客户服务等的企业业务流程自动化并使之得以重组,这种重组的目标是最大限度地满足顾客的需求。CRM 首先要求业务流程自动化,其次要建立完善的用户信息处理系统,以此确保前台应用系统能够改进顾客满意度、增加客户忠诚度,以达到使企业获利的最终目标。

(2) CRM 的内容。一般认为,销售、市场营销和客户服务是 CRM 的三大功能支柱。这些是客户与企业联系的主要领域,这些联系可能发生在售前、售中或是售后,也可能发生在客户需要服务或信息以及想进一步购买的现有关系中。

① 客户服务。提到客户关系管理,客户服务是最关键的内容。企业提供的客户服务是能否保留满意的忠诚客户的关键。如今客户期望的服务已经超出传统的电话呼叫中心的范围。呼叫中心正在向可以处理各种通信媒介的客户服务中心演变,电话互动必须与 E-mail、传真、网站以及其他任何客户喜欢使用的方式相互整合。随着越来越多的客户进入互联网,通过浏览器来察看他们的订单或提出询问,自助服务的要求发展越来越快。实际上现代客户服务已经超出传统的帮助平台,与客户积极主动的关系是客户服务的重要组成部分。客户服务能够处理客户各种类型的询问,包括有关的产品、需要的信息、订单请求、订单执行情况以及高质量的现场服务。

② 销售。销售力量自动化(SFA)是 CRM 中成长最快的部分。销售人员与潜在客户的互动行为、将潜在客户发展为真正客户并保持其忠诚度是使企业盈利的核心因素。SFA 常被拓展为包括销售预测、客户名单和报价管理、建议产生以及赢/输分析的综合性系统。销售人员是企业信息的基本来源,他们必须拥有获得最新现场信息和将信息提供给他人的工具。

③ 市场营销。营销自动化包括商机产生(Lead Generation)、商机获取和管理、商业活动管理以及电话营销。如今市场营销迅速从传统的电话营销转向网站和 E-mail,这些基于 Web 的营销活动给潜在客户更好的客户体验,使潜在客户以自己的方式、在方便的时间查看其所需要的信息。为了获得最大的价值,必须与销售人员合作对这些商业活动进行跟踪,以激活潜在消费并进行成功/失败研究。市场营销活动的费用管理以及营销事件(如贸易展和研讨会)对未来计划的制定和 ROI 分析至关重要。

5.1.4 ERP 发展趋势

由于 ERP 代表了当代的先进企业管理模式与技术,并能够解决企业提高整体管理效率和市场竞争力的问题,近年来在国内外得到了广泛推广应用。随着信息技术、先进制造技术的不断发展,企业对于 ERP 的需求日益增加,进一步促进了 ERP 的发展。未来 ERP 技术的发展方向和趋势如下。

(1) ERP 与客户关系管理(CRM,Customer Relationship Management)的进一步整合。

ERP 将更加面向市场和面向顾客，通过基于知识的市场预测、订单处理与生产调度，基于约束调度功能等进一步提高企业在全球化市场环境下更强的优化能力；并进一步与客户关系管理 CRM 结合，实现市场、销售、服务的一体化，使 CRM 的前台客户服务与 ERP 后台处理过程集成，提供客户个性化服务，使企业具有更好的顾客满意度。

（2）ERP 与电子商务、供应链 SCM、协同商务的进一步整合。ERP 将面向协同商务（Collaborative Commerce），支持企业与贸易共同体的业务伙伴、客户之间的协作，支持数字化的业务交互过程；ERP 供应链管理功能将进一步加强，并通过电子商务进行企业供需协作，如汽车行业要求 ERP 的销售和采购模块支持用电子商务或 EDI，实现客户或供应商之间的电子订货和销售开单过程；ERP 将支持企业面向全球化市场环境，建立供应商、制造商与分销商间基于价值链共享的新伙伴关系，并使企业在协同商务中做到过程优化、计划准确、管理协调。

（3）ERP 与产品数据管理（PDM，Product Data Management）的整合。产品数据管理（PDM）将企业中的产品设计和制造全过程的各种信息、产品不同设计阶段的数据和文档组织在统一的环境中。近年来，ERP 软件商纷纷在 ERP 系统中纳入了产品数据管理 PDM 功能或实现与 PDM 系统的集成，增加了对设计数据、过程、文档的应用和管理，减少了 ERP 庞大的数据管理和数据准备工作量，并进一步加强了企业管理系统与 CAD、CAM 系统的集成，提高了企业的系统集成度和整体效率。

（4）ERP 与制造执行系统（MES，Manufacturing Executive System）的整合。为了加强 ERP 对生产过程的控制能力，ERP 将与制造执行系统（MES）、车间层操作控制系统（SFC）更紧密地结合，形成实时化的 ERP/MES/SFC 系统。该趋势在流程工业企业的管控一体化系统中体现得最为明显。

（5）ERP 与工作流管理系统的进一步整合。全面的工作流规则保证与时间相关的业务信息能够自动地在正确时间传送到指定的地点。ERP 的工作流管理功能将进一步增强，通过工作流实现企业的人员、财务、制造与分销间的集成，并能支持企业经营过程的重组，也使 ERP 的功能可以扩展到办公自动化和业务流程控制方面。

（6）加强数据仓库和联机分析处理 OLAP 功能。为了企业高层领导的管理与决策，ERP 将数据仓库、数据挖掘和联机分析处理 OLAP 等功能集成进来，为用户提供企业级宏观决策的分析工具集。

（7）ERP 系统动态可重构性。为了适应企业的过程重组和业务变化，人们越来越多地强调 ERP 软件系统的动态可重构性。为此，ERP 系统动态建模工具、系统快速配置工具、系统界面封装技术、软构件技术等均被采用。ERP 系统也引入了新的模块化软件、业务应用程序接口、逐个更新模块增强系统等概念，ERP 的功能组件被分割成更细的构件，以便进行系统动态重构。

（8）ERP 软件系统实现技术和集成技术。ERP 将以客户/服务器、浏览器/服务器分布式结构，多数据库集成与数据仓库，XML，面向对象方法和 Internet/Extranet，软构件与中间件技术等为软件实现核心技术，并采用 EAI 应用服务器、XML 等作为 ERP 系统的集成平台与技术。ERP 的不断发展与完善最终将促进基于 Internet/Extranet 的支持全球化企业合作与敏捷虚拟企业运营的集成化经营管理系统的产生和不断发展。

5.2 准时生产（JIT）

JIT 系统是由日本的丰田公司开发的。它的起源归因于日本的环境、产品的市场和文化观念。从环境上看，由于日本国土面积很小、资源短缺，日本人对浪费产生了反感，把废料和返工都视为浪费，因此他们力求完美的质量；同时他们也认为库存浪费了空间，束缚了物料的使用价值。从市场特征看，日本制造的产品主要销往国外市场，这使得日本的制造商特别重视产品的质量，从而减少出现质量问题时厂家因为漂洋过海付出的昂贵费用。从文化观念上看，日本的企业注重整体意识，追求整体效益。

始创于日本丰田公司的准时化生产计划（JIT，Just In Time）及其相应的看板技术是通过改善活动消除隐藏在企业里的库存浪费和劳动力浪费的方法。它使得传统的以预测和批量为基础的"推动系统"转变为"拉动系统"，也使企业的生产流程、生产效率、组织结构乃至企业理念都发生了巨大的改变。

5.2.1 JIT 概念

准时化生产就是指在精确预定生产各工艺环节作业效率的前提下按订单准确地计划，消除一切无效作业与浪费为目标的一种管理模式，又称为零库存生产（Zero Inventories）。简单地说，就是在合适的时间，将合适的原材料和零部件，以合适的数量，送往合适的地点。

JIT 技术改变了传统的思路，在生产系统中任何两个相邻工序即上下工序之间都是供需关系，由需方起主导作用，需方决定供应物料的品种、数量、到达时间和地点。供方只能按需方的指令（一般用看板）供应物料。送到的物料必须保证质量、无次品。这种思想就是以需定供，从而大大提高了工作效率和经济效益。

日本筑波大学的门田安弘教授曾指出："丰田生产方式是一个完整的生产技术综合体，而看板管理仅仅是实现准时化生产的工具之一。把看板管理等同于丰田生产方式是一种非常错误的认识。"

丰田的准时化生产方式通过看板管理，成功地制止了过量生产，实现了"在必要的时刻生产必要数量的必要产品（或零部件）"，从而彻底消除在制品过量的浪费，以及由此衍生出来的种种间接浪费。因此，每当人们说起丰田生产方式，往往容易只会想到看板管理和减少在制品库存，事实上，丰田公司以看板管理为手段，制止过量生产，减少在制品，从而使产生次品的原因和隐藏在生产过程中的种种问题及不合理成分充分暴露出来，然后通过解决这些问题的改善活动，彻底消除引起成本增加的种种浪费，实现生产过程的合理性、高效性和灵活性，这才是丰田准时化生产方式的真谛。

5.2.2 JIT 的体系结构

丰田准时化生产方式是一个包容了多种制造技术和管理技术的综合技术体系。为了准确地认识和理解准时化生产方式，有必要从理论上考察和描述这个综合技术体系及其构造，搞清楚该体系中的各种技术、手段和方法对于实现系统目标的特定功能和支撑作用，明确这些技术、手段和方法在整个生产体系中的位置及其相互间的内在联系，只有将这些技术、方法与手段置于该体系的总体格局中去认识和理解，才能有目的地使用它们，才有可能有效地实施准时化生产。

图 5-15 明确而简洁地表示了丰田准时化生产方式的体系构造，同时也表明了该体系的目标以及实现目标的各种技术、手段和方法及其相互间的关系。

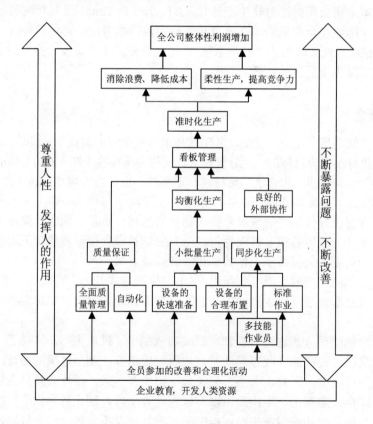

图 5-15 丰田 JIT 技术的体系结构

1. 体系的核心

要实现"彻底降低成本"这一基本目标，就必须彻底杜绝过量生产以及由此而产生的在制品过量和人员过剩等各种直接浪费和间接浪费。如果生产系统具有足够的柔性，能够适应市场需求的不断变化，即"市场需要什么型号的产品，就生产什么型号的产品；能销售出去多少，就生产多少；什么时候需要，就什么时候生产"，这当然就不需要，也不会有多余的库存产品了。如果在生产人员的能力方面保证具有足够的柔性，当然也就没有多余的闲杂人员了。这种持续而流畅的生产，或对市场需求数量与种类两个方面变化的迅速适应，是凭借着一个主要手段来实现的，这就是"准时化"。可以说，"准时化"手段是丰田生产方式的核心。

所谓"准时化"，就是前面介绍过的，在必要的时刻生产必要数量的必要产品或零部件。"准时化"的本质就在于创造出能够灵活地适应市场需求变化的生产系统。这种生产系统能够从经济性和适应性两个方面来保证公司整体性利润的不断提高。此外，这种生产系统具有一种内在的动态自我完善机制，即在"准时化"的激发下，通过不断地缩小加工批量和减少在制品储备，使生产系统中的问题不断地暴露出来，使生产系统本身得到不断的完善，从而保证准时化生产的顺利进行。

2. 推式作业方式和拉式作业方式

推式作业方式是根据下达的生产加工订单（生产工票）将物料配送到各个工作中心。上工序完工后生产工票与加工完成的物品向下工序传递，物料是从上工序向下推动传递的；在上工序未完工前，下工序只是等待物料、组件加工。这样，会形成一定的生产物料库存，因而称为"推动式作业"。

拉动式作业的物料移动是来自下道工序，JIT 作业适时、适量、适地安排生产，当总装计划（FAS）下达后，后工序向上工序领取本工序所要的组件进行组装，当上工序的加工组件数量不能满足下工序的组装要求时，产生需求信息。在 JIT 生产中，常用"看板"来传递工序之间的需求信息与库存量，每个"看板"只在上下工序之间传递，每道工序之间都有"看板"。这种物料需求指令方向是来自后续工序，由后续工序向前道工序传递加工与需求指令，因而成为"拉动式作业"。拉动式作业只有在需要时才进行生产，因而大大减少了在制品库存及排队等候时间，并简化了优先级控制与能力控制，简化了工序跟踪，减少事务处理的工作量，从而降低管理费用。下页的图 5-16 为拉动式作业原理图。

3. 看板的概念

所谓看板，又称为传票卡，是生产现场管理传递信息的工具，它可以是一种卡片，也可以是一种信号、一种告示牌。看板实际上是在需要的时间，按需要的数量对所需要的物品发出生产运作指令的一种信息媒介体。企业运用计算机进行网络管理，计算机终端也可以看成是一种特殊的看板。经常被使用的看板主要有两种：取料看板和生产看板。取料看板标明了后退工序应领取的物料的数量等信息，生产看板则显示着前道工序应生产的物品的数量等信息。

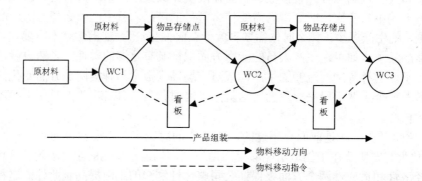

图 5-16　拉动式作业原理图

准时化生产方式以逆向"拉动式"方式控制着整个生产过程，即从生产终点的总装配线开始，依次由后退工序从前进工序"在必要的时刻领取必要数量的必要零部件"，而前道工序则"在必要的时刻生产必要数量的必要零部件"，以补充被后道工序领取走的零部件。这样，看板就在生产过程中的各工序之间周转着，从而将与取料和生产的时间、数量、品种等有关的信息从生产过程的下游传递到了上游，并将相对独立的工序个体联结为一个有机的整体。

实施看板管理是有条件的，如生产的均衡化、作业的标准化、设备布置合理化等。如果这些先决条件不具备，看板管理就不能发挥应有的作用，从而难以实现准时化生产。

4. 均衡化生产

用看板管理控制生产过程，生产的均衡化是最重要的前提条件。换言之，均衡化生产是看板管理和准时化生产方式的重要基础。

如前所述，后工序在必要时刻从前工序领取必要数量的必要零部件。在这样的生产规则之下，如果后工序取料时，在时间上、数量上和种类上经常毫无规律地变动，就会使得前工序无所适从，从而不得不准备足够的库存、设备和人力，以应付取料数量变动的峰值，这显然会造成人力、物力和设备能力的闲置和浪费。此外，在许多工序相互衔接的生产过程中，各后工序取料数量的变动程度将随着向前工序推进的程度而相应地增加。

为了避免这样的变动发生，必须努力使最终装配线上的生产变动最小化，即实现均衡化生产。应该说明的是，丰田的均衡化生产要求的是生产数量的均衡和产品种类的均衡，即总装配线向各前工序领取零部件时，要均匀地领取各种零部件，实行混流生产；要防止在某一段时间内集中领取同一种零部件，以免造成前方工序的闲忙不均，以及由此引发的生产混乱。

为此，丰田公司的总装线均以最小批量装配和输送制成品，以期实现"单件"生产和输送的最高理想。其结果，总装线也会以最小批量从前工序领取必要的零部件。简言之，生产的均衡化使得零部件被领取时的数量变化达到最小程度，即各后工序每天如一地以相近似的时间间隔领取数量相近的零部件。这样，各工序得以按一定速度和一定数量进行生产，这是实施看板管理的首要条件。事实上，在最终装配线没有实现均衡化生产的情况下，看板管理也就没有存在的价值了。图 5-17 为生产均衡化的过程流程图。

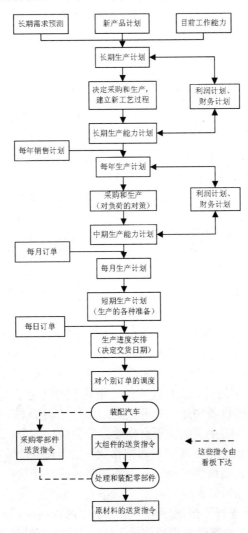

图 5-17　生产均衡化的过程流程图

除此之外，丰田公司把均衡化生产作为使生产适应市场需求变化的重要手段。通过均衡化生产，任何生产线都不再大批量地制造单一种类的产品；相反，各生产线必须每天同时生产多种类型的产品，以期满足市场的需要。这种多品种、小批量的混流生产方式具有很强的柔性，能迅速适应市场需求的变化。

这种以多品种、小批量混流生产为特性的均衡化生产还具有另一个重要的优点，这就是各工序无需改变其生产批量仅需用看板逐渐地调整取料的频率或生产的频率，就能顺利地适应市场需求的变化。

为了实现以"多品种、小批量"为特征的均衡化生产，就必须缩短生产前置期，以利于迅速而且适时地生产各类产品。于是，为了缩短生产前置期，必须缩短设备的装换调整时间，以便将生产批量降低到最小。

5. 设备的快速装换调整

实现以"多品种、小批量"为特征的均衡化生产最关键和最困难的一点就是设备的快速装换调整问题。

以冲压工序为例，装换冲床的模具并对其进行精度调整，往往需要花费数个小时的时间。为了降低装换调整的成本，人们往往连续使用一套模具，尽可能地大批量生产同一种制品。这种降低成本的方法是常见的。然而，丰田公司的均衡化生产要求总装配线及各道工序采用"多品种、小批量"的方式，频繁地从前道工序领取各种零部件或制品，这就使得"连续地、大批量地生产单一零部件或制品"的方式行不通了。这就要求冲压工序进行快速而且频繁的装换调整操作，也就是说，要迅速而且频繁地更换冲床模具，以便能够在单位时间内冲压种类繁多的零件制品，满足后道工序（车体工序）频繁地领取各种零件制品的要求。这样，从制造过程的经济性考虑，冲床及各种生产设备的快速装换与调整就成为了关键。

为了实现设备的快速装换调整，丰田公司的生产现场人员经过了长期不懈的艰苦努力，终于成功地将冲压工序冲床模具装换调整所需要的时间，从1945年至1954年的3小时缩短为1970年以后的3分钟。现在，丰田公司所有大中型设备的装换调整操作均能够在10分钟之内完成，这为"多品种、小批量"的均衡化生产奠定了基础。

丰田公司发明并采用的设备快速装换调整的方法是SMED法，即"10分钟内整备法"。这种方法的要领就是把设备装换调整的所有作业划分为两大部分，即"外部装换调整作业"和"内部装换调整作业"。所谓"外部装换调整作业"是指那些能够在设备运转之中进行的装换调整作业，而"内部装换调整作业"是指那些必须或只能够在设备停止运转时才能进行的装换调整作业。为了缩短装换调整时间，操作人员必须在设备运行中完成所有的"外部装换调整作业"，一旦设备停下来则应集中全力于"内部装换调整作业"。这里，最重要的一点就是要尽可能地把"内部装换调整作业"转变为"外部装换调整作业"，并尽量缩短这两种作业的时间，以保证迅速完成装换调整作业。

丰田公司把"设备的快速装换调整"视为提高企业竞争力的关键因素之一。

6. 设备的合理布置

设备的快速装换调整为满足后工序频繁领取零部件制品的生产要求和"多品种、小批量"的均衡化生产提供了重要的基础。但是，这种频繁领取制品的方式必然增加运输作业量和运输成本，特别是如果运输不便，将会影响准时化生产的顺利进行。可见，生产工序的合理设计和生产设备的合理布置是实现小批量频繁运输和单件生产、单件传送的另一个重要基础。

传统的生产车间设备布置方式是采用"机群式"布置方式，图5-18为典型的传统车间设备布置图，即把功能相同的机器设备集中布置在一起，如车床群、铣床群、磨床群、钻床群等。这种设备布置方式的最大缺陷是，零件制品的流经路线长、流动速度慢、在制品量多、用人多，而且不便于小批量运输。

丰田公司改变了这种传统的设备布置方式，采用了U型单元式布置方式，即按零件的加工工艺要求，把功能不同的机器设备集中布置在一起组成一个一个小的加工单元。图5-19为JIT生产车间设备布置图。这种设备布置方式可以简化物流路线，加快物流速度，减少工序之间不必要的在制品储量，减少运输成本。

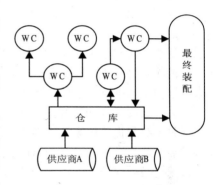

图5-18 传统生产车间设备布置

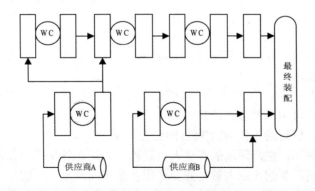

图5-19 JIT生产车间设备布置

显然，合理布置设备，特别是U型单元连结而成的"组合U型生产线"，可以大大简化运输作业，使得单位时间内零件制品运输次数增加，但运输费用并不增加或增加很少，为小批量频繁运输和单件生产、单件传送提供了基础。

7. 多技能作业员

多技能作业员（或称"多面手"）是指那些能够操作多种机床的生产作业工人。多技能作业员是与设备的单元式布置紧密联系的。在 U 型生产单元内，由于多种机床紧凑地组合在一起，这就要求并且便于生产作业工人能够进行多种机床的操作，同时负责多道工序的作业，如一个工人要会同时操作车床、铣床和磨床等。

在由多道工序组成的生产单元内（或生产线上），一个多技能作业员按照标准作业组合表，依次操作几种不同的机床，以完成多种不同工序的作业，并在标准周期时间之内，巡回 U 型生产单元一周，最终返回生产起点。而各工序的在制品必须在生产作业工人完成该工序的加工后，方可以进入下道工序。这样，每当一个工件进入生产单元，同时就会有一件成品离开该生产单元。像这样的生产方式就是"单件生产、单件传送"方式，它具有以下优点：排除了工序间不必要的在制品，加快了物流速度，有利于生产单元内作业人员之间的相互协作等；多技能作业员和组合 U 型生产线可以将各工序节省的零星工时集中起来，以便整数削减多余的生产人员，从而有利于提高劳动生产率。

为了吸收工人和工程师积极参与解决问题的活动，需要一些方法。在 JIT 系统中，使用质量小组和提建议系统就是为了这个目的。为了使所有雇员积极参与车间问题的解决，必须要创造一个人人参与的氛围。没有工人的充分理解和合作，JIT 是得不到贯彻执行的。管理部门必须保证工人们理解他们的新角色，并接受 JIT 的制造方法。

8. 标准化作业

标准化作业是实现均衡化生产和单件生产、单件传送的又一重要前提。丰田公司的标准化作业主要是指每一位多技能作业员所操作的多种不同机床的作业程序，是指在标准周期时间内，把每一位多技能作业员所承担的一系列的多种作业标准化。丰田公司的标准化作业主要包括 3 个内容：标准周期时间、标准作业顺序、标准在制品存量，它们均用"标准作业组合表"来表示。

标准周期时间是指在各生产单元内（或生产线上），生产一个单位的制成品所需要的时间。标准周期时间可由下列公式计算出来：

标准周期时间＝每日的工作时间/每日的必要产量

根据标准周期时间，生产现场的管理人员就能够确定在各生产单元内生产一个单位制品或完成产量指标所需要的作业人数，并合理配备全车间及全工厂的作业人员。

标准作业顺序是用来指示多技能作业员在同时操作多台不同机床时所应遵循的作业顺序，即作业人员拿取材料、上机加工、加工结束后取下，再传给另一台机床的顺序，这种顺序在作业员所操作的各种机床上连续地遵循着。因为所有的作业人员都必须在标准周期时间内完成自己所承担的全部作业，所以在同一个生产单元内或生产线上能够达成生产的平衡。

标准在制品存量是指在每一个生产单元内，在制品储备的最低数量，它应包括仍在机器上加工的半成品。如果没有这些数量的在制品，那么生产单元内的一连串机器将无法同步作业。但是，应设法尽量减少在制品存量，使之维持在最低水平。

根据标准化作业的要求（通常用标准作业组合表表示），所有作业人员都必须在标准周期时间之内完成单位制品所需要的全部加工作业，并以此为基础，对作业人员进行训练和对工序进行改善。

9. 全面质量管理

以确保零部件和制品的质量为目的的全面质量管理，是准时化生产方式的又一个重要的技术支撑。把质量视为生存的根本，是企业的共识。但是值得思考的是，以确保质量为目的的全面质量管理在丰田公司长盛不衰，其作用发挥得淋漓尽致，而在我国的企业中却没能产生出应有的作用，为什么？看来，"确保质量"，只有理念和意识是远远不够的，还必须有一些强制机制，特别是生产系统（或生产方式）本身应该具有对产品和零部件质量的强制性约束机制，即强迫生产过程中的每一道工序必须产出质量合格的制品，从而在产品质量形成过程中的最基本点对质量提供可靠的保证。仔细分析研究之后，会发现这样一种事实，即全面质量管理和准时化生产方式之间存在着一种非常特殊的"共生"关系。

10. 良好的外部协作关系

在专业化分工高度发达的现代化工业社会里，分工协作所产生的社会自然力，对提高劳动生产率有着重要的作用。

丰田公司的专业化分工协作是世界闻名的。丰田汽车约80%的零部件是由分包协作企业生产供应的。在一个由成百上千家企业共同合作完成的产品生产过程中，企业之间良好的、协调的合作是非常关键的。特别是丰田准时化生产方式所特有的"拉动式"生产组织方式，必须有协作企业的理解和配合支持，并在协作企业群体内部的成员企业中，大家共同完善这种生产条件时，才可能产生出应有的效力。因此，良好的外部协作关系是准时化生产方式的又一个重要支撑。

丰田公司的准时化生产方式从本质上讲是一种生产管理技术。但就准时化生产方式的基本理念来说，"准时化"不仅仅限于生产过程的管理。确切地讲，"准时化"是一种现代经营观念和先进的生产组织原则，它所追求的是生产经营全过程的彻底的合理化。

丰田公司在这种分包制下所形成的产业组织体系中，整个生产过程被专业化分工所分割为数目众多的生产加工单元（工序及协作企业）。同时，这些数目众多的生产单元又被专业化协作所一环扣一环地紧密连锁起来，从而形成了一个"离而不断，合而不乱"的有机整体。这样的产业组织体系必然给丰田公司带来巨大的经济利润。首先，丰田公司的库存费用被大幅度降低了。根据美国MIT国际汽车研究小组的调查，丰田汽车公司任何零部件在制品的库存时间只有2~3小时，而且库存备用品几乎为零。其次，丰田公司的产品生产周期被大大缩短了。同样的调查表明,丰田汽车公司每部汽车的平均总装时间为 19 小时,而美国厂家需要 27 小时,西欧厂家平均需要 36 小时。

但是,也应该看到,尽管这样的生产组织形式具有很高的效益,但这同时也增加了丰田公司对其分包协作企业的依赖性。因为,生产体系中无论哪个环节出现问题,都会影响生产体系的整体功能。由此可见,在丰田生产体系中,要实现准时化生产,每一个生产加工单元都必须严格地按照"在必要的时刻按必要的数量生产必要的产品(或零部件)"的原则进行工作。换言之,要在总装厂实现"在市场需要的时刻按照需要的数量装配出市场需要的汽车"的要求,就必须要求各生产工序和各协作企业做到"在总装厂需要的时刻,按照需要的数量加工生产所需要的零部件",这就从客观上要求在丰田公司及其分包协作企业群这个完整的生产组织体系内部统一实施准时化生产。

为了实现准时化生产,丰田公司长期以来始终致力于在整个丰田集团内部的成员企业中全面推广实施准时化生产方式和看板管理,而以"工厂集中"为特征和优势的地区性专业化分工协作,为在协作企业群内部全面实施准时化生产和看板管理提供了一个无法替代的天然基础。首先,分包协作企业在地理位置上的集中,给生产指令的传递和零部件的运送带来了方便,容易实现准时化生产。相反,如果分包协作企业距离总装厂较远,那么必然会造成零部件运输上的麻烦。这种麻烦不仅仅是由于物流成本的增加,更重要的是由于路途远、运输时间长,运输途中的各种可能性事件发生的概率会大大增加,从而难以确保生产的准时化。其次,由于分包协作企业集中,零部件运输可以不经过中间仓库储存而直接送达生产工序,从而大大简化了运输作业。同时,由于零部件直接送到生产工位,这对于确保零部件的质量,对于实行"绝不把不良品传交给下道工序"的原则是非常有利的。最后,准时化生产方式是一种适应小批量、多品种、大规模生产的生产方式。这种批量小、变换快的生产方式具有很强的柔性,能够快速适应不断变化着的市场需求。但是,批量小、变化快必然增加单位时间内零部件的运送次数,从而增加运输成本。然而,丰田公司的地区性专业化分工协作所产生的"集中效应",使得运输成本不再是影响生产率的主要因素,这为准时化生产和小批量生产消除了障碍。

总之,地区性专业化分工协作是丰田准时化生产方式的重要基础,它所产生的"集中效应"对准时化生产方式来说,是神奇绝妙的、不可或缺的。"准时化生产"是一个整体的概念,只有从生产体系的整体上,而不是仅从生产体系中局部个体上来理解并组织实施,准时化生产方式才能够实现并发挥其应有的作用。

丰田公司在其全部的专业协作工厂和几乎所有的分包系列企业中,逐步实施了准时化生产方式和看板管理。例如,早在 20 世纪 70 年代,爱新精机公司、丰田车体公司、日本电装公司、关东汽车工业公司等丰田公司直属的零部件工厂,以及分布在名古屋地区的所有分包协作厂已采用了准时化生产方式和看板管理。在推广实施准时化生产方式的过程中,只要是协作企业提出求助的要求,丰田公司就会立即派遣生产调研人员去那里从头到尾地进行帮助指导,而且往往是一去就在那个企业蹲上一两个月,直到解决完问题为止,这有力地促进了准时化生产方式及看板管理在丰田生产组织体系内部的推广普及。此外，丰田公司把准时化生产方式及看板管理的消化能力作为决定对某一个分包协作企业取舍的重要评价标准之一，其结果是引导着分包企业群朝着丰田公司所要求的准时化生产的方向共同迈进。

5.2.3　JIT 的实施

第一次也是最成功实施 JIT 系统的是日本的丰田汽车公司，美国也有大量的公司在积极推行 JIT 系统，包括福特、通用、摩托罗拉、IBM、莱克和德克尔等公司。JIT 不仅提高了产品的质量，也减少了产品的成本。但推行 JIT 系统不是一件很容易的事。下面给出一些方法和建议。

（1）获得高管理层的支持。确保他们知道采用 JIT 方法需要对公司进行哪些改变，并且他们在推行 JIT 方法时应起领导作用，要准备一个推行计划。

（2）获得工人的合作。为了使 JIT 系统运行，需要加强车间的领导，保证平稳地雇佣人员，做好培训工作，并鼓励工人积极参与。应该组建像质量小组那样改进工作的组织，使得所有雇员都参与解决问题的工作，并对工人进行跨技能、跨职能的培训。

（3）从最终装配线开始，平稳生产使得每天的生产几乎都相同。减少启动时间直到各种工件能混合在一起处理。使用标准的零件容器，并且使它们很容易到达生产线。

（4）从最终装配线开始，从后向前地减少各工作中心的启动时间和生产批量的规模，使其和最终装配线的批量规模相一致。要把存储从仓库中搬出来，放到车间中去。

（5）用最终装配线的生产率去平衡各工作中心的生产率。这要求修正能力充足，在各方面都有备用能力。一旦某个工作中心落后于安排的进度，能有备用能力可用，以便很快赶上进度。

（6）应把供应商和协作厂商纳入企业 JIT 管理系统内，与供应商和协作厂商建立长期的伙伴关系。只有这样，企业才能从原辅材料准时供应来开始 JIT，同时也能弥补企业生产线的不足，增加整个生产系统的柔性。

5.2.4　MRP 与 JIT 的比较

MRP、JIT 分别产生于美国、日本。开始时人们认为它们是两个不能相容的生产控制系统。近年来，随着研究的深入，人们逐渐意识到 MRP 和 JIT 之间是相容的，在一定情况下还能够一起使用。

先看看它们之间的一个最明显的区别。MRP 或 ERP 是一个推动系统，也就是说它是推着物料进入生产来满足将来的需要。制定的主进度安排代表了未来的预测（或订单），它决定了应该订购什么零件，并且推着这些零件通过生产过程。而 JIT 是一个拉动系统，也就是说物料是被后续工作中心拉着进入生产过程的。物料只有在后续工作中心需要时才提供。由于缺乏向前的可见度，拉动系统工作时需要一个重复的主进度安排。

在比较 MRP 和 JIT 时，要考虑下面 3 种情况：纯重复制造、批量制造和特定工种车间制造。

在纯重复制造的情况中，它每日的主进度安排是相同的，其能力负荷是平稳的。在这种情况下，像 JIT 那样的拉式系统工作效率很高。因为它每日制造的最终产品没有什么大的变化，每天所需要的零部件也是相同的。唯一的不确定因素是生产过程中的故障，这些故障可由拉式系统来处理，因为在拉式系统里，当后续的工作中心停止工作时就停止生产了。这里不需要具有更复杂、更昂贵和计算机化部分的 MRP 系统去预计未来的生产。

批量处理应该使用 MRP 和 JIT 的混合系统，尤其批量显得有些重复的时候，这时每天的主进度安排不是完全相同的，而是有一些重复的部分。使用 MRP 把物料推进工厂并进行能力规划，而 JIT 用于车间生产的实施。这样有可能用 JIT 对在制品的跟踪来删除 MRP 的车间控制部分。当把批量生产组织在基层单位进行时，这种混合系统工作特别有效，这样，MRP 可以把工作单下到基层单位而不是各个机器类型。然后使用 JIT 系统就可拉着物料通过每个基层单位。

当特定工程车间处理的工作是批量的和不重复的时候必须使用 MRP 来计划和控制生产。其极端情况的例子为车间按订单生产而每个订单都是不一样的。这时拉式系统不起作用了，物料必须推进工厂以满足未来的需求，每个订单的需求都是不一样的，需要能力计划系统和车间控制系统来管理通过生产的物料。即使在这种情况下，还是能够使用 JIT 的某些部分如减少启动时间，增加多技能多职能的工人，问题由管理人员和工人一起解决，以及和供应商建立合伙人关系，只是看板系统不起作用了。

综上所述，实际中存在着各种不同的情况，有些最适合使用纯 JIT 控制系统，有的最适合使用纯 MRP 控制系统，然而，还有很多的时候适用两者的混合系统。图 5-20 所示为不同使用方案的概括图。

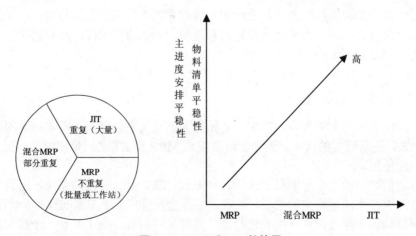

图 5-20　MRP 和 JIT 的使用

5.3 思考题

1. 简述 MRP 的含义、发展历程及发展趋势。
2. MRPII 的主要技术环节有哪些？并简述之。
3. ERP 扩充了哪些典型的功能？
4. 拉动式生产方式和推动式生产方式有什么区别？
5. JIT 实施应注意哪几点？
6. ERP 和 JIT 的关系是怎样的？

第 6 章 产品数据管理

在 20 世纪的六七十年代，企业在其设计和生产过程中开始使用 CAD、CAM 等技术，新技术的应用在促进生产为发展的同时也带来了新的挑战。对于制造企业而言，虽然各单元的计算机辅助技术已经日益成熟，但各自动化单元自成体系，彼此之间缺少有效的信息沟通与协调，这就是所谓的"信息孤岛"问题。并且随着计算机应用的飞速发展，随之而来的各种数据也急剧膨胀，对企业的相应管理便形成了巨大压力，主要表现在：数据种类繁多，数据重复冗余，数据检索困难，数据的安全性及共享管理等。在这种情况下，许多企业已经意识到实现信息的有序管理将成为它们在未来的竞争中保持不败地位的关键因素。

产品数据管理（PDM，Product Data Management）正是在这一背景下产生的一项新的管理思想的技术。PDM 明确定位为面向制造企业，它以软件技术为基础，以产品管理为核心，实现对产品相关的数据、过程、资源一体化的集成管理技术。PDM 进行信息管理的两条主线是静态的产品结构和动态的产品设计流程，所有的信息组织和资源管理都是围绕产品设计展开的，这也是 PDM 系统有别于其他信息管理系统，如管理信息系统（MIS）、物料管理系统（MRP）、项目管理系统（Project Management）的关键所在。在 PDM 系统中，数据、过程、资源和产品之间的关系如图 6-1 所示。

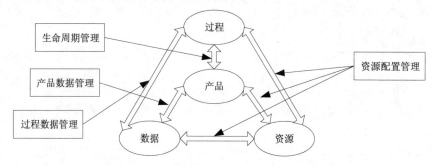

图 6-1　产品、过程、数据和资源的关系图

作为 20 世纪末的技术，PDM 继承并发展了 CIM 等技术的核心思想，在系统工程思想的指导下，用整体优化的观念对产品设计数据和设计过程进行了描述，规范了产品生命周期管理，保持了产品数据的一致性和可跟踪性。PDM 的核心思想是设计数据的有序、设计过程的优化和资源的共享。

经过近些年来的发展，PDM 技术已经取得了长足的进步，在机械、电子、航空/航天等领域获得了普遍的应用。PDM 技术正逐渐成为支持企业过程重组（BPR）、实施并行工程（CE）、CLMS 工程和 ISO 9000 质量认证等系统工程的使能技术。

6.1 概 述

6.1.1 PDM 的含义

按照专门从事 PDM 和 CIM 相关技术咨询业务的国际 CIMdata 公司总裁 EdMiller 在《PDMtoday》一文中给出的 PDM 的定义，PDM 是管理所有与产品相关的下述信息和过程的技术。

（1）与产品相关的所有信息，即描述产品的各种信息，包括零部件信息、结构配置、文件、CAD 档案、审批信息等。

（2）对这些过程的定义和管理，包括信息的审批和发放。

GartnerGroup 公司的 D.Burdick 把 PDM 定义为："PDM 是为企业设计和生产构筑一个并行产品艺术环境（由供应、工程设计、制造、采购、销售与市场、客户构成）的关键使用技术。一个成熟的 PDM 系统能够使所有参与创建、交流、维护设计意图的人在整个信息生命周期中自由共享和传递与产品相关的所有异构数据。"

从上述介绍可以看出，PDM 以整个企业作为整体，能跨越整个工程技术群体，是促使产品快速开发和业务过程快速变化的使能器。另外，它还能在分布式企业模式的网络上，与其他应用系统建立直接联系的重要工具。PDM 能够组织、存取和控制公司有关的商业产业信息，其范围包括资源配置、生产制造、计划调度、采购销售、市场开发等各方面，并从整个制造企业出发来考虑一切问题。

PDM 就像一个面向对象的电子资料管理室。它能集成产品生命周期内的全部信息（图、文、数据等多媒体信息），实现产品生产过程的管理；它是一种管理软件，提供对数据、文件、文档的更改管理、版本管理，并能对产品配置和工作流程进行管理；它是在关系型数据库的基础上加上面向对象的层，是介于数据库和应用软件间的一个软件开发平台，在这个平台上可以集成或封装 CAD、CAM、CAE、CAPP 和 Word 等多种软件和工具，这些都说明 PDM 在工业上的应用范围非常广泛。

6.1.2 PDM 的发展历程

PDM 技术的发展可以分为以下 3 个阶段：配合 CAD 工具的 PDM 系统、专业 PDM 产品阶段和 PDM 的标准化阶段。

1. 配合 CAD 工具的 PDM 系统

早期的 PDM 产品诞生于 20 世纪 80 年代初。当时，CAD 已经在企业中得到了广泛的应用，工程师们在享受 CAD 带来的好处的同时，也不得不将大量的时间浪费在查找设计所需的信息上，对电子数据的存储和获取的新方法的需求变得越来越迫切了。针对这种需求，各 CAD 厂家配合自己的 CAD 软件推出了第一代 PDM 产品。这些产品的目标主要是解决大量电子数据的存储和管理问题，提供了维护"电子绘图仓库"的功能。第一代 PDM 产品仅在一定程度上缓解了"信息孤岛"的问题，仍然普遍存在系统功能较弱、集成能力和开放程度较低等问题。

2. 专业 PDM 产品阶段

通过对早期 PDM 产品功能的不断扩展，最终出现了专业化的 PDM 产品，如 SDRC 公司的 Metaphase、IBM 公司的 PM、Smart Solution 公司的 SmarTeam 等就是第二代 PDM 产品的代表。与第一代 PDM 产品相比，在第二代 PDM 产品中出现了许多新功能，如对产品生命周期内各种形式的产品数据的管理能力，对产品结构与配置的管理，对电子数据的发布和更改的控制以及基于成组技术的零件分类管理与查询等，同时软件的集成能力和开放程度也有较大的提高，少数优秀的 PDM 产品可以真正实现企业级的信息集成和过程集成。第二代 PDM 产品在技术上取得了巨大进步的同时，在商业上也获得了很大的成功。PDM 开始成为一个产业，出现了许多专业开发、销售和实施 PDM 的公司。

3. 企业级 PDM 系统（PDM 的 2PDM/PDM/CPC/CPDM/PLM 等）

20 世纪 90 年代末，Internet 的迅猛发展迎来了一个网络时代。Internet 的广泛普及，给信息技术的发展提供了原动力，诞生的新一代 PDM 产品具有如下特点。

（1）实现了信息集成和过程集成。PDM 系统的功能已经从信息管理发展到过程管理，增加了工作流程管理、变更流程管理和项目管理功能。

（2）采用了分布式计算技术。基于构件的系统体系结构，支持 OMG 组织为核心的 CORBA 标准和以微软为代表的基于 DCOM 的 ActiveX 标准，使得 PDM 产品逐渐走向标准化。

（3）采用了分布式计算框架和 Java 技术结合。Java 语言具有高度的可移植性、健壮性和安全性等优点，它已成为编写网络环境下的移动式构件的最佳选择。

（4）实现了基于 Web 的 PDM 系统。为了满足网络时代企业的需求，企业级 PDM 系统架构在 Internet/Intranet/Extranet 之上，美国 MatrixOne 公司的 eMatrix 和 PTC 公司的 Windchill 就是这类系统的代表。这类系统是跨越延展供应链的产品信息和生命周期过程管理的全面解决方案。

6.1.3 产品协同商务（CPC）

产品协同商务（CPC，Collaborative Product Commerce）的理念把传统 PDM 的功能扩展到了广义企业的信息、过程和管理集成平台的高度。产品协同商务（CPC）定义了一类 Internet 技术的软件和服务，它能让个体在整个产品生命周期中协同开发、制造和管理产品，而不管他们在产品商业化过程中担任什么角色，不管他们使用什么样的工具，不管他们在什么地理位置上或位于供应网的何处。被授权的 CPC 用户可以使用任何一种标准的浏览器软件查看广义企业信息系统视图中的信息，这一视图对一组分散的异构产品开发资源进行操作。一般这些资源位于多个信息仓库中，并且由相互独立的实施和维护系统来管理。其重要特点是数据和应用功能的松散耦合式集成。

CPC 利用 Internet 技术，把产品设计、工程、原料选用（包括制造和采购）、销售、营销（及其他职能部门）、现场服务以及客户紧密地联系在一起，形成一个全球知识网。因此，CPC 产品可以用来建立新一代的电子商务所必需的广义企业基础结构，用于协同完成产品的开发和管理工作。CPC 基础结构建立在企业当前的信息平台之上，产品数据管理、原料选用、可视化、CAD/CAPP/CAM/CAE、产品建模、文档管理、结构化和非结构化数据仓库以及所有其他会增加产品生命周期过程价值的工具和服务都会用到这些平台。协同产品商务的核心理念如下。

（1）价值链的整体优化。协同产品商务从产品创新、上市时间、总成本的角度追求整体经营效果，而不是片面地追求诸如采购、生产和分销等功能的局部优化。

（2）以敏捷的产品创新为目的。迅速捕获市场需求，并且进行敏捷的协作产品创新，是扩大市场机会、获取高利润的关键。

（3）以协作为基础。协同产品商务的每个经济实体发挥自己最擅长的方面，实现强强联合，以获得更低的成本、更快的上市时间和更好地满足顾客需求。顾客参与到产品设计过程中，可以保证最终的产品确实是顾客需要的。

（4）以产品设计为中心进行信息的聚焦和辐射。产品设计是需求、制造、采购、维护等信息聚集的焦点，也是产品信息向价值链的其他各环节辐射的起源。只有实现产品信息的实时、可视化共享，才能保证协作的有效性。

6.1.4 产品生命周期管理 PLM

产品生命周期管理（PLM，Product Life-Cycle Management）不仅仅是技术措施，而且是一种可持续发展的经营战略，通过经营观念的转变，借助管理工具软件形成一系列业务解决方案，促使产品研发和业务过程的创新和全面改进。

1. CIMdata 的观点

PLM 是一种企业信息化的商业战略。它实施一整套的业务解决方案，把人、过程和信息有效地集成在一起，作用于整个企业，遍历产品从概念到报废的全生命周期，支持与产品相关的协作研发、管理、分发和使用产品定义信息。

PLM 为企业及其供应链组成产品信息的框架。它由多种信息化元素构成：基础技术和标准（如 XML、视算、协作和企业应用集成）、信息生成工具（如 MCAD、ECAD 和技术发布）、核心功能（如数据仓库、文档和内容管理、工作流和程序管理）、功能性的应用（如配置管理）以及构建在其他系统上的商业解决方案。

2. Aberdeen 的观点

PLM 覆盖了从产品诞生到消亡的产品生命周期全过程，是一个开放的、互操作的、完整的应用方案。

建设这样一个企业信息化环境的关键是要有一个记录所有产品信息的系统化中心产品数据知识库。这个知识库用来保护数据，实现基于任务的访问并作为一个协作平台来共享应用、数据，实现贯穿全企业、跨越所有防火墙的数据访问。PLM 的作用可以覆盖到一个产品从概念设计、制造、使用直到报废的每一个环节。

3. CollaborativeVisions 的观点

PLM 是一种极具潜力的商业 IT 战略，它专注于解决企业如何在一个可持续发展的基础上，开发和交付创新产品所关联的所有重大问题。

PLM 包括了充分利用跨越供应链的产品智力资产来实现产品创新的最大化，改善产品研发速度和敏捷性，增强交付客户化和为用户量身定做产品的能力，以便最大限度地满足客户的需求。

以 PLM 为核心的企业信息化要突出可持续发展的战略思想，要支持连续创新，要充分利用企业的智力资产。企业组织和实施 PLM 战略的总体框架是围绕着 6 个主要的需求来构造的，简称为 PLMACTION。这 6 个需求如下。

（1）调整（Alignment）。平衡企业信息化投资花费，增加对 PLM 的投资。

（2）协同（Collaboration）。与业务伙伴交换洞察力、想法和知识，而不是 CAD 数据。

（3）技术（Technology）。获取新的技术来建立智力资产生态系统。

（4）创新（Innovation）。开发客户驱动的、行业"杀手锏"类的创新产品。

（5）机会（Opportunity）。致力于跨学科的集成，追求产品的新的生命周期机会。

（6）智力资产（iNtellectualProperty）。把产品知识作为战略财富加以对待和充分利用。

4. AMR 的观点

PLM 是一种技术辅助策略，它把跨越业务流程和不同用户群体的单点应用集成起来。

与 ERP 不同，PLM 将不会成为与某一软件厂商紧密集成的系统，不会废止已有系统，它将使用流程建模工具、可视化工具或其他协作技术加上一定的语义集成来整合已有的系统。

在 AMR 主持的一个名为 "2001—2006PLM 应用报告" 的详细研究中，把 PLM 的内容分为 4 个主要应用部分。

（1）产品数据管理（PDM）。它起着中心数据仓库的作用，它保存了产品定义的所有信息。从这些中心仓库，企业可以管理各类与研发和生产相关联的材料清单（BOM）。

（2）协同产品设计（CPD）。它让工程师和设计者使用 CAD/CAM/CAE 软件以及所有与这些系统配合使用的补充性软件，以协同的方式在一起研发产品。

（3）产品组合管理（PPM）。它是一套工具集，它为管理产品组合提供决策支持，包括新产品和现有产品。

（4）客户需求管理（CNM）。它是一种获取销售数据和市场反馈意见并把它们集成到产品设计和研发过程之中的软件，它是一个分析工具，可以帮助制造商开发基于客户需求、适销对路的产品。

当然，这 4 个部分还不足以组成 PLM，它们只是 PLM 的 4 个主要应用部分。

5. Daratec 的观点

PLM 把过程和信息内容与产品价值链连接起来，使之合理化、集成化及优化，能使制造厂商解放信息并驾驭信息，以此创造产品的商务价值。

如果实施完全成功，PLM 就能使制造厂商或多或少地做到改进盈利时间，更敏捷、更快速和更协同地工作。同时，PLM 还可以让制造厂商实现以下目标：挣钱，交付新的、更好的产品，控制风险，安全运作，业务可预测，工作有序等。PLM 由 CAD、CAE、PDM、MPM（或称数字化制造）、BOM、CRM、CAM 这 7 个主要支柱来支撑，它们共同形成 PLM 核心解决方案集。没有这 7 个内容的支持，PLM 将匍匐在地、无法站立。支持它的支柱越少，它的基础就越薄弱。

6. EDS 的观点

战略上，PLM 是一个以产品为核心的商业战略。它应用一系列商业解决方案来协同化地支持产品定义信息的生成、管理、分发和使用，从地域上横跨整个企业和供应链，从时间上覆盖从产品的概念阶段一直到产品结束其使命的全生命周期。

数据上，PLM 包含完整的产品定义信息，包括所有机械的、电子的产品数据，包括软件、文件内容等信息。

技术上，PLM 结合了一整套技术和最佳实践方法，例如产品数据管理、协作、协同产品商务、视算仿真、企业应用集成、零部件供应管理以及其他业务方案。它沟通了在延伸的产品定义供应链上所有的 OEM、转包商、外协厂商、合作伙伴以及客户。

业务上，PLM 能够开拓潜在业务并且能够整合现在的、未来的技术和方法，以便高效地把创新和盈利的产品推向市场。

发展上，PLM 正在迅速地从一个竞争优势转变为竞争必需品，成为企业信息化的必由之路。

6.1.5 PLM 典型体系结构

总结当前 PLM 的解决方案并根据企业实践，可以认为，面向互联网环境的基于构件容器的计算平台是 PLM 普遍采用的体系结构，PLM 系统包含的典型功能集合和系统层次划分如图 6-2 所示。

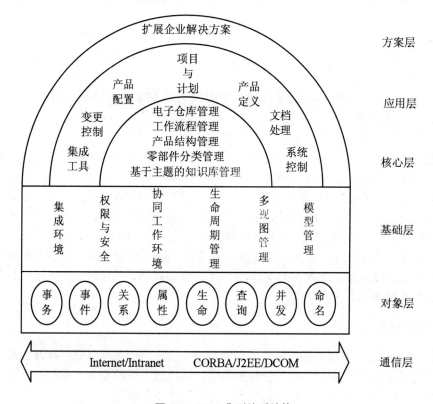

图 6-2 PLM 典型体系结构

通信层和对象层的作用是为 PLM 系统提供一个在网络环境下的面向对象的分布式计算基础环境。

中间 3 层是本项目产品开发的主要内容。其中，基础层为核心层和应用层提供公共的基础服务，包括数据、模型、协同和生命周期等服务；核心层提供对数据和过程的基本操作功能，如存储、获取、分类和管理等基本功能接口；应用层是主要针对产品全生命周期管理的特定需要而开发的一组应用功能集合；最终方案层支持扩展企业构建与特定产品需求相关的解决方案。

6.1.6　PDM 发展趋势

随着市场竞争的加剧，缩短产品上市时间、降低生产成本已经成为企业所面临的严峻挑战，这种情况直接影响到企业的产品全生命周期管理。而虚拟企业概念的提出，更加要求企业具备一种信息基础环境，使得企业能够实现与供应商和客户之间交换多种类型的产品数据。每个企业在产品开发过程中必须全面有效地协作，这种合作关系从产品的概念设计阶段就要开始，它们不但要访问产品设计数据，而且还要访问制造过程中的数据，还有其他一些在产品生命周期中涉及到的有关产品信息。但是，传统的 PDM 系统局限于设计阶段的工程信息管理，不能够很好地适应敏捷制造和虚拟环境下的产品开发，尤其是制造过程的需要。因此，在虚拟企业的概念下，面向产品生命周期的产品数据管理系统成为研究的焦点。

未来 PDM 技术开发的方向会集中在以下 3 个方面：电子商务和合作商务、虚拟产品开发和支持供应链管理。

1. 电子商务

下一代 PDM 系统能够提供这样的功能，即在网上就可以得到产品数据信息，这为电子商务提供了一个重要的基础。通过从产品及相关产品配置中选择参数，就可得到产品模型。在这一领域的深入发展，将会使得网络能完全提供产品/服务选择、建议准备和订购过程。

2. 虚拟产品开发管理

VPDM 是在虚拟设计、虚拟制造和虚拟产品开发环境中，通过一个可以即时观察、分析、互相通信和修改的数字化产品模型，并行及协同地完成产品开发过程的设计、分析、制造和市场营销及其服务。

VPDM 集合了 Web、PDM、3D-CAD 和 DMU 技术，使企业具有更好的产品革新能力。在概念设计期的高灵活性、不可预测性的环境下，它为数据变化的管理提供了很典型的管理框架。它还可以作为一个知识库和渠道，能够将不同阶段的产品信息转化成为连续的信息状态。

3. 支持供应链管理

随着网络技术不断深入的应用，PDM 系统作为标准的黑盒解决方案，较廉价的硬件、软件和网络技术，它的利用率在不断提高，能够很容易地在虚拟企业中实施。在虚拟企业中，一个组织要与它的供应商、合作伙伴和其他人加入到供应链中，工程信息需要在虚拟企业内不断地交换。PDM 技术中各个系统间的通信和数据交换，使得产品开发时，OEM 间能进行合作，并能随时在整个供应链中得到产品信息。下一代 PDM 系统将是完整意义上的供应链管理系统，它将会提供下列的功能：工程仓库/工程服务、工程合作。

（1）工程仓库/工程服务

作为一个灵活的、易适应的和易运行的系统工程仓库（数据库），它管理着技术数据，能提供其他系统的有关参考信息。以后，像搜索助手这样的搜索技术，将会使得即使在模糊的搜索条件下也能进行目标搜寻。当前的市场趋势表明，PDM 技术将是企业内部知识管理的一个重要部分。下一代 PDM 系统能够管理与信息和技术知识相密切联系的项目和过程。

（2）工程合作

合作商务是最先进的电子商务形式，它使得多个企业通过动态重组后能够在线合作。它将利用网络技术来代替静态的网络供应链。虚拟企业的工程合作需要有支持协同工作和通信的结构。计算机支持协同工作（CSCW）解决方案将会集成到未来的 PDM 系统中，CSCW 系统提供 IT 工具，这能更加促进小组成员间的联络。有了网络技术、协同工作、PDM、CAD 系统和智能浏览器，就能够进行一个具有连接分布式开发环境功能的、在线交互式的协商会议。它比传统的电视会议有一个很大的优点，就是它允许所有的到会者同时进入和编辑产品三维模型和相关信息，还允许给产品模型加上注解（用不同的颜色，以文本、声音、图形的形式）。

浏览器（可视化软件）能显示产品的图形描述，能被没有 CAD 和技术知识的使用者操作和利用。这一新型的软件能在较轻便的机器上运行，如个人电脑。浏览器使用相对较易用的界面，各种不同层次的人都可以理解和使用产品数据，这样，可视化工具就提供了相对简单的、廉价的途径来扩展 PDM 的价值。

在地理位置分散的组织中，工作流程技术是一个对开发过程提供全面、系统支持的重要工具。有了公布/预定合作模型，将不再需要预定义和结构化工作流程管理。在以后的在线会议中，多个设计者可以同时工作在相同的 CAD 模型上，这将使工作效率更高。CSCW 技术提供了智能的、分布式的虚拟合作结构，这样，虚拟结构将会很快地反映市场动态。

6.2 PDM 的体系结构与功能

6.2.1 PDM 体系结构

最初的 PDM 主要用于管理 CAD 系统产生的大量电子文件，属于 CAD 工具的附属系统，出现于 20 世纪 80 年代初期，由于当时各方面技术的限制，通常采用简单的 C/S 结构和结构化编程技术；到了 20 世纪 90 年代中期，出现了很多专门的 PDM 产品，这些 PDM

产品几乎无一例外地基于大型关系型数据库,采用面向对象技术和成熟的 C/S 结构;最近,随着 Web 技术的不断发展和对象关系数据库(ORDBMS)的日益成熟,出现了基于 Java 三段式结构和 Web 机制的第三代 PDM 产品。

应该说,PDM 体系结构是随着计算机软硬件技术的发展而日益先进的,体系结构由 C/S(Client/Server)结构到 C/B/S(Client/Browser/Server)结构,编程技术从最初的结构化编程到完全的面向对象技术,使用的编程语言从 FORTRAN、C 到 C++、Java、XML,采用的数据库从关系型数据库到对象关系数据库。

当前先进的 PDM 系统普遍采用 Web 技术及大量业界标准,其体系结构如图 6-3 所示。整体可分为 5 层,底层平台层、PDM 核心服务层、PDM 应用组件层、应用工具层和实施理念层。

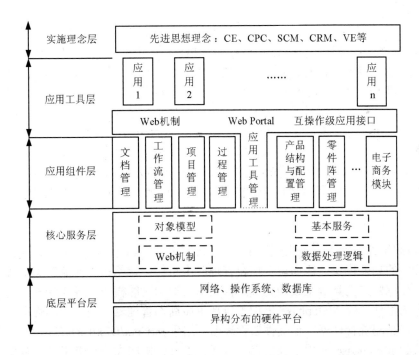

图 6-3 PDM 体系结构图

1. 底层平台层

底层平台层主要指异构分布的计算机硬件环境、操作系统、网络与通信协议、数据库、中间件等支撑环境。当前 PDM 软件底层平台的发展主要有两个特点:一是适应能力不断扩展,能够支持越来越多的软硬件环境,PDM 厂商一直致力于推出适应更多平台的 PDM

系统。在硬件环境上，从最简单的用户终端、PC 到高端的工作站和服务器都可以运行相应的 PDM 系统。二是底层平台朝廉价方向发展。操作系统上，UNIX 依然是大多数 PDM 使用的主要服务平台，但由于成本低廉、界面友好、操作方便等原因，PC/Windows 正在悄然扩张自己的领地。很多大型 PDM 如 Metaphase、IMAN、PM 等，其服务器端虽然还是运行在 UNIX 环境下，但都相继推出了各自的微机版；而像 Windchill 等新生贵族更是以 PC/Windows 为主要平台，后来才推出 UNIX 版本。

由于企业级 PDM 系统具有庞大的数据量、高的性能要求，因此底层数据库几乎无一例外都集中于 Oracle、SQL Server、Sybase 等大型数据库，Oracle 尤其是很多 PDM 系统的首选或独选数据库。此外，PDM 软件几乎都支持 TCP/IP、IIOP、NetBIOS 和 HTTP 等局域网和广域网标准协议。

2. PDM 核心服务层

PDM 软件产品一般指的就是核心服务层和 PDM 应用组件层，因为二者功能上有所不同，所以分别进行讨论。在 C/S 结构下，核心服务层一般就是服务器端，客户端软件就属于 PDM 的应用组件；在 C/B/S 结构下，二者都运行在服务器端，但在软件产品购买安装等方面会有所不同，核心服务是必需的，而应用组件可以选用。比如 Metaphase 的对象管理框架、Windchill 的 Windchill Foundation、IMAN 的 eServer 等都属于各自的核心服务层。

核心服务层实际上就是一组对象模型，它主要完成 3 个功能，一是向下连接并操纵数据库，二是向上为 PDM 应用组件提供基本服务，三是为应用软件提供应用编程接口（API）以集成应用软件。此外，有些 PDM 软件在核心层中还加入了 Web 处理机制。

3. PDM 应用组件层

PDM 应用组件实际上就是由调用 PDM 基础服务的一组程序（界面）组成并能够完成一定应用功能的功能模块。比如说工作流管理应用组件，就是由工作流定义工具、工作流执行机、工作流监控工具等组成的完成工作流程管理的功能模块。各 PDM 厂商都不断丰富自己的应用组件，像 Metaphase 提供了包括生命周期管理器、更改控制管理器、产品结构管理器、产品配置管理器、零部件族管理器，用于同 CAx/DFx/ERP/CSM/EC/SCM 等应用软件集成的 Metaphase 应用集成接口、可视化工具、协同设计支持工具、数字样机等大量丰富的应用组件。

统一的用户界面也归入了应用组件层，几乎所有的 PDM 都支持通过 Web 方式访问和操纵 PDM，较新的如 eMatrix、Windchill 等 C/B/S 结构的 PDM 都是以 Web 浏览器为客户端，而 Metaphase、IMAN 等也相继推出了各自基于 Web 的客户端。

4. 应用工具层

应用工具主要指 CAx/DFx 等工程设计领域软件、Word 等办公用软件以及所有 PDM

以外的其他应用软件,PDM 通过多种方式与这些应用软件实现集成。

5. 实施理念层

PDM 归根结底并不是企业的经营管理模式而只是一种软件工具,这种软件工具只有在先进的企业运作模式下才能发挥作用,因此 PDM 的实施几乎离不开并行工程(CE)、协同产品商务(CPC)、虚拟制造(VM)、供应链管理(SCM)、ISO 9000 等先进的管理理念和质量标准。只有在这些先进思想的指导下,PDM 的实施才能确保成功并发挥较大的作用。另一方面,PDM 实施又是这些先进理念得以成功贯彻的最有效的工具和手段之一。

PDM 软件厂商在推销其软件产品的同时,也在推销它的理念,如 PTC 倡导 CPC、Metaphase 倡导 4C 理念等。而 PDM 软件又是一种只有通过实施才能完美地与企业结合并体现其价值的软件,因此,实施理念列在了 PDM 体系结构的最上层。

6.2.2 PDM 的功能

PDM 系统为企业提供了一种宏观管理和控制所有与产品相关的信息的机制。企业用电子方式管理文档,可以迅速、安全、有效地维护、获取、修改图纸和技术相关信息。如果企业想使用 PDM 系统,一定要确保包含下列功能(如图 6-4 所示)。

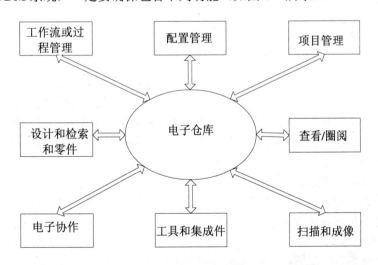

图 6-4 PDM 系统的主要功能模块

1. 电子仓储功能(Engineering Document Managementor Vault)

它是 PDM 最核心的模块,由管理数据的数据(源数据)以及指向描述产品不同方面的物理数据和文件的指针所组成,它为 PDM 控制环境和外部世界(用户和应用系统)之间的传递数据提供一种安全的手段,一个完全分布式的电子仓库能够允许用户迅速无缝地访问企业的产品信息,而不用考虑用户和数据的物理位置。这一模块的功能包括如下几个方面。

(1) 文件的检入（Check-in）和检出（Check-out）。
(2) 按属性搜索机制。
(3) 动态浏览/导航能力。
(4) 分布式文件管理/分布式电子仓库。
(5) 安全性机制（记录锁定、域锁定）。

2. 工作流或过程管理功能（Workflow or Process Management）

它是用来定义和控制人们创建和修改数据的方法,主要管理当一个用户对数据进行操作时会发生什么,人与人之间的数据流动以及在一个项目的生命周期内跟踪所有事务和数据的活动。这一模块为产品开发过程的自动管理提供了保证,并支持企业产品开发过程的重组以获得最大的经济效益,主要有以下几个方面的功能。

(1) 面向任务或临时插入或变更的工作流。
(2) 规则驱动的结构化工作流。
(3) 触发器、提醒和报警。
(4) 电子邮件接口。
(5) 图形化工作流设计工具。

3. 配置管理功能（Configuration Management）

配置管理以电子仓库（Vault）为底层支持,以材料清单（BOM）为其组织核心,把定义最终产品的所有工程数据和文档联系起来,实现产品数据的组织、控制和管理,并在一定目标或规则约束下向用户或应用系统提供产品结构的不同视图和描述（如 As-designed、As-assembly、As-manufacturing、As-planned 等）,而不仅仅是简单的版本控制和材料清单的创建。这部分的功能如下。

(1) 材料清单的创建。
(2) 版本的控制。
(3) 支持 Whereused 搜索。
(4) 与 MRP 集成。
(5) 支持规则驱动配置。

4. 查看和圈阅功能

该模块为计算机化审批检查过程提供支持。利用它,用户可以查看电子仓库中存储的数据内容（特别是图像或图形数据）,如果需要的话,用户还可利用图形覆盖技术对文件进行圈点和注释。它有以下几个方面的功能。

（1）支持多种标准格式文件的查看，包括 PDES/STEP、IGES、DXF、DWG、TIFF、CCIT、Postscript、HPGL。

（2）支持目前流行的 CAD 系统（如 AutoCAD、Pro-Engineer 等）对本系统类型文件的查看。

（3）用红线圈点或图形覆盖。

（4）支持第三方软件的查看。

由于目前不同软件商在标准格式文件的实现上缺乏统一的一致性测试，导致不同应用系统间的同一种标准格式文件不兼容。因此，如果有可能，尽量采用由生成该文件的应用系统来查看该文件，这样才能消除由上述不一致性带来的潜在的错误。

5. 扫描和成像功能

该模块完成把图纸或缩微胶片扫描转换成数字化图像并把它置于 PDM 系统控制管理之下。在 PDM 发展的早期，以图形重构为中心的扫描和成像系统是大多数技术数据管理系统的基础，但在目前的 PDM 系统中，这部分功能仅是 PDM 中很小的辅助性子集，而且随着计算机在企业中的推广应用，它将变得越来越不重要，因为在不久的将来，几乎所有的文档都将以数字化的形式存在。

6. 设计的检索和零件库功能

任何一个设计都是设计人员智慧的结晶，日益积累的设计结果是企业极大的智力财富，利用对现有设计进行革新创造出更好的产品是企业发展的一个重要方面，PDM 的设计检索和零件库就是为最大限度地重新利用现有设计创建新的产品提供支持，主要功能包括如下几个方面。

（1）零件数据库接口。

（2）基于内容的而不是基于分类的检索。

（3）构造电子仓库属性编码过滤器的功能。

7. 项目管理功能

到目前为止，项目管理在 PDM 系统中考虑得还较少，许多 PDM 系统只能提供工作流活动的状态信息。一个功能很强的项目管理器能够为管理者提供每分钟项目和活动的状态信息，通过 PDM 与流行的项目管理软件包（如 Microsoft Project、Artemis）接口还可以获得资源的规划和重要路径报告能力。

8. 电子协作功能

电子协作主要实现人与 PDM 数据之间高速、实时的交互功能，包括设计审查时的在线操作、电子会议等，较为理想的电子协作技术能够无缝地与 PDM 系统一起工作，允许交互访问 PDM 对象,采用 CORBA 或 OLE 消息的发布和签置机制把 PDM 对象紧密结合起来。

9. 工具和"集成件"功能

为了使不同的应用系统之间能够共享信息以及对应用系统所产生的数据进行统一的管理,就必须把外部应用系统"封装"到 PDM 系统之中,并可在 PDM 环境下运行。封装涉及到与各应用相关的规则辨识以及对应产生的数据类型的辨识,同时也规定了应用系统运行时的条件及应用系统产生数据在 PDM 中的自动存储方式。该模块的功能如下。

(1) 批处理语言。
(2) 应用接口(API)。
(3) 图形界面/客户编程能力。
(4) 系统/对象编程能力。
(5) 工具封装能力。
(6) 集成件(样板集成件、产品化应用集成件、基于规则集成件)。

以上介绍了 PDM 系统应具备的主要功能,到目前为止,没有哪一个商用的 PDM 软件拥有上述的全部功能,而且有的功能构件还有待进一步发展和完善。尽管如此,PDM 在企业中的作用已经普遍为大家所认同。1995 年,CIMdata 公司对所有实施 PDM 的公司所做的情况调查表明,98%的公司宣称如果有机会的话,将追加 PDM 资金投入,扩大实施范围,提高技术层次,他们一致认为 PDM 的价值是积极的、值得的。许多企业则把 PDM 作为贯穿整个企业的骨架,是企业保持竞争力的战略决策。EdMiller 也认为,对一个企业来说,实施 PDM 已经不再是要与不要的问题,而是在什么时候实施的问题。

6.3 PDM 的应用实施

6.3.1 PDM 在企业中实施的方法与步骤

一个企业要使 PDM 在实施过程中获得成功,一方面要与具体的应用背景和企业文化紧密结合,另一方面必须有正确的实施方法和步骤。图 6-5 给出了 PDM 实施的一般方法和步骤模型,可将其归纳成 5 个阶段。

(1) 范围定义阶段。在此阶段,要明确界定 3 个范围。首先是 PDM 支持的地域范围,是面向工作小组(Teamwork)、整个企业,还是跨企业、跨地区;其次是应用范围,是面向图纸管理、设计和制造的数据管理还是更广的应用领域;最后是实施的时间跨度,是一次完成,还是分阶段实施。

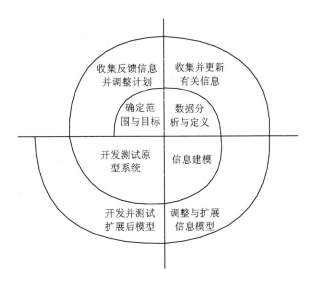

图 6-5　PDM 实施过程模型

（2）数据分析与收集阶段。这一阶段要求分析清楚与 PDM 实施相关的四方面内容，即人员（People）、数据（Data）、活动（Activities）与基础设施（Infrastructure）。首先要明确人员的组织关系及其履行的职责，明确活动的过程及过程的数据支持和人员配备，以及过程产生的数据。其次是要定义清楚管理的数据对象及数据对象的组织结构。最后要明确企业现有的信息基础设施（如硬件、软件和通信工具）情况能否满足 PDM 实施时的要求。

（3）信息建模阶段。这一阶段以上面分析与收集到的数据为基础，建立相应的过程模型、数据模型与用户接口，作为 PDM 实施系统的详细设计。

（4）开发、实施阶段。这一阶段是将上面定义的详细设计内容映射到具体选择的 PDM 软件工具中，使过程模型、数据模型和用户接口在 PDM 中得以实现。在这一阶段还要求完成 PDM 软件与 CAD/CAM 工具、MRP 工具等应用的集成，并要求给出全面的测试，以验证是否满足用户的要求。

（5）用户适应、调整阶段。这一阶段是整个实施的最后一个阶段，也是最重要、最容易被忽视的阶段。尽管过程模型、数据模型在 PDM 中得以实现，但电子仓库中是空的，无法支持过程的运行，所以，首先要把相关的数据通过手工或别的手段装入电子仓库中，并着手培训相关的人员，特别是多功能协作队伍的培训，保证他们在 PDM 环境中能运作起来，并通过他们带动其他人员熟悉新环境的工作方式；其次，通过运作发现问题，得到反馈信息，在原来的基础上重新调整原设计，循环反复，最终达到用户的要求，并根据企业的需要和 PDM 功能的许可，不断加入新的内容。

6.3.2 典型案例

PDM 的有效实施和将近两年的运行,使齐齐哈尔铁路车辆(集团)有限责任公司(以下简称齐车集团)在管理方式上实现了根本性的转变,大大缩短了产品设计周期,提高了产品设计质量,降低了产品研发和制造的成本,使企业在国内乃至国际市场的产品竞争力得到了明显的增强,带来了可观的经济效益。

1. 实施过程

齐车集团 PDM 系统是国家 863/CIMS 攻关项目"齐车集团铁路货车产品开发并行工程"的子项目,通过利用企业级 PDM 软件 Windchill,实现了齐车集团文档管理、产品结构管理、配置管理、工作流程管理和应用系统的集成;通过利用科学的实施方法,达到了预期的效果,满足了企业产品数据管理的需求。具体实施过程及实施中所采用的方法如图 6-6 所示。

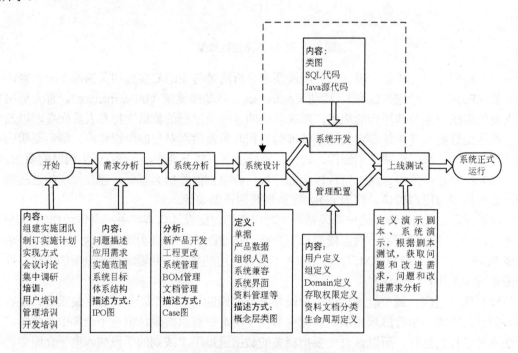

图 6-6 齐车集团 PDM 应用实施框架简图

2. 体系结构

齐车集团 PDM 系统体系结构如图 6-7 所示,共分 4 层。

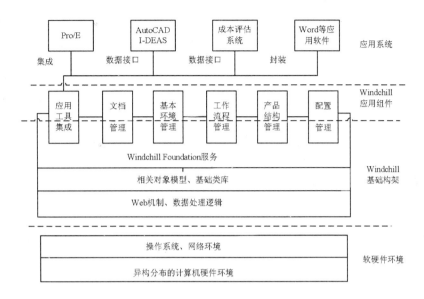

图 6-7 齐车集团 PDM 系统的体系结构

底层是异构分布的计算机硬件环境、操作系统、网络与通信协议、数据库，包括 PC/Windows、Sun/Solaris 等硬件平台与相应的操作系统。网络环境主要是通过 Intranet 连接 PDM 实施所涉及的各主要部门，实现各种信息的交换。数据库层使用对象关系数据库 Oracle8.x 作为数据存储的核心。

第二层是 Windchill 基础构架，也就是 PDM 集成框架层。Windchill 基础构架包括 Web 机制、数据处理逻辑、对象模型、基础类库、Windchill 基本服务等，它为 PDM 应用组件和应用系统提供了直接的应用支持。

第三层是基于基础构架的 PDM 应用组件，主要包括产品开发团队管理、文档管理、并行化产品开发工作流程管理、BOM 视图管理、产品结构配置管理等功能组件，客户化工作主要就是对这些组件功能的应用和扩展。

第四层是应用系统层，包括 Pro/E 等商用 CAx/DFx 软件、Office 等一般应用软件，以及产品快速报价系统、并行工程协调系统、CAPP 系统等自主开发的应用软件。

不同的应用需求需要不同级别的 PDM 系统。齐车集团 PDM 系统不仅高效管理企业的数据和过程，还起到整合企业内其他信息系统（如 OA 等）的作用，从而实现了企业信息系统集成框架的功能。

3. 主要功能

PDM 实施初期的客户化工作是比较固定的，主要集中在与应用系统集成和产品结构配置管理以及 BOM 管理等较大的功能扩展上。随着应用 PDM 系统的不断深入，最终用户会从企业文化、方便程度、自身习惯等方面提出大量的客户化开发需求，因此，客户化开发工作是大量的，而且贯穿整个实施过程。齐车集团 PDM 应用实施采用了两个循环，也是为了最大限度地满足最终用户的需求，实现 PDM 系统和企业文化以及产品开发模式的完美结合，也只有这样，才能有效地保证实施的质量和效果。

（1）文档管理

通过用户、工作组、域、项目、角色、项目团队定义等方式和手段反映出齐车集团的行政组织模式、技术组织层次和项目团队组织模式，实现组织团队及其权限管理，保证产品开发组织方式在 PDM 系统下的有效实现，做到在正确的时间把正确的数据按正确的方式传递给正确的人。

齐车集团 PDM 系统以铁路货车为基本单元组织数据，建立统一的产品数据主模型，把相关的技术文档以及与新品设计相关的管理文档等电子文档统一集中管理。

系统实现版本管理，以保证产品数据文档的一致性，消除目前存在的不同部门间多个数据版本共存的现状；实现状态管理，状态包括工作状态、预发布状态、发布状态等。

在版本管理中，使用多级版本控制。通过文档在 Domain 与 Cabinet 之间的检入（checkin）、检出（checkout）操作，实现小版本或临时版本的管理和控制；通过 Revise 操作，实现大版本或正式版本的管理与控制；通过访问控制规则、通知规则实现对文档操作的安全性管理。

PDM 系统继承了 Windchill 系统的标准文档类 WTDocument，并增加了文档审核者、文档标准化员、文档审批领导等属性；新建了 documentType 枚举类，定义了 39 种齐车集团的特定文档；新建了 safetyType 枚举类，定义了文档保密的 4 个级别：一般、秘密、机密、绝密。

PDM 系统为方便各部门生成汇总表，增加了加工方法（区分冷/热工艺零件）和分类属性（标准件、锻铸件、通用件、紧固件、外购件、易耗件、探伤件）；为实现对存放在系统外部的纸质和介质文件的管理，增加了纸质/介质文件对象定义和目录、存放地点、保存时间等相关属性，增加了纸质文件借阅登记功能。对处于 Release 状态的文档，增加了系统管理员文档分发和文档借阅的登记功能。

（2）工作流和过程管理

结合澳粮车的开发，系统定义了以新产品开发过程、审批发放流程、工程更改过程为核心的 3 个系列的工作流模板。此外，定义了如纸质文档管理等其他工作流模板。

PDM 系统还对工作流管理相关工具进行了功能扩展，修改了工作流程定义工具，增加了活动属性，修改了变更请求的属性定义，增加了变更请求发出单位属性，修改了变更通知的属性定义等。

（3）产品结构和配置管理

PDM 系统通过 WindchillPro/IntralinkGateway 将 BOM 和图形、模型信息发到 Windchill

中。根据齐车集团的 BOM 需求进行客户化工作，在原始 EBOM 的基础上输出给各部门的某一零部件或产品的多种 BOM 视图，如根据零件属性发放的标准件、锻铸件、通用件、紧固件、外购件、易耗件、探伤件等 BOM，发放给快速报价系统的简化 EBOM 和详细报价的 MBOM 等。此外，在产品视图模式下，可以自动生成某一零部件或产品的 BOM 表中性文件。

（4）应用系统的集成

PDM 系统主要通过 Windchill 提供的 Gateway、Info*Engine 等工具实现应用工具的封装和集成。对于 Word 等类似的文档编辑工具、AutoCAD、Pro/Cast 等分析模拟工具主要采用封装的方式，PDM 对它们的管理主要是文件级的管理，同时对必要的元数据信息进行管理。Pro/E 和 Windchill 之间通过 Intralink 和 IntrlinkGateway 实现了较紧密的集成。

对于自主开发的应用软件，如产品报价系统/CAPP 系统等利用 Windchill 提供的一组集成开发工具（InformationModeler）开发相应的接口，这些工具包括 RationalRose、应用编程接口（API）库、SymantecCafe 集成开发环境等。

4. 实施效果

PDM 的实施使齐车集团在管理方式上实现了根本性的转变，从以图纸为主要介质的手工管理，变成了以电子仓库为核心的集中式自动化管理；从以行政命令为主的流程管理，变成了以工作流为核心的自动化过程管理。PDM 还把原有的"信息孤岛"整合为一个完整的企业信息系统。

此外，PDM 的实施为产品开发团队提供了快捷方便、高效友好的工作环境，使产品开发的相关人员从检索、绘图等重复性工作中解脱出来，更专注于产品设计；强制性规范化的管理提高了团队成员之间的交流效率，并促进了团队内部的协作。PDM 的实施大大缩短了产品设计周期，提高了产品设计质量，增强了设计能力，取得了较为明显的效果，并为齐车集团带来了可观的经济效益。

6.4 思考题

1. 简述产品数据库、产品协同商务、产品生命周期管理的含义。
2. 简述产品数据库的体系结构。
3. 产品数据库应包含哪些功能？
4. 产品数据库在企业实施中应包含哪些阶段？

附录Ⅰ 缩略词表

3DP	three Dimensional Printing	三维打印制造
AGV	Automatic Guided Vehicle	无轨运输自动导向小车
AM	Agile Manufacturing	敏捷制造
AMT	Advanced Manufacturing Technology	先进制造技术
APC	Automation Pallet Changer	自动交换工作台装置
BOM	Bill Of Material	物料清单
BPR	Business Process Reorganization	经营过程重组
CAD	Computer Aided Design	计算机辅助设计
CAFD	Computer Aided Fixture Design	计算机辅助工装设计
CAM	Computer Aided Manufacturing	计算机辅助制造
CAPP	Computer Aided Process Planning	计算机辅助工艺过程设计
CAQ	Computer Aided Quality System	计算机辅助质量管理
CAT	Computer Aided Test	计算机辅助测试
CE	Concurrent Engineering	并行工程
CIM	Computer Integrated Manufacturing	计算机集成制造
CIM	Contemporary Integrated Manufacturing	现代集成制造
CIMS	Computer Integrated Manufacturing Systems	计算机集成制造系统
CNC	Computer Numerical Control	计算机数字控制
CPC	Collaborative Product Commerce	产品协同商务
CRM	Customer Relationship Management	客户关系管理
CRP	Capacity Requirements Planning	能力需求技术
CSCW	Computer Supported Cooperative Work	计算机支持的协同工作
CSG	Constructive Solid Geometry	构造实体造型
DFA	Design for Assembly	可装配性设计
DFM	Design for Manufacturing	可制造性设计
DFR	Design for Recycling and Recovering	回收设计
DFT	Design for Testing	可检测性设计
DNC	Direct Numerical Control	计算机直接数控
ECD	Environment Conscious Design	环境意识设计
ECP	Environment Conscious Product	环境意识产品
ERP	Enterprise Resource Planning	企业资源规划

FDM	Fused Deposition Modeling	熔融沉积制造
FEA	Finite Element Analysis	有限元分析
FMC	Flexible Manufacturing Cell	柔性制造单元
FMF	Flexible Manufacturing Factory	柔性制造工厂
FML	Flexible Manufacturing Line	柔性自动线
FMS	Flexible Manufacturing System	柔性制造系统
GD	Green Design	绿色设计
GM	Global Manufacturing	全球制造
GM	Green Manufacturing	绿色制造
GP	Green Product	绿色产品
GT	Group Technology	成组技术
GTW	Green Team Work	绿色协同工作组
IMS	Intelligent Manufacturing System	智能制造系统
IPT	Integrated Product Team	产品开发团队
JIT	Just In Time	准时化生产计划
LIGA	Lithographie，Galvanoformung，Abformung（德文 3 个字头的缩写）X 射线光刻、电铸及注塑	
LOM	Laminated Object Manufacturing	迭层实体制造
LP	Lean Production	精益生产
MC	Machining Center	加工中心
MEMS	Micro Electro Mechanical Systems	微机电系统
MIS	Management Information System	管理信息系统
MPS	Master Production Schedule	主生产计划
MRP	Material Requirements Planning	物料需求计划
MRPII	Manufacturing Resources Planning	制造资源计划
PAC	Production Activity Control	生产作业控制
PDM	Product Data Management	产品数据管理
PLM	Product Life-Cycle Management	产品生命周期管理
PRM	Rapid Prototyping Manufacturing	快速原型制造
RE	Reverse Engineering	反求工程
RGV	Rail Guided Vehicle	有轨运输车
RMS	Reconfigurable Manufacturing Systems	可重构制造系统
SCM	Supply Chain Management	供应链管理
SDM	Shape Deposition Manufacturing	形状沉积制造
SL	Stereo Lithography	立体光照成形
SLS	Selected Laser Sintering	选择性激光烧结
SOP	Sales and Operation Planning	销售与运作规划
VE	Virtual Enterprise	虚拟企业

VM	Virtual Manufacturing	虚拟制造
VMS	Virtual Manufacturing System	虚拟制造系统
VR	Virtual Reality	虚拟现实

附录Ⅱ 二次扩展内罚函数FORTRAN程序

```
C     ==========================
      PROGRAM CHENGFA
C     ==========================
C     二次扩展内罚函数法的主程序
C     CONS——有约束条件时，CONS=0，无约束条件时，CONS=1
C     OBJE——有目标函数时，OBJE=0，无目标函数时，OBJE=1
C     GG——初始G0值，常取GG=0.0020
C     G0——扩展内罚分界点
C     函数程序中，GX（1）式后面写目标函数，GX(2)…GX(M)式后写不等式约束式，并以大于零的
C        形式写出
      PARAMETER(N=2, M=3)
      INTEGER CONV,XTYP,OBJE,CONS
      DIMENSIONX(N),XTYP(N),H(N,N),
     1 DGDX(M,N),GX(M)
      COMMON/C8/RAXR,AAXR/C12/NF/CC/G0,GG,
     1 CA,OBJE,CONS
      RAXR=1.0E-6
      AAXR=1.0E-6
      CA=0.1
      GG=0.01
      OBJE=0
      CONS=0
      IMAX=200
      XTYP(1)=
      XTYP(2)=
         …
         …
      NF=0
      ND=0
      L=1
      K=0
      X(1)=
      X(2)=
```

```
      …
      …
      CALL FUNC(X,GX,N,M)
      CALL MAISUB(X,XTYP,L,N,M,K,CONV,200,H,
     1            DGDX,GX)
                  WRITE(*,4)CONV,N,M,L,K,NF
    4 FORMAT(5X,'CONV=',I2,4X,'N=',I2,4X,'M'=,)
     1 I2,4X,'L=',I2,4X,'K',I2,4X,'NF',14)
      END
C     ==========================
      SUBROUTINE FUNC(X,GX,N,M)
C     ==========================
C     函数子程序、函数表达式由用户给定
      DIMMSION X(N),GX(M)
      COMMON/C13/NF
      GX(1)=
      GX(2)=
      GX(3)=
      …
      …
   81 NF=NF+1
      RETURN
      END
C     ====================================
      SUBPOUTINE MAISUB(X,XTYPE,LL,N,M,KK,CONV,IMAX,H,DGDX,GX)
```

C 二次扩展内罚函数法的子程序

C X——实数组 X(N)，存放设计变量类型，调用前必须赋初值

C XTYP(J)= $\begin{cases} 0\text{表示}X（j）\text{为常量} \\ 1\text{表示}X（j）\text{为自由变量} \\ 2\text{表示}X（j）\text{为非负变量} \end{cases}$ j=1,2…N

C LL——整型变量，调用前必须赋初值；LL=0 表示问题的各函数的一阶导数由使用者提供，即用 DERI 提供的实际计算内容；LL=1 表示用差分求导

C KK——整型变量，当 LL=1 时，KK=0 表示两点差分，KK≠0 表示四点差分

C N——整型变量，表示自变量的个数，由使用者提供

C M——约束条件个数加 1，由使用者提供

C CONV——整型量，迭代结束时输出信息，当 CONV=0 时，表示迭代收敛，正常出口。若迭代次数达到最大限度时仍不收敛或外插不收敛，则 CONV=1

C IMAX——无约束优化中一维搜索的最大的迭代次数，由使用者给定

```
C   H——实数组 H(N,N),方向矩阵
C   DGDX——实数组 DGDX(M,N)存放各函数的一阶导数
C   GX——GX(M),存放各函数的值
      INTEGER CONV,XTYP,CYCL,OBJE,CONS,
     1        ORDX,ORDU,COVX,COVV
      DIMENSION X(N),XTYP(N),XRMI(30),XMIN(30),
     1        URMI(60),UMIN(60),XTAB(60,7),UTAB(60,7),
     1        AID(60,7),H(N,N),DGDX(M,N),GX(M)
      COMMON/C4/NONE,NRP,NC2/C7/NC1,NC3/C10/
     1        IEFF,NV,NLP/C5/NSEAR/C8/EPS1,EPS2/CC/G0,
     1        GG,CA,OBKE,CONS
      MAXC=0
      NRP=0
      NSEAR=0
      NC1=0
      NC2=0
      NC3=0
      IEFF=0
      NV=0
      NONE=1
      NLP=1
      INIT=1
      PEM=0.0
      IF(M.EQ.1)THEN
      R0=1
      GO TO 9
      END IF
      DO 5 I=2,M
      IF(GX(I).GT.GG)THEN
      PEM=PEM+1./GX(I)
      ELSE
      PEM=PEM+(2.*GG-GX(I))/GG**2
      END IF
5     CONTINUE
      R0=0.1*ABS(GX(1))/PEM
C     IF(R0.GT.0.1)R0=0.1
9     DO 10 I=1,N
      XRMI(I)=X(I)
10    XMIN(I)=X(I)
      IF(XTYP(J).LT.0)GOTO 100
```

```
           IF(XTYP(J).GT.2)GOTO 100
           IF(XTYP(J).NE.0)NV=NV+1
           IF(XTYP(J).EQ.2)CONS=0
  20       IF(XTYP(J).EQ.2)NONE=0
           DO 21 I=1,40
           DO 21 J=1,7
  21       XTAB(I,J)=0
           DO 41 I=1,40
           DO 41 J=1,7
  41       UTAB(I,J)=0
           IF(OBJE.NE.0)GOTO 50
           IF(CONS.NE.0)GOTO 50
           MAXC=15
           NLP=0
  50         MW=MAXC+2
           DO 80 CYCL=1,MW
           CALL RCYC(R0*CA**(CYCL-1),XRMI,URMI,CYCL-1,
          1         N,M,CONV,XTYP,LL,KK,IMAX,H,DGDX)
           IF(CONV.NE.1)GOTO 75
           IF(CYCL.NE.1)GOTO 100
           DO 70 J=1,N
  70       XMIN(J)=XRMI(J)
           GOTO 100
  75       IF(CYCL.LT.7)ORDU=CYCL-1
           IF(CYCL.LT.7)ORDX=CYCL-1
           IF(CYCL.GE.7)ORDU=6
           IF(CYCL.GE.7)ORDX=6
           CALL EXTR(XTAB,ORDX,N,XRMI,XMIN,COVX,AID,
          1 ORDX+1,XTYP,N,EPS1,EPS2)
           CALL EXTR(UTAB,ORDU,M,URMI,UMIN,COVV,AID)
          1 ORDU+1,XTYP,N,EPS1,EPS2)
           CALL OUTP(N,M,GX,XMIN,CYCL,ORDX,CONV)
           IF(CYCL.EQ.1)GOTO 80
           IF(COVX.EQ.0)GOTO 100
           CONV=1
  80       CONTINUE
  100      DO 90 I=1,N
  90       X(I)=XMIN(I)
  91       CALL FUNC(X,GX,N,M)
  93       WRITE(*,2)N,X
```

```fortran
93          WRITE(2,2)N,X
2           FORMAT(1X,72(1H*)//25X,'THE FINAL RESULTS'//
     1      6X,4HX(1:,I2,2H)=,10(4F15.8/14X))
            WRITE(*,3)M,GX
            FORMAT(5X,5HGX(1:,I2,2H)=,10(4F15.8/14X))
            RETURN
            END
C==============================
      SUBROUTINE GRAF(XT,GT,DPTDX,LL,KK,N,M
     1 XTYP,R,DGDX)
C==============================
C 计算惩罚函数的一阶导数
            INTEGER LL,UPPER,KK,XTYP
            DIMENSION XT(N),GT(M),DPTDX(X),GDEL(60),
            COMMON/C7/NC1,NC3/CC/G0,GG,CA,OBJE,CONS
            IF(KK.EQ.0)UPPER=1
            IF(KK.NE.0)UPPER=2
            IF(LL.NE.0)GOTO 10
            DO 5 I=1,M
            DO 5 J=1,N
            DGDX(I,J)=0
5           CONTINUE
            CALL DERI(XT,DGDX,N,M)
            NC3=NC3+1
10          DO 100 J=1,N
            IF(XTYP(J).NE.0)GOTO 20
            DPTDX(J)=0
            GOTO 100
20          XTJ=XT(J)
            IF(LL.NE.0)GOTO 30
            DO 25 I=1,M
25          DGDJ(I)=DGDX(I,J)
            GOTO 50
30          HJ=0.01*ABS(XTJ)+0.00001
            DO 45 K=1,UPPER
            DJ=HJ/REAL(K)
            NC1=NC1+2
            XT(J)=XTJ+DJ
            CALL FUNC(XT,GDEL,N,M)
            DO 35 I=1,M
```

```
       35          DIFF(I,K)=GDEL(I)
                   XT(J)=XTJ-DJ
                   IV=2
                   IF(KK.EQ.0.AND.XTYP(J).EQ.2.AND.XT(J).LT.0)THEN
                   IV=1
                   XT(J)=XTJ
                   END IF
                   CALL FUNC(XT,GDEL,N,M)
                   DO 45 I=1,M
       45          DIFF(I,K)=(DIFF(I,K)-GDEL(I))/(IV*DJ)
                   XT(J)=XTJ
                   DO 47 I=1,M
                   IF(KK.EQ.0)DGDJ(I)=DIFF(I,1)
                   IF(KK.NE.0)DGDJ(I)=(4*DIFF(I,2)-DIFF(I,1))/3
       47          DGDX(I,J)=DGDJ(I)
       50          DPJ=0
                   DO 70 I=2,M
                   IF(GT(I).GE.G0)THEN
                   DPJ=DPJ-R*DGDJ(I)/GT(I)**2
                   ELSE
                   DPJ=DPJ+R*DHDJ(I)*(2.*GT(I)/G0-3.)/G0**2
                   END IF
       70          CONTINUE
                   DPJ=DPJ+DGDJ(1)
                   IF(XTYP(J).EQ.2)THEN
                   IF(XTJ.GE.G0)THEN
                   DPJ=DPJ-R/XTJ**2
                   ELSE
                   DPJ=DPJ+R*(2.*XTJ/G0-3)/G0**2
                   END IF
                   END IF
      110          DPTDX(J)=DPJ
      100          CONTINUE
                   RETURN
                   END
C===================================
      SUBROUTINE RCYC(R,XR,UR,CYCL,N,M,CONV,XTYP,
     1    LL,KK,IMAX,H,DGDX)
C===================================
C 用 BFGS 法求无约束极小化
```

```fortran
      REAL MATV
      INTEGER CYCL,TER,RESET,COUNT,CONV,XTYP,
     1       LL,KK
      DIMENSION XR(N),UR(M),GRAD(30),DGRA(30),DIR(30),
     1       SIGMA(30),DGDX(M,N)
      COMMON/C4/NONE,NRP,NC2/C7/NC1,NC3/C21/MMNN/C10/
     1       IEFF,NV,NLP/C1/MATV/C8/EPS1,EPS2/C11/VECV
     1       /CC/G0,GG,CA,OBJE,CONS/OPT/ISCG
      COMMON /C12/NF
      DIST=0
      COUNT=0
      ITER=0
      CONVT=0
      ITER=0
      CONV=1
      G0=GG*CA**((CYCL-1)*0.5)
      DO 5 J=1,30
      GRAD(J)=0.
      DIR(J)=0.
      SIGMA(J)=0.
      YVEC(J)=0.
5     CONTINUE
      DO 6 I=1,60
6     GXR(I)=0
      DO 7 I=1,M
7     UR(I)=0
100   CALL PENA(XR,0.,XR,GXR,RESET,PRAXR,N,M,XTYP,R)
10    CALL GRAF(XR,GXR,GRAD,LL,KK,N,M,XTYP,R,
     1    DGDX)
14    IF(LL.NE.0)GOTO 15
      IF(IEFF.NE.0)GOTO 15
      CALL GRAF(XR,GXR,DGRA,1,KK,N,M,XTYP,R
     1    DGDX)
15    CALL VEC(1,N,0,GRAD,GRAD,VECV,N)
      GRAL=SQRT(VECV)
      DO 400 TER=1,10001
      ITER=TER
      IF(ITER-1.GT.COUNT+NV)GOTO 500
      IF(ITER-1.EQ.0)GOTO 25
      GOTO 200
```

```
      25          DO 30 I=1,N
                  CALL MAT(1,N,I,H,YVEC,SIGY,N)
                  IF(SIGY.LT.1.E-15)GO TO 200
                  CALL VEC(1,N,0,YVEC,HY,YHY,N)
                  UM=1.+YHY/SIGY
                  DO 35 I=1,N
                  DO 35 K=1,I
                  H(I,K)=H(I,K)+((UM*SIGMA(I)-HY(I))*SIGMA(K)-
                 1       SIGMA(I)*HY(K))/SIGY
      35          H(K,I)=H(I,K)
                  GOTO 300
     200          DO 201 I=1,N
                  DO 201 J=1,N
     201          H(I,J)=0
                  DO 40 K=1,N
      40          H(K,K)=1
     300          DO 45 J=1,N
                  CALL MAT(1,N,J,H,GRAD,N,N)
      45          DIR(J)=MATV
                  CALL VEC(1,N,0,GRAD,DIR,VECV,N)
                  IF(ABS(VECV).LT.1.E-9)GOTO 500
                  IF(VECV.LE.0.)GOTO 50
                  DO 47 J=1,N
      47          DIR(J)=-DIR(J)
      50          IEFF=IEFF+1
                  IF(IEFF.LT.IMAX)GOTO 55
                  WRITE(*,2)CONV,IEFF
       2          FORMAT(5X,'********','CONV=',I2,3X,'IEFF=',
                 1      17,'********'//)
                  RETURN
      55          CALL LINE(XR,PRXR,GXR,GRAD,DIR,SIGMA,YVEC,N,M,
                 1         XTYP,R,LL,KK,DGDX)
                  CALL VEC(1,N,0,GRAD,GRAD,VECV,N)
                  GRAL=SQRT(VECV)
                  CALL VEC(1,N,0,SIGMA,SIGMA,VECV,N)
                  DIST=SQRT(VECV)
                  IF(DIST.EQ.0.)GOTO 500
                  DO 60 J=1,N
                  IF(XTYP(J).EQ.0)GOTO 600
                  IF(EPS1*ABS(XR(J))+EPS2.GE.ABS(SIGMA(J)))
```

```
      1       GOTO 60
              COUNT=ITER-1
              GOTO 400
60            CONTINUE
              GOTO 500
400           CONTINUE
500           CONV=0
              RETURN
              END
C==============================
      SUBROUTINE REED(CEW,OLD,XTYP,S,RACC,POINT,AACC,N)
C==================================
C 检查沿搜索方向求得的极小点的两个近似点是否满足精度
              INTEGER XTYP，REDY
              DIMENSION XTYP(N),S(N),POINT(N)
              COMMON/C3/REDY/C21/MMNN
              REDY=0
              A1=ABS(OLD-CEW)
              IF(A1.GE.1.E-10)GOTO 10
              R1=1.E15
              A1=1.E15
              GOTO 20
10            R1=RACC/A1
              A1=AACC/A1
20            DO 30 J=1,N
              IF(XTYP(J).EQ.0)GOTO 30
              SJ=S(J)
              IF(ABS(S(J)).LE.R1*ABS(POINT(J)+CEW*S(J))+A1)
      1       GOTO 30
              REDY=1
              RETURN
30            CONTINUE
              RETURN
              END
C=========================
      SUBROUTINE DERI(X,DGDX,N,M)
C===========================
C 计算问题函数的一阶导数子程序，如果不提供具体求导内容，可以用插分法求导
        DIMENSION X(N),DGDX(M,N)
C 在此输入各个函数的一阶导数表达式
```

```
              RETURN
              END
C==============================
       SUBROUTINE VEC(L,U,SHIF,A,B,VECV,N)
C==============================
C 求两向量 A、B 内积
              INTEGER U,SHIF
              DIMENSION A(N),B(N)
              VECV=0
              I=U-L+1
              DO 10 K=L,I
              J=K+SHIF
10            VECV=VECV+A(K)*B(J)
              RETURN
              END
C==============================
       SUBROUTINE SHT1(Y,Z,PRY,PRZ,GY,GZ,M)
C==============================
C 交换
              DIMENSION GY(M),GZ(M)
              Y=Z
              PRY=PRZ
              DO 10 I=1,M
10            GY(I)=GZ(I)
              RETURN
              END
C==================================
       SUBROUTINE EXTR(T,ORD,DIM,NEW,RESU,CONV,AID,
     1 ORD1,XTYP,N,RAXM,AAXM)
C==================================
C 外推子程序
              REAL NEW
              INTEGER DIM,ORD,CONV,ORD1,XTYP
              DIMENSION T(60,7),NEW(DIM),RESU(DIM),
     1        AID(60,ORD1),XTYP(N)
              CONV=1
              FACT=10.**(-1./3.)
              DO 10 K=1,ORD1
              DO 10 J=1,DIM
10            AID(J,K)=T(J,K)
```

```
              DO 20 J=1,DIM
20            T(J,I)=NEW(J)
              IF(ORD.EQ.0)GOTO 30
              DO 30 K=1,ORD
              BETA=1/(1-FACT**K)
              CONV=0
              DO 35 J=1,DIM
35            T(J,K+1)=BETA*T(J,K)+(1.-BETA)*AID(J,K)
              DO 40 J=1,DIM
              IF(XTYP(J).EQ.0)GOTO 40
              IF(RAXM*ABS(T(J,K+1))+AAXM.GT.ABS(T(J,K+1)
     1        AID(J,K)))GOTO 40
              CONV=1
              GOTO 200
40            ONTINUE
200           IF(CONV.NE.0)GOTO 30
              ORD=K
              GOTO 300
30            CONTINE
300           DO 50 J=1,DIM
50            RESU(J)=T(J,ORD+1)
              RETUEN
              END
C==================================
      SUBROUTINE MAT(L,J,I,A,B,N,M)
C===================================
C 计算矩阵 A 的第 i 行与向量 B 的乘积
              REAL MATV
              DIMENSION A(M,N),B(N)
              COMMON/C1/MATV
              MATV=0
              NN=J-L+1
              DO 10 K=L,NN
10            MATV=MATV+A(I,K)*B(K)
              RETUEN
              END
C===================================
      SUBROUTINE OUTP(N,M,GX,X,IP,JP,KR)
C===================================
C 输出中间结果
```

```
      COMMON/C21/MMNN
      DIMENSION X(N),GX(M)
      WRITE(*,2)IP,JP,KR,(X(N1),N1=1,N)
      WRITE(2,2)IP,JP,KR,(X(N1),N1=1,N)
    2 FORMAT(1X,72(1H*)/5X,'SEQUNTIAL UNCONSTRAINED
     1 MINIMIZATION CYCLE NUMBER=',I3/5X,'EXTRAPO
     1 LATION ORDER NUMBER=',I3/5X,'CONV=',I2/5X,
     1 'SOLUTION VECTOR ARE:'/5X,5E15.7/,5X,
     1 5E15.7/5X,5E15.7/)
      CALL FUNC(X,GX,N,M)
      WRITE(*,3)(GX(I),I=1,M)
      WRITE(2,3)(GX(I),I=1,M)
    3 FORMAT(5X,'FUNCTION VALUES ARE:'/2X,
     1 15(4E15.7/2X)/1X,72(1H*))
      RETURN
      END
C=======================
      SUBROUTINE LINE(POINT,PRPO,GPOI,PRGR,S,DIFP,
     1 DIFG,N,M,XTYP,R,LL,KK,DGDX)
C==========================
C 一维搜索、二次插值法求惩罚函数极小值
      REAL LAMB,MULT
      INTEGER REDY,XTYP,KK,LL
      DIMENSION POINT(N),GPOI(M),PRGR(N),S(N),DIFP(N),
     1 DIFG(N),XTYP(N),GA(60),GB(60),GC(60),
     1 GD(60),DGDX(M,N)
      COMMON/C3/REDY/C4/NONE,NRP,NC2/C5/C5/NSEAR/C7/
     1 NC1,NC3/C8/EPS1,EPS2/CC/G0,GG,CA,OBJE,CONS
     1 /C21/MMNN
      NSEAR=NSEAR+1
      CALL VEC(1,N,0,PRGR,S,DESC,N)
      MULT=2
      IF(ABS(DESC).LT.1.)LAMB=1
      IF(ABS(DESC).GE.1.)LAMB=ABS(1./DESC)
      A=0
      B=0
      C=0
      PRA=PRPO
      PRB=PRPO
      PRC=PRPO
```

```
            DO 10 I=1,M
            GA(I)=GPOI(I)
            GB(I)=GPOI(I)
10          GC(I)=GPOI(I)
100         DO 40 NSTE=1,50
            C=B+LAMB
            CALL PENA(POINT,C,S,GC,IDLE,PRC,N,M,XTYP,R)
            IF(IDLE.LE.0)GOTO 30
            LAMB=0.5*LAMB
            MULT=0.5
            GOTO 40
30          IF(PRC.GT.PRB)GOTO 200
            LAMB=MULT*LAMB
            CALL SHT1(A,B,PRA,PRB,GA,GB,M)
            CALL SHT1(B,C,PRB,PRC,GB,GC,M)
40          CONTINUE
200         IF(A*A+B*B.NE.0)GOTO 300
            IF(C.LE.0.)GOTO 300
            IF(DESC.GE.0)GOTO 300
            IF(PRB.GE.0)GOTO 300
            DO 60 NSTE=1,30
            D=-(0.5*DESC*C*C)/(PRC-PRB-DESC*C)
            CALL PENA(POINT,D,S,GD,IDLE,PRD,N.M,XTYP,R)
            IF(IDLE.LE.0)GOTO 45
            LAMB=D/2
            MULT=0.5
            GOTO 100
45          IF(PRB.GE.PRD)GOTO 50
            CALL REED(C,0.,XTYP,S,EPS1,POINT,EPS2,N)
            IF(REDY.EQ.0)GOTO 400
            CALL SHT1(C,D,PRC,PRD,GC,GD,M)
            GOTO 60
50          CALL SHT1(B,D,PRB,PRD,GB,GD,M)
            GOTO 300
60          CONTINUE
300         IF(A.GE.B)GOTO 400
            IF(B.GE.C)GOTO 400
            IF(PRA.GT.PRB)GOTO 400
            IF(PRB.GT.PRC)GOTO 400
            DO 80 NSTE=1,30
```

```
            PC=(A-B)*(PRC-PRB)
            IF(PC.NE.0.)GOTO 65
            D=(C+B)/2.
            GOTO 66
65          PA=(B-C)*(PRA-PRB)
            D=0.5*((A+B)*PC+(B+C)*PA)/(PA+PC)
66          E=B
            CALL PENA(POINT,D,S,GD,IDLE,PRD,N,M,XTYP,R)
            IF(IDLE.LE.0)GOTO 69
            IF(B.LT.D)GOTO 67
67          LAMB=(D-B)/2
68          MULT=0.5
            GOTO 100
69          IF(D.GE.B)GOTO 75
            IF(PRD.GE.PRB)TOTO 72
            CALL SHT1(C,B,PRC,PRB,GC,GB,M)
            CALL SHT1(B,D,PRB,PRD,GB,GD,M)
            GOTO 79
72          CALL SHT1(A,D,PRA,PRD,GA,GD,M)
            GOTO 79
75          IF(PRD.GE.PRB)GOTO 77
            CALL SHT1(A,B,PRA,PRB,GA,GB,M)
            CALL SHT1(B,D,PRB,PRD,GB,GD,M)
            GOTO 79
77          CALL SHT1(C,D,PRC,PRD,GC,GD,M)
79          CALL REED(B,E,XTYP,S,EPS1,POINT,EPS2,N)
            IF(REDY.EQ.0)GOTO 400
80          CONTINUE
400         PRPO=PRB
            DO 90 J=1,N
            DIFP(J)=B*S(J)
90          POINT(J)=POINT(J)+DIFP(J)
            DO 95 J=1,N
95          GPOI(J)=GB(J)
            CALL GRAF(POINT,GPOI,PRGR,LL,KK,N,M,XTYP,
          1      R,DGDX)
            DO 99 J=1,N
99          DIFG(J)=PRGR(J)-DIFG(J)
            RETURN
            END
```

```fortran
C=====================================
      SUBPOUTINE PENA(P,T,Q,GT,REJE,PENT,N,M,XTYP,R)
C=========================================================
C 计算惩罚函数值
      INTEGER REJE,XTYP
      REAL LOSS
      DIMENSION P(N),Q(N),GT(M),XT(30),XTYP(N)
      COMMON/C4/NONE,NRP,NC2/C21/MMNN/CC
     1       /G0,GG,CA,OBJE,CONS
      COMMON/RE/REJ
      BARR=1
      LOSS=0
      PEN=0
      PENT=0
      REJE=0
      DO 10 J=1,N
   10 XT(J)=P(J)+T*Q(J)
   50 CALL FUNC(XT,GT,N,M)
      REJE=REJ
      IF(REJE.GT.0)GOTO 300
      NC2=NC2+1
      DO 100 I=2,M
      IF (GT(I).GE.G0)THEN
        PEN=PEN+R/GT(I)
      ELSE
        PEN=PEN+R*((GT(I)/G0**2-3.*(GT(I)/G0)=3.)/G0
      END IF
  100 CONTINUE
      DO 200 J=1,N
      IF(XTYP(J).EQ.2)THEN
      IF(XT(J).GE.G0)THEN
        PEN=PEN+R/XT(J)
      ELSE
        PEN=PEN+R*((XT(J)/G0)**2-3.*(XT(J)/G0)+3.)/G0
      ENDIF
      ENDIF
  200 CONTINUE
      PENT=PEN+GT(1)
  300 RETURN
      END
```

# 参 考 文 献

1. 赵汝嘉. 先进制造系统导论. 北京：机械工业出版社，2002
2. 杨叔子，李斌，吴波. 先进制造技术发展与展望. 机械制造与自动化. 2004，33（1）：1~6
3. 张世琪，李迎，孙宇等. 现代制造引论. 北京：科学出版社，2003
4. 张世昌. 先进制造技术. 天津：天津大学出版社，2004
5. 〔美〕Paul Kenneth Wright. 21世纪制造. 北京：清华大学出版社，2004
6. 中国工程院《新世纪如何提高和发展我国制造业》课题组. 新世纪的中国制造业. 新华文摘2002年（10）P40 转引2002年7月4日《经济日报》
7. 罗振璧，朱耀祥，张书桥. 现代制造系统. 北京：机械工业出版社，2004
8. 盛定高. 现代制造技术概论. 北京：机械工业出版社，2003
9. 王润孝. 先进制造系统. 西安：西北工业大学出版社，2001
10. 杨继全，朱玉芳. 先进制造技术. 北京：化学工业出版社，2004
11. 王凤岐，张连洪，邵宏宇. 现代设计方法. 天津：天津大学出版社，2004
12. 蔡学熙. 现代机械设计方法实用手册. 北京：化学工业出版社，2004
13. 陈立周. 机械优化设计方法. 北京：冶金工业出版社，1995
14. 陆志强，李锐，蔡建国. 产品设计中的计算机辅助设计工具及其实施方法. 机械设计与研究. 1997，1：37~39
15. 陈定方，罗亚波等. 虚拟设计. 北京：机械工业出版社，2002
16. 钟志华，周彦伟. 现代设计方法. 武汉：武汉理工大学出版社，2001
17. 方世杰，綦耀光. 机械优化设计. 北京：机械工业出版社，2003
18. 刘志峰，刘光复. 绿色设计. 北京：机械工业出版社，1999
19. 刘艳妍. 机械产品的装配与拆卸设计. 机械研究与应用，2003，16（3）：7~9
20. 刘飞，张华，岳红辉. 绿色制造——现代制造的可持续发展模式. 中国机械工程. 1998，9（6）：76~78
21. http://www.e-works.net.cn/
22. http://www.863cims.com/
23. http://www.cmc.gov.cn/version3/index.asp
24. 吴澄. 现代集成制造系统导论. 北京：清华大学出版社，2002
25. 熊光楞等. 计算机集成制造系统的组成与实施. 北京：清华大学出版社，1996
26. 杨叔子，吴波. 依托基金项目 开展创新研究——国家自然科学基金重点项目"智能制造技术基础"研究综述. 中国机械工程. 1999，10（9）：987~980
27. Paul G.Huray.Global R&D through the Intelligent Manufacturing System（IMS）Program.SPIE.1997，Vol 2910：93~102
28. 肖田元，韩向利，张林鋆. 虚拟制造内涵及其应用研究. 系统仿真学报. 2001，13（1）：118~123

29. 严隽琪,范秀敏,马登哲.虚拟制造的理论、技术基础与实践.上海:上海交通大学出版社,2003
30. 朱名铨,张树生等.虚拟制造系统与实现.西安:西北工业大学出版社,2001
31. 范玉顺,刘飞,祁国宁.网络化制造系统及其应用实践.北京:机械工业出版社,2003
32. 苑伟政,马炳和.微机械与微细加工技术.西安:西北工业大学出版社,2000
33. 王琪民.微型机械导论.合肥:中国科学技术大学出版社,2003
34. 李秀清,周继红.MEMS 封装技术现状与发展趋势.半导体情报.2001,38(5):1~4
35. 揭景耀.微三维机械加工的最新技术——LIGA 技术.机械科学与技术.1997,16(5):874~877
36. 韩荣第,王扬,张文生.现代机械加工新技术.北京:电子工业出版社,2003
37. 孔祥东,张玉林,宋会英,卢文娟.微机电系统的微细加工技术.MEMS 器件与技术.2004,11:32~38
38. 王先逵,吴丹,刘成颖.精密加工和超精密加工技术综述.中国机械工程.1999,10(5):570~576
39. 荣烈润.面向21世纪的超精密加工技术.机电一体化.2003,2:6~10
40. 杨辉,吴明根.现代超精密加工技术.航空精密制造技术.1997,33(1):1~8
41. Rembe C,Muller R S.Measurement system for full three-dimensional motion characterization of MEMS.Microelectromech System,2002,11(5):479~488
42. 戚晓曜.及时生产制(JIT)应用的探讨.工业工程.2004,7(1):47~51
43. 綦振法,王世德.MRPII、JIT 与 TOC 的集成模式研究.华东经济管理.2002,16(6):72~74
44. 〔美〕罗杰·G·施罗德(Roger G.Schroeder).运作管理.北京:北京大学出版社,2000
45. 周玉清等.ERP 原理与应用.北京:机械工业出版社,2002
46. 程控,革扬.MRPII/ERP 原理与应用.北京:清华大学出版社,2002
47. 李建明,李和良,许隆文.PDM 及其实施方法学.计算机工程与应用.1996,5:28~32
48. 范文慧,李涛,熊光楞等.产品数据管理(PDM)的原理与实施.北京:机械工业出版社,2004